电工/电子技能实践课堂系列丛书

电子元器件
知识与实践课堂

（第3版）

蔡杏山　主编

电子工业出版社
Publishing House of Electronics Industry
北京·BEIJING

内 容 简 介

本书首先介绍电子技术基础知识与万用表的使用方法，然后重点介绍各种元器件知识，包括电阻器、变压器与电感器、电容器、二极管、三极管、晶闸管、场效应管与IGBT、光电器件、电声器件、显示器件、继电器与干簧管、贴片器件与集成电路。

本书在介绍某种电子元器件时，先通过一个实际操作实验展示出元器件的特性（书中有实验图片，附赠视频有实验演示），让读者对该器件性质有一个感性认识，然后针对实验进行提问，让读者带着问题学习该元器件更多的知识。

本书起点低、通俗易懂，适合作为职业院校电类专业的电子技术入门和电子元器件相关课程的教材，也适合作为电子技术爱好者的自学教材。

图书在版编目（CIP）数据

电子元器件知识与实践课堂 / 蔡杏山主编. —3版. —北京：电子工业出版社，2017.7
（电工/电子技能实践课堂系列丛书）
ISBN 978-7-121-31756-9

Ⅰ. ①电… Ⅱ. ①蔡… Ⅲ. ①电子元器件 Ⅳ. ①TN6

中国版本图书馆 CIP 数据核字（2017）第 124087 号

责任编辑：赵丽松
印　　刷：北京捷迅佳彩印刷有限公司
装　　订：北京捷迅佳彩印刷有限公司
出版发行：电子工业出版社
　　　　　北京市海淀区万寿路 173 信箱　邮编 100036
开　　本：787×1092　1/16　印张：14　字数：358 千字
版　　次：2009 年 1 月第 1 版
　　　　　2017 年 7 月第 3 版
印　　次：2022 年 9 月第 13 次印刷
定　　价：39.00 元

凡所购买电子工业出版社图书有缺损问题，请向购买书店调换。若书店售缺，请与本社发行部联系，联系及邮购电话：(010)88254888，88258888。

质量投诉请发邮件至 zlts@phei.com.cn，盗版侵权举报请发邮件至 dbqq@phei.com.cn。
本书咨询联系方式：(010) 88254590；wangjd@phei.com.cn。

前 言

电子技术无处不在，其应用领域非常广阔。根据应用领域不同，电子技术产生了很多分支，如家庭消费电子技术、通信电子技术、机械电子技术、医疗电子技术、汽车电子技术、国防科技电子技术等。随着社会的不断发展，电子技术的分支还在继续增加。

电子元器件是电子技术的基础，也是构建电子系统最基础的部件，如果将电视机、DVD 机、手机、数码相机、摄像机、电脑、洗衣机、空调等常用电器的电气控制系统，以及数控机床、汽车、导弹的电气控制系统等解剖开来，你会发现不管多么复杂的电子系统，实际上都是由一个个电子元器件拼装在一起组成的。在将电子元器件拼装（设计制作）成电子应用系统时，必须了解各种电子元器件。当电子应用系统出现故障时，归根结底就是该系统中的某个或某些电子元器件出现问题，只有从众多的电子元器件中检测出损坏的并更换新的电子元器件，才能修好该电子应用系统。

本书介绍常用电子元器件的知识，本书的讲解主要有以下特点：

（1）章节安排符合人的认识规律。读者只需从前往后逐章节阅读本书，便会水到渠成掌握书中内容。

（2）起点低，语言通俗易懂。读者只需有初中文化程度便可阅读本书。由于语言通俗易懂，阅读时会感觉很顺畅。

（3）采用大量的图片和表格来阐述知识。

（4）知识要点用加粗文字重点标注。

（5）配有免费的教学视频和课件，请到华信教育资源网（http://www.hxedu.com.cn）或分社网站（http://yydz.phei.com.cn）下载。

本书在第 2 版的基础之上新增了一些内容，如 IGBT（绝缘栅双极型晶体管）等。在编写过程中得到了易天电学网很多教师的支持，其中谢佳宏、黄芳、蔡理忠、何宗昌、何彬、邓艳娇、吴泽民、王娟、邵永明、朱球辉、詹春华、唐颖、梁云、何丽、蔡理刚、万四香、蔡理峰、李清荣、刘元能、蔡华山、刘海峰、黄勇、蔡任英、何慧、刘凌云、蔡春霞、邵永亮、黄晓玲、蔡玉山等参与了部分章节的编写，在此一并表示感谢。由于我们水平有限，书中存在错误和疏漏在所难免，望广大读者和同仁予以批评指正。

编 者

目 录

第1章 电子技术基础与万用表的使用 ··· 1

1.1 基本常识 ··· 2
- 1.1.1 电路与电路图 ··· 2
- 1.1.2 电流与电阻 ··· 2
- 1.1.3 电位、电压和电动势 ··· 3
- 1.1.4 电路的三种状态 ··· 4
- 1.1.5 接地与屏蔽 ··· 5
- 1.1.6 欧姆定律 ··· 5
- 1.1.7 电功、电功率和焦耳定律 ··· 6

1.2 电阻的串联、并联与混联 ··· 8
- 1.2.1 电阻的串联 ··· 8
- 1.2.2 电阻的并联 ··· 8
- 1.2.3 电阻的混联 ··· 9

1.3 直流电与交流电 ··· 9
- 1.3.1 直流电 ··· 9
- 1.3.2 交流电 ··· 10

1.4 指针万用表的使用 ··· 12
- 1.4.1 面板介绍 ··· 12
- 1.4.2 使用前的准备工作 ··· 14
- 1.4.3 测量直流电压 ··· 15
- 1.4.4 测量交流电压 ··· 16
- 1.4.5 测量直流电流 ··· 17
- 1.4.6 测量电阻 ··· 18
- 1.4.7 万用表使用注意事项 ··· 20

1.5 数字万用表的使用 ··· 20
- 1.5.1 面板介绍 ··· 20
- 1.5.2 测量直流电压 ··· 21
- 1.5.3 测量交流电压 ··· 22
- 1.5.4 测量直流电流 ··· 22
- 1.5.5 测量电阻 ··· 23
- 1.5.6 测量线路通断 ··· 24

第2章 电阻器 ··· 26

2.1 固定电阻器 ··· 27
- 2.1.1 基础知识 ··· 27
- 2.1.2 实验演示 ··· 27
- 2.1.3 提出问题 ··· 28
- 2.1.4 功能 ··· 28

- 2.1.5 标称阻值 ············ 28
- 2.1.6 额定功率 ············ 31
- 2.1.7 选用 ············ 32
- 2.1.8 检测 ············ 34
- 2.1.9 种类 ············ 34
- 2.1.10 电阻器型号命名方法 ············ 35
- 2.2 电位器 ············ 36
  - 2.2.1 基础知识 ············ 36
  - 2.2.2 实验演示 ············ 37
  - 2.2.3 提出问题 ············ 37
  - 2.2.4 结构与原理 ············ 37
  - 2.2.5 应用 ············ 38
  - 2.2.6 种类 ············ 38
  - 2.2.7 主要参数 ············ 39
  - 2.2.8 检测 ············ 40
  - 2.2.9 选用 ············ 41
- 2.3 敏感电阻器 ············ 42
  - 2.3.1 基础知识 ············ 42
  - 2.3.2 实验演示 ············ 43
  - 2.3.3 提出问题 ············ 44
  - 2.3.4 光敏电阻器 ············ 44
  - 2.3.5 热敏电阻器 ············ 46
  - 2.3.6 压敏电阻器 ············ 47
  - 2.3.7 湿敏电阻器 ············ 49
  - 2.3.8 气敏电阻器 ············ 50
  - 2.3.9 力敏电阻器 ············ 52
  - 2.3.10 敏感电阻器的型号命名 ············ 53
- 2.4 排阻 ············ 55
  - 2.4.1 实物外形 ············ 55
  - 2.4.2 命名方法 ············ 55
  - 2.4.3 种类与结构 ············ 55
  - 2.4.4 用指针万用表检测排阻 ············ 56

第3章 变压器与电感器 ············ 58

- 3.1 变压器 ············ 59
  - 3.1.1 基础知识 ············ 59
  - 3.1.2 实验演示 ············ 59
  - 3.1.3 提出问题 ············ 59
  - 3.1.4 结构、原理和功能 ············ 60
  - 3.1.5 特殊绕组变压器 ············ 61
  - 3.1.6 种类 ············ 62
  - 3.1.7 主要参数 ············ 63
  - 3.1.8 检测 ············ 64

		3.1.9 选用 ·········	65
		3.1.10 变压器的型号命名方法 ·········	66
	3.2	电感器 ·········	66
		3.2.1 基础知识 ·········	66
		3.2.2 实验演示 ·········	67
		3.2.3 提出问题 ·········	67
		3.2.4 主要参数与标注方法 ·········	67
		3.2.5 性质 ·········	69
		3.2.6 种类 ·········	70
		3.2.7 检测 ·········	72
		3.2.8 选用 ·········	72
		3.2.9 电感器的型号命名方法 ·········	73
第4章 电容器			74
	4.1	固定电容器 ·········	75
		4.1.1 基础知识 ·········	75
		4.1.2 实验演示 ·········	75
		4.1.3 提出问题 ·········	76
		4.1.4 主要参数 ·········	76
		4.1.5 性质 ·········	77
		4.1.6 种类及极性 ·········	80
		4.1.7 串联与并联 ·········	83
		4.1.8 容量与误差的标注方法 ·········	84
		4.1.9 检测 ·········	85
		4.1.10 选用 ·········	86
		4.1.11 电容器的型号命名方法 ·········	87
	4.2	可变电容器 ·········	88
		4.2.1 微调电容器 ·········	88
		4.2.2 单联电容器 ·········	89
		4.2.3 多联电容器 ·········	89
第5章 二极管			90
	5.1	半导体与二极管 ·········	91
		5.1.1 基础知识 ·········	91
		5.1.2 实验演示 ·········	92
		5.1.3 提出问题 ·········	93
		5.1.4 性质 ·········	93
		5.1.5 主要参数 ·········	94
		5.1.6 极性判别 ·········	95
		5.1.7 检测 ·········	96
		5.1.8 二极管型号命名方法 ·········	97
	5.2	特殊二极管 ·········	98
		5.2.1 稳压二极管 ·········	98

  5.2.2 变容二极管 ·· 100
  5.2.3 双向触发二极管 ·· 102
  5.2.4 肖特基二极管 ··· 104
  5.2.5 快恢复二极管 ··· 105
  5.2.6 瞬态电压抑制二极管 ··· 106

第6章 三极管 ··· 108
6.1 三极管知识 ·· 109
  6.1.1 基础知识 ··· 109
  6.1.2 实验演示 ··· 110
  6.1.3 提出问题 ··· 111
  6.1.4 三极管的电流、电压规律 ··· 111
  6.1.5 三极管的放大原理 ··· 113
  6.1.6 三极管的三种状态 ··· 114
  6.1.7 主要参数 ··· 117
  6.1.8 检测 ·· 118
  6.1.9 三极管型号命名方法 ·· 122
6.2 特殊三极管 ·· 122
  6.2.1 带阻三极管 ··· 122
  6.2.2 带阻尼三极管 ··· 123
  6.2.3 达林顿三极管 ··· 124

第7章 晶闸管 ··· 126
7.1 单向晶闸管 ·· 127
  7.1.1 基础知识 ··· 127
  7.1.2 实验演示 ··· 127
  7.1.3 提出问题 ··· 128
  7.1.4 性质 ·· 128
  7.1.5 主要参数 ··· 129
  7.1.6 检测 ·· 129
  7.1.7 晶闸管型号命名方法 ·· 130
7.2 双向晶闸管 ·· 131
  7.2.1 符号与结构 ··· 131
  7.2.2 工作原理 ··· 131
  7.2.3 检测 ·· 132

第8章 场效应管与IGBT ·· 135
8.1 结型场效应管 ··· 136
  8.1.1 基础知识 ··· 136
  8.1.2 实验演示 ··· 136
  8.1.3 提出问题 ··· 137
  8.1.4 结构与工作原理 ·· 137
  8.1.5 主要参数 ··· 138
  8.1.6 检测 ·· 139

8.1.7 种类 140
　　　8.1.8 场效应管型号命名方法 141
　8.2 绝缘栅型场效应管（MOS 管） 141
　　　8.2.1 增强型 MOS 管 141
　　　8.2.2 耗尽型 MOS 管 144
　8.3 IGBT（绝缘栅双极型晶体管） 146
　　　8.3.1 外形、结构与符号 146
　　　8.3.2 工作原理 146
　　　8.3.3 检测 147

第 9 章 光电器件 148

　9.1 发光二极管 149
　　　9.1.1 外形与符号 149
　　　9.1.2 实验演示 149
　　　9.1.3 提出问题 150
　　　9.1.4 性质 150
　　　9.1.5 检测 150
　　　9.1.6 双色发光二极管 151
　　　9.1.7 闪烁发光二极管 152
　　　9.1.8 发光二极管型号命名方法 153
　9.2 光敏二极管 154
　　　9.2.1 基础知识 154
　　　9.2.2 实验演示 154
　　　9.2.3 提出问题 155
　　　9.2.4 性质 155
　　　9.2.5 主要参数 155
　　　9.2.6 检测 156
　　　9.2.7 光敏三极管 157
　9.3 光电耦合器 158
　　　9.3.1 基础知识 158
　　　9.3.2 实验演示 158
　　　9.3.3 提出问题 159
　　　9.3.4 工作原理 159
　　　9.3.5 检测 160

第 10 章 电声器件 162

　10.1 扬声器 163
　　　10.1.1 外形与符号 163
　　　10.1.2 种类与工作原理 163
　　　10.1.3 主要参数 164
　　　10.1.4 检测 164
　　　10.1.5 扬声器型号命名方法 166
　10.2 耳机 166

10.2.1　外形与图形符号 ··· 166
　　10.2.2　种类与工作原理 ··· 167
　　10.2.3　检测 ·· 167
10.3　蜂鸣器 ·· 168
　　10.3.1　外形与符号 ·· 168
　　10.3.2　种类及结构原理 ··· 169
　　10.3.3　类型判别 ·· 169
10.4　话筒 ·· 170
　　10.4.1　外形与符号 ·· 170
　　10.4.2　工作原理 ·· 170
　　10.4.3　主要参数 ·· 171
　　10.4.4　种类与选用 ·· 171
　　10.4.5　检测 ·· 172
　　10.4.6　电声器件型号命名方法 ··· 174

第11章　显示器件 ··· 175
11.1　LED 数码管与 LED 点阵显示器 ······································· 176
　　11.1.1　一位 LED 数码管 ··· 176
　　11.1.2　多位 LED 数码管 ··· 178
　　11.1.3　LED 点阵显示器 ··· 179
11.2　真空荧光显示器 ··· 183
　　11.2.1　外形 ·· 183
　　11.2.2　结构与工作原理 ··· 183
　　11.2.3　检测 ·· 185
11.3　液晶显示屏 ·· 185
　　11.3.1　笔段式液晶显示屏 ··· 185
　　11.3.2　点阵式液晶显示屏 ··· 188

第12章　继电器与干簧管 ··· 190
12.1　继电器 ·· 191
　　12.1.1　基础知识 ·· 191
　　12.1.2　实验演示 ·· 191
　　12.1.3　提出问题 ·· 192
　　12.1.4　结构与应用 ·· 192
　　12.1.5　主要参数 ·· 192
　　12.1.6　检测 ·· 193
　　12.1.7　继电器型号命名方法 ··· 194
12.2　干簧管 ·· 195
　　12.2.1　外形与符号 ·· 195
　　12.2.2　实验演示 ·· 196
　　12.2.3　提出问题 ·· 197
　　12.2.4　工作原理 ·· 197
　　12.2.5　应用 ·· 197

12.2.6　检测 ··· 198

第13章　贴片器件与集成电路 ·· 199

13.1　贴片器件 ··· 200

　　13.1.1　贴片电阻器 ··· 200

　　13.1.2　贴片电容器 ··· 201

　　13.1.3　贴片电感器 ··· 203

　　13.1.4　贴片二极管 ··· 203

　　13.1.5　贴片三极管 ··· 204

13.2　集成电路 ··· 205

　　13.2.1　简介 ··· 205

　　13.2.2　特点 ··· 206

　　13.2.3　种类 ··· 206

　　13.2.4　封装形式 ·· 207

　　13.2.5　引脚识别 ·· 208

　　13.2.6　集成电路型号命名方法 ·· 209

第1章

电子技术基础与万用表的使用

问： 老师，我很想学习电子技术，您能教我吗？

答： 当然可以。学习电子技术与学习其他技术一样，先要入门，而入门就必须掌握基础知识。

1.1 基本常识

1.1.1 电路与电路图

图 1-1（a）是一个比较简单的电路实物图。

(a) 电路实物图　　　(b) 电路图

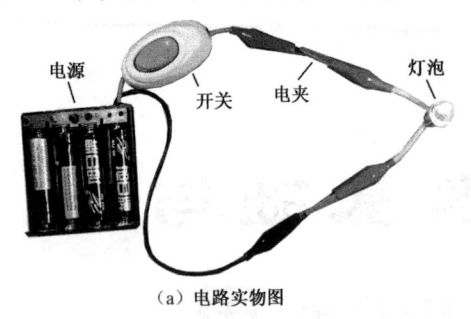

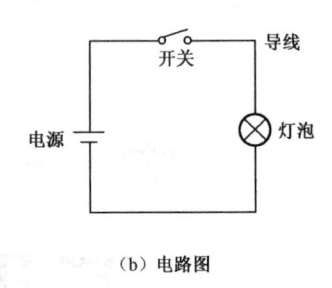

图 1-1　一个简单的电路

从图 1-1（a）可以看出，该电路由电源、开关、导线（图中的电夹起导线作用）和灯泡组成。电源的作用是提供电能；开关、导线的作用是控制和传递电能，称为中间环节；灯泡是消耗电能的用电器，它能将电能转变为光能，称为负载。因此，**电路是由电源、中间环节和负载组成的**。

图 1-1（a）为电路实物图，在分析电路时不方便，为此人们就**用一些简单的图形符号表示实物的方法来画电路，这样画出的图形就称为电路图**。图 1-1（b）所示的图形就是图 1-1（a）电路实物的电路图，可以看出，用电路图来表示实际的电路非常方便。

1.1.2 电流与电阻

1. 电流

在图 1-2 电路中，将开关闭合，灯泡会发光，为什么会这样呢？下面就来解释其中的原因。

当开关闭合时，电源正极会流出大量的电荷，它们经过导线、开关流进灯泡，再从灯泡流出，回到电源的负极。这些电荷在流经灯泡内的钨丝时，钨丝会发热，温度急剧上升而发光。

大量的电荷朝一个方向移动（也称定向移动）时就形成了电流，这就像公路上有大量的汽车朝一个方向移动就形成"车流"一样。一般把**正电荷在电路中的移动方向规定为电流的方向**。图 1-2 电路的电流方向是：电源正极→开关→灯泡→电源的负极。

图 1-2　电流说明图

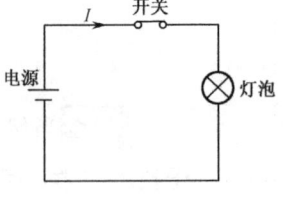

电流通常用"I"表示，单位为安培（简称安），用"A"表示，比安培小的单位有毫安（mA）、微安（μA），它们之间的关系：$1A = 10^3 mA = 10^6 μA$。

2. 电阻

在图 1-3（a）电路中，给电路增加一个元器件——电阻器，发现灯光会变暗，该电路的电路图如图 1-3（b）所示。为什么在电路中增加了电阻器后，灯泡会变暗呢？原来电阻器对电流有一定的阻碍，从而使流过灯泡的电流减少，灯泡就会变暗。

电阻器对电流的阻碍称为电阻，电阻器通常用"R"表示，电阻单位为欧姆（简称欧），用"Ω"表示，比欧姆大的单位有千欧（kΩ）、兆欧（MΩ），它们之间关系是：$1\text{M}\Omega = 10^3 \text{k}\Omega = 10^6 \Omega$。

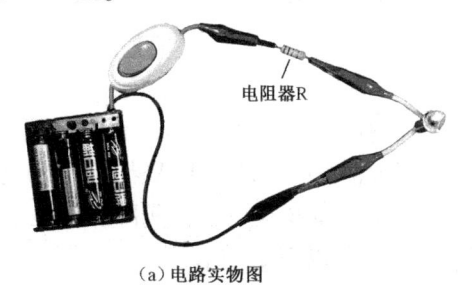

图 1-3 电阻说明图

1.1.3 电位、电压和电动势

电位、电压和电动势对初学者较难理解，下面通过图 1-4 所示的水流示意图来说明这些术语，首先来分析图 1-4 中水流过程。

水泵将河里的水抽到山顶的 A 处，水到达 A 处后再流到 B 处，水到 B 处后流往 C 处（河中），然后水泵又将河里的水抽到 A 处，这样使得水不断循环流动。水为什么能从 A 处流到 B 处，又从 B 处流到 C 处呢？这是因为 A 处水位较 B 处水位高，B 处水位较 C 处水位高。

要测量 A 处和 B 处水位的高度，必须先要找一个基准点（零点），就像测量人身高要选择脚底为基准点一样，在这里以河的水面为基准（C 处）。AC 之间的长度 H_A 为 A 处水位的高度，BC 之间的长度 H_B 为 B 处水位的高度，由于 A 处和 B 处水位高度不一样，它们存在着水位差，该水位差用 H_{AB} 表示，它等于 A 处水位高度 H_A 与 B 处水位高度 H_B 之差，即 $H_{AB} = H_A - H_B$。为了让 A 处有水源源不断往 B、C 处流，需要水泵将低水位的河里的水抽到高处的 A 点，完成这项工作，水泵是需要消耗能量的（如耗油）。

1. 电位

电路中的电位、电压和电动势与上述水流情况很相似。如图 1-5 所示，电源的正极输出电流，流到 A 点，再经 R_1 流到 B 点，然后通过 R_2 流到 C 点，最后回到电源的负极。

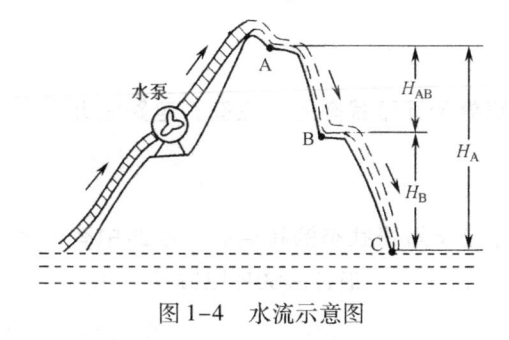

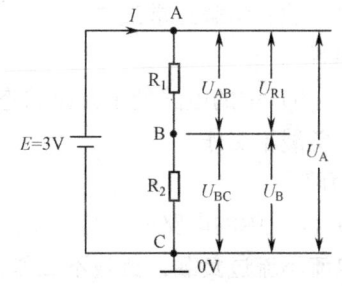

图 1-4 水流示意图　　　图 1-5 电位、电压和电动势说明图

与图1-4水流示意图相似，图1-5电路中的A、B点也有高低之分，只不过不是水位，而称作电位，A点电位较B点电位高。为了计算电位的高低，也需要找一个基准点作为零点，为了表明某点为零基准点，通常在该点处画一个"⊥"符号，该符号称为接地符号，接地符号处的电位规定为0V，电位单位不是米，而是伏特（简称为伏），用V表示。在图1-5所示电路中，以C点为0V（该点标有接地符号），A点的电位为3V，表示为$U_A = 3V$，B点电位为1V，表示为$U_B = 1V$。

2. 电压

图1-5电路中的A点和B点的电位是不同的，有一定的差距，这种**电位之间的差距称为电位差，又称电压**。A点和B点之间的电位差用U_{AB}表示，它等于A点电位U_A与B点电位U_B的差，即$U_{AB} = U_A - U_B = 3V - 1V = 2V$。因为A点和B点电位差实际上就是电阻器$R_1$两端的电位差（电压），$R_1$两端的电位差用$U_{R1}$表示，所以$U_{AB} = U_{R1}$。

3. 电动势

为了让电路中始终有电流流过，电源需要在内部将流到负极的电流源源不断"抽"到正极，使电源正极具有较高的电位，这样正极才会输出电流。当然，电源内部将负极的电流"抽"到正极需要消耗能量（如干电池会消耗掉化学能）。**电源消耗能量在两端建立的电位差称为电动势**，电动势的单位也为伏特，图1-5所示电路中电源的电动势为3V。

由于电源内部的电流方向是由负极流向正极，故**电源的电动势方向规定为从负极指向正极**。

1.1.4 电路的三种状态

电路有三种状态：通路、开路和短路，这三种状态的电路如图1-6所示。

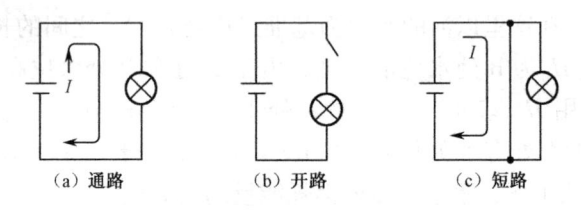

（a）通路　　　（b）开路　　　（c）短路

图1-6　电路的三种状态

（1）通路

图1-6（a）中的电路处于通路状态。**电路处于通路状态的特点有：电路畅通，有正常的电流流过负载，负载正常工作。**

（2）开路

图1-6（b）中的电路处于开路状态。**电路处于开路状态的特点有：电路断开，无电流流过负载，负载不工作。**

（3）短路

图1-6（c）中的电路处于短路状态。**电路处于短路状态的特点有：电路中有很大电流流过，但电流不流过负载，负载不工作。由于电流很大，很容易烧坏电源和导线。**

1.1.5 接地与屏蔽

1. 接地

接地在电子电路中应用广泛，电路中常用图 1-7 所示的符号表示接地。

在电子电路中，接地的含义不是表示将电路连接到大地，而是表示：

（1）在电路中，**接地符号处的电位规定为 0**。在图 1-8（a）所示电路中，A 点处标有接地符号，表示 A 点的电位为 0。

（2）在电路中，**标有接地符号处的地方都是相通的**。如图 1-8（b）所示的两个电路，虽然从形式上看不一样，但实际上完全是一样的，两个电路中的灯泡都会亮。

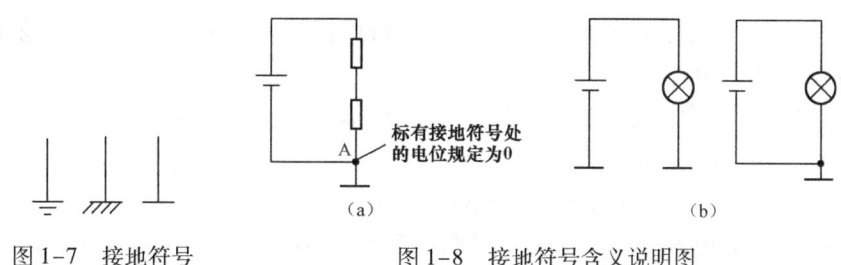

图 1-7 接地符号　　　　图 1-8 接地符号含义说明图

2. 屏蔽

在电子设备中，为了防止某些元器件和电路工作时受到干扰，或者为了防止某些元器件和电路在工作时产生的信号干扰其他电路正常工作，通常对这些元器件和电路采取隔离措施，这种隔离称为屏蔽。屏蔽常用图 1-9 所示的符号表示。

屏蔽的具体做法是用金属材料（称为屏蔽罩）将元器件或电路封闭起来，再将屏蔽罩接地。图 1-10 为带有屏蔽罩的元器件和导线，外界干扰信号无法穿过金属屏蔽罩干扰内部元件和线路。

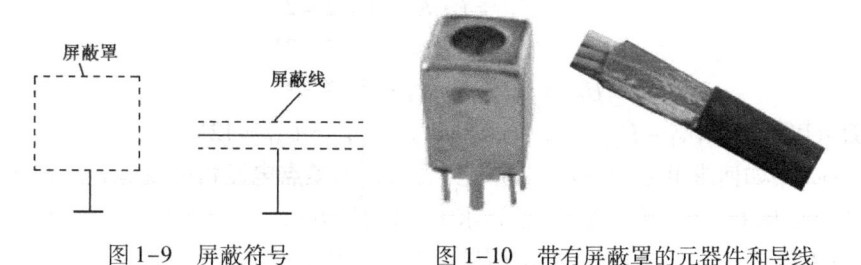

图 1-9 屏蔽符号　　　　图 1-10 带有屏蔽罩的元器件和导线

1.1.6 欧姆定律

欧姆定律是电子技术中的一个最基本的定律，它反映了电路中电阻、电流和电压之间的关系。

欧姆定律内容是：在电路中，流过电阻的电流 I 的大小与电阻两端的电压 U 成正比，与电阻 R 的大小成反比，即

$$I = U/R$$

也可以表示为 $U = IR$ 和 $R = U/I$。

为了更好地理解欧姆定律，下面以图 1-11 为例来说明。

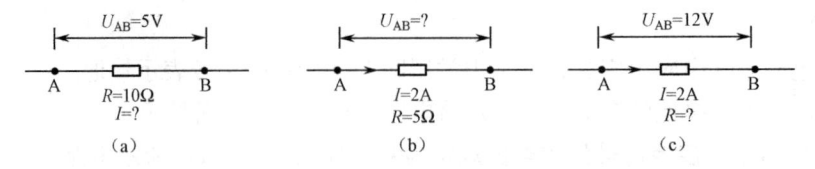

图 1-11　欧姆定律的几种形式

在图 1-11（a）中，已知电阻 $R = 10\Omega$，电阻两端电压 $U_{AB} = 5V$，那么流过电阻的电流 $I = U_{AB}/R = 5/10 = 0.5A$。

在图 1-11（b）中，已知电阻 $R = 5\Omega$，流过电阻的电流 $I = 2A$，那么电阻两端的电压 $U_{AB} = I \cdot R = 2 \times 5 = 10V$。

在图 1-11（c）中，已知流过电阻的电流 $I = 2A$，电阻两端的电压 $U_{AB} = 12V$，那么电阻的大小 $R = U/I = 12/2 = 6\Omega$。

下面以图 1-12 所示的电路来说明欧姆定律的应用。

在图 1-12 中，电源的电动势 $E = 12V$，它与 A、D 之间的电压 U_{AD} 相等，三个电阻 R_1、R_2、R_3 串联起来，可以相当于一个电阻 R，$R = R_1 + R_2 + R_3 = 2 + 7 + 3 = 12\Omega$。知道了电阻的大小和电阻两端的电压，就可以求出流过电阻的电流 I：

$$I = U/R = U_{AD}/(R_1 + R_2 + R_3) = 12/12 = 1A$$

求出了流过 R_1、R_2、R_3 的电流 I，并且它们的电阻大小已知，就可以求 R_1、R_2、R_3 两端的电压 U_{R1}（U_{R1} 实际就是 A、B 两点之间的电压 U_{AB}）、U_{R2} 和 U_{R3}：

$$U_{R1} = U_{AB} = I \cdot R_1 = 1 \times 2 = 2V$$
$$U_{R2} = U_{BC} = I \cdot R_2 = 1 \times 7 = 7V$$
$$U_{R3} = U_{CD} = I \cdot R_3 = 1 \times 3 = 3V$$

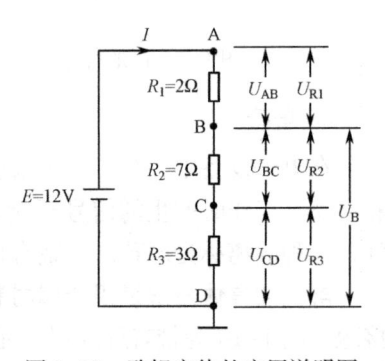

图 1-12　欧姆定律的应用说明图

从上面可以看出：$U_{R1} + U_{R2} + U_{R3} = U_{AB} + U_{BC} + U_{CD} = U_{AD} = 12V$

在图 1-12 中如何求 B 点电压呢？首先要明白，求**某点电压指的就是该点与地之间的电压**，所以 B 点电压 U_B 实际就是电压 U_{BD}，求 U_B 有两种方法：

方法一：$U_B = U_{BD} = U_{BC} + U_{CD} = U_{R2} + U_{R3} = 7 + 3 = 10V$

方法二：$U_B = U_{BD} = U_{AD} - U_{AB} = U_{AD} - U_{R1} = 12 - 2 = 10V$

1.1.7　电功、电功率和焦耳定律

1. 电功

电流流过灯泡，灯泡会发光；电流流过电炉丝，电炉丝会发热；电流流过电动机，电动机会运转。可见**电流流过一些用电设备时是会做功的，电流做的功称为电功**。用电设备做功的大小不仅与加到用电设备两端的电压和流过的电流有关，还与通电时间长短有关。电功可

用下面的公式计算：

$$W = UIt$$

式中，**W 表示电功，单位是焦（J）**；U 表示电压，单位是伏（V）；I 表示电流，单位是安（A）；t 表示时间，单位是秒（s）。

2. 电功率

电流需要通过一些用电设备才能做功，为了衡量这些设备做功能力的大小，引入一个电功率的概念。**电功率是指电流通过用电设备 1s（1 秒）所做的功。电功率常用 P 表示，单位是瓦（W）**，此外还有千瓦（kW）和毫瓦（mW），它们之间的关系是：

$$1kW = 10^3 W = 10^6 mW$$

电功率的计算公式是：

$$P = UI$$

根据欧姆定律可知 $U = I \cdot R$，$I = U/R$，所以电功率还可以用公式 $P = I^2 \cdot R$ 和 $P = U^2/R$ 来求。

举例：在图 1-13 电路中，灯泡两端的电压为 220V（它与电源的电动势相等），流过灯泡的电流为 0.5A，求灯泡的功率、电阻和灯泡 10 秒所做的功。

灯泡的功率：$P = UI = 220V \times 0.5A = 110VA = 110W$

灯泡的电阻：$R = U/I = 220V/0.5A = 440V/A = 440\Omega$

灯泡 10 秒所做的功：$W = UIt = 220V \times 0.5A \times 10s = 1100J$

这里要补充一下，电功的单位是焦耳（J），但在电学中常用另一个单位：千瓦时（kW·h），也称为度。1 千瓦时 = 1 度，千瓦时与焦耳的关系是：

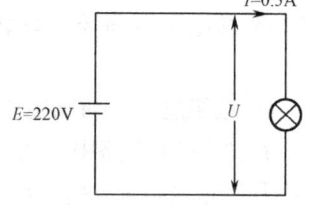

图 1-13 电功率计算例图

1 千瓦时 = 1×10^3 瓦 $\times (60 \times 60)$ 秒 = 3.6×10^6 瓦·秒 = 3.6×10^6 焦

1 千瓦时可以这样理解：一个电功率为 100W 的灯泡连续使用 10 个小时，消耗的电功为 1 千瓦时（即消耗 1 度电）。

3. 焦耳定律

电流流过导体时导体会发热，这种现象称为电流的热效应。电热锅、电饭煲和电热水器等都是利用电流的热效应来工作的。

英国物理学家焦耳通过实验发现：**电流流过导体，导体发出的热量与导体流过的电流、导体的电阻和通电的时间有关**。这个关系用公式表示就是

$$Q = I^2 Rt$$

式中，**Q 表示热量，单位是焦耳（J）**，R 表示电阻，单位是欧姆（Ω），t 表示时间，单位是秒（s）。

焦耳定律说明：电流流过导体产生的热量，与电流的平方及导体的电阻成正比，与通电时间成正比。由于这个定律除了由焦耳发现外，俄国科学家楞次也通过实验独立发现，故该定律又称为焦耳 – 楞次定律。

举例：某台电动机额定电压是 220V，线圈的电阻为 0.4Ω，当电动机接 220V 的电压时，流过的电流是 3A，求电动机的功率和线圈每秒发出的热量。

电动机的功率是：$P = U \cdot I = 220\text{V} \times 3\text{A} = 660\text{W}$

电动机线圈每秒发出的热量：$Q = I^2Rt = (3\text{A})^2 \times 0.4\Omega \times 1\text{s} = 3.6\text{J}$

1.2 电阻的串联、并联与混联

1.2.1 电阻的串联

两个或两个以上的电阻头尾相接连在电路中，称为电阻的串联。电阻的串联如图1-14所示。

电阻串联电路的特点有：

① 流过各串联电阻的电流相等，都为 I；

② 电阻串联后的总电阻 R 增大，总电阻等于各串联电阻之和，即

$$R = R_1 + R_2；$$

③ 总电压 U 等于各串联电阻的电压之和，即

$$U = U_{R1} + U_{R2}；$$

④ 电阻越大，两端电压越高，因为 $R_1 < R_2$，所以 $U_{R1} < U_{R2}$。

在图1-14电路中，两个串联电阻上的总电压 U 等于电源的电动势，即 $U = E = 6\text{V}$；电阻串联后总电阻 $R = R_1 + R_2$；流过各电阻的电流 $I = U/(R_1 + R_2) = 6/12 = 0.5\text{A}$；电阻 R_1 上的电压 $U_{R1} = I \cdot R_1 = 0.5 \times 5 = 2.5\text{V}$，电阻 R_2 上的电压 $U_{R2} = I \cdot R_2 = 0.5 \times 7 = 3.5\text{V}$。

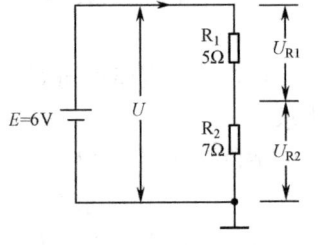

图 1-14 电阻的串联

1.2.2 电阻的并联

两个或两个以上的电阻头头相连、尾尾相接地接在电路中，称为电阻的并联。电阻的并联如图1-15所示。

电阻并联电路的特点有：

① 并联电阻两端的电压相等，即

$$U_{R1} = U_{R2}；$$

② 总电流等于流过各个并联电阻的电流之和，即

$$I = I_1 + I_2；$$

③ 电阻并联总电阻减小，总电阻的倒数等于各并联电阻的倒数之和，即

$$1/R = 1/R_1 + 1/R_2$$

该式子可变形为

$$R = R_1 \cdot R_2/(R_1 + R_2)；$$

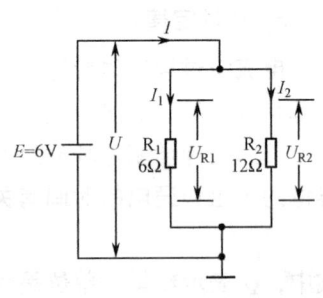

图 1-15 电阻的并联

④ 在并联电路中，电阻越小，流过的电流越大，因为 $R_1 < R_2$，所以 $I_1 > I_2$。

在图1-15电路中，并联的电阻 R_1、R_2 两端的电压相等，$U_{R1} = U_{R2} = U = 6\text{V}$；流过 R_1 的电流 $I_1 = U_{R1}/R_1 = 6/6 = 1\text{A}$，流过 R_2 的电流 $I_2 = U_{R2}/R_2 = 6/12 = 0.5\text{A}$，总电流 $I = I_1 + I_2 =$

$1+0.5=1.5A$；R_1、R_2并联总电阻 $R=R_1 \cdot R_2/(R_1+R_2)=6\times 12/(6+12)=4\Omega$。

1.2.3 电阻的混联

一个电路中的电阻既有串联又有并联时，称为电阻的混联，如图 1-16 所示。

对于电阻混联电路的总电阻可以这样求：先求并联电阻的总电阻，然后再求串联电阻与并联电阻的总电阻之和。在图 1-16 中，并联电阻 R_3、R_4 的总电阻

$$R_0 = R_3 \cdot R_4/(R_3+R_4)=6\times 12/(6+12)=4\Omega$$

电路的总电阻

$$R = R_1+R_2+R_0=5+7+4=16\Omega$$

想想看，如何求图 1-16 中总电流 I，R_1 两端电压 U_{R1}，R_2 两端电压 U_{R2}、R_3 两端电压 U_{R3} 和流过 R_3、R_4 的电流 I_3、I_4 的大小。

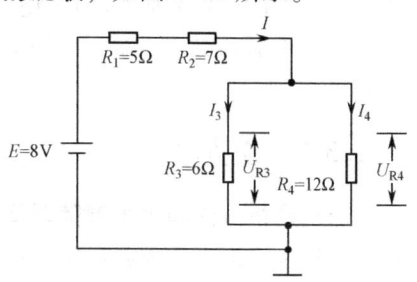

图 1-16 电阻的混联

1.3 直流电与交流电

1.3.1 直流电

直流电是指方向始终固定不变的电压或电流。 能产生直流电的电源称为**直流电源**，常见的干电池、蓄电池和直流发电机等都是直流电源，直流电源常用图 1-17（a）所示的符号表示。**直流电的电流方向总是由电源正极输出，再通过电路流到负极**。在图 1-17（b）所示的直流电路中，电流从直流电源正极流出，经电阻 R 和灯泡流到负极结束。

直流电又分为稳定直流电和脉动直流电。

1. 稳定直流电

稳定直流电是指方向固定不变并且大小也不变的直流电。一个稳定直流电的例子如图 1-18（a）所示，稳定直流电的电流 I 的大小始终保持恒定（始终为 6mA），在图中用直线表示；直流电的电流方向保持不变，始终是从电源正极流向负极，图中的直线始终在 X 轴上方，表示电流的方向始终不变。

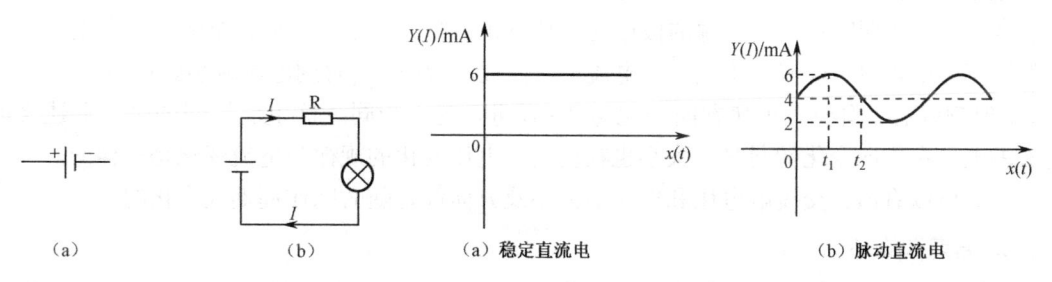

图 1-17 直流电源及应用电路

图 1-18 直流电波形图

2. 脉动直流电

脉动直流电是指方向固定不变，但大小随时间变化的直流电。 脉动直流电如图 1-18（b）所示，从图中可以看出，脉动直流电的电流 I 的大小随时间作波动变化（如在 t_1 时刻电流为 6mA，在 t_2 时刻电流变为 4mA），电流大小波动变化在图中用曲线表示；脉动直流电的方向始终不变（电流始终从电源正极流向负极），图中的曲线始终在 X 轴上方，表示电流的方向始终不变。

1.3.2 交流电

交流电是指方向和大小都随时间作周期性变化的电压或电流。 交流电类型很多，其中最常见的是正弦交流电，因此这里就以正弦交流电为例来介绍交流电。

1. 正弦交流电

正弦交流电的符号、电路和波形如图 1-19 所示。

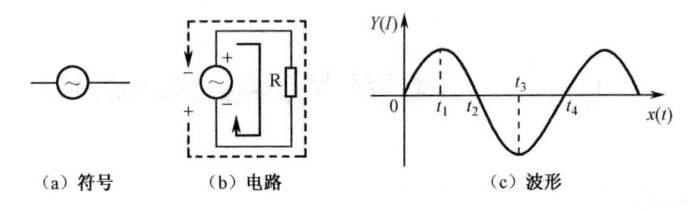

图 1-19 正弦交流电

下面以图 1-19（b）所示的交流电路来说明图 1-19（c）所示交流电的波形。

① 在 $0 \sim t_1$ 期间：交流电源的极性是上正下负，电流 I 的方向是：交流电源上正→电阻 R→交流电源下负，并且电流 I 逐渐增大，电流逐渐增大在图（c）中用波形逐渐上升表示，t_1 时刻电流达到最大值。

② 在 $t_1 \sim t_2$ 期间：交流电源的极性仍是上正下负，电流 I 的方向仍是从交流电源上正→电阻 R→交流电源下负，但电流 I 逐渐减小，电流逐渐减小在图（c）中用波形逐渐下降表示，t_2 时刻电流为 0。

③ 在 $t_2 \sim t_3$ 期间：交流电源的极性变为上负下正，电流 I 的方向也发生改变，图（c）中的交流电波形由 X 轴上方转到下方表示电流方向发生改变，电流 I 的方向是：交流电源下正→电阻 R→交流电源上负，电流反方向逐渐增大，t_3 时刻反方向的电流达到最大值。

④ 在 $t_3 \sim t_4$ 期间：交流电源的极性为上负下正，电流仍是反方向，电流的方向是由交流电源下正→电阻 R→交流电源上负，电流反方向逐渐减小，t_4 时刻电流减小到 0。

t_4 时刻以后，电流大小和方向变化与 $0 \sim t_4$ 期间变化相同。这里要说明的是，上述交流电源的电压在方向变化的同时，大小也在变化，电压变化的规律与电流变化是一样的。

由此可以看出，交流电电压和电流的大小及方向都是随时间作周期性变化的。

2. 周期和频率

周期和频率是交流电最常用的两个概念，下面以图 1-20 所示的交流电波形图来说明。

(1) 周期

从图1-20可以看出，交流电变化过程是不断重复的，**交流电重复变化一次所需的时间称为周期，周期用"T"表示，单位是秒（s）**。图1-20所示交流电的周期为$T=0.02\text{s}$，说明该交流电每隔0.02秒就会重复变化一次。

(2) 频率

交流电在每秒内重复变化的次数称为频率，频率用"f"表示，单位是赫兹（Hz），它是周期的倒数，即

$$f = 1/T$$

图1-20 交流电的周期、频率和瞬时值

图1-20所示交流电的周期$T=0.02\text{s}$，那么它的频率$f=1/T=1/0.02=50\text{Hz}$。该交流电的频率$f=50\text{Hz}$，说明在1s内交流电能重复$0\sim t_4$这个过程50次。交流电变化越快，变化一次所需时间越短，周期就越短，频率就越高。

(3) 高频、中频和低频

根据频率的高低不同，交流信号分为高频信号、中频信号和低频信号。高频、中频和低频信号划分没有严格的规定，一般认为，频率在3MHz以上的信号称为高频信号，频率在300kHz～3MHz范围内的信号称为中频信号，频率低于300kHz的信号称为低频信号。

高频、中频和低频是一个相对概念，在不同的电子设备中，它们的范围是不同的。例如，在调频收音机（FM）中，88～108MHz称为高频，10.7MHz称为中频，20Hz～20kHz称为低频；而在调幅收音机（AM）中，525～1605kHz称为高频，465kHz称为中频，20Hz～20kHz称为低频。

3. 瞬时值和有效值

(1) 瞬时值

交流电的大小和方向是不断变化的，**交流电在某一时刻的值称为交流电的瞬时值**。以图1-20所示的交流电为例，它在t_1时刻的瞬时值为$220\sqrt{2}$（约为311V），该值为最大瞬时值，在t_2时刻的瞬时值为0V，该值为最小瞬时值。

(2) 有效值

交流电的大小和方向是不断变化的，这给电路计算和测量带来不便，为此引入有效值。下面以图1-21所示电路来说明有效值的含义。

图1-21中的两个电路中的电热丝完全一样，现分别给电热丝通交流电和直流电。如果两电路通电时间相同，并且电热丝发出热量也相同，对电热丝来说，这里的交流电和直流电是等效的，那么就将图1-21(a)中的交流电电压值或电流值称为图1-21(b)中的直流电有效电压值或有效电流值。

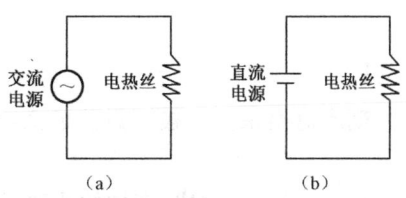

图1-21 交流电有效值的说明图

交流市电电压为220V指的就是有效值，其含义就是虽然交流电压时刻变化，但它的效果与220V直流电是一样的。没特别说明，交流电的大小通常是指有效值，测量仪表的测量

值一般也是指有效值。

正弦交流电的有效值与最大瞬时值的关系是：最大瞬时值 = $\sqrt{2}$ · 有效值，如交流市电的有效电压值为220V，它的最大瞬时电压值 = $220\sqrt{2}\,\text{V} \approx 311\,\text{V}$。

1.4 指针万用表的使用

指针万用表是一种广泛使用的电子测量仪表，它由一只灵敏很高的直流电流表（微安表）作表头，再加上挡位开关和相关电路组成。指针万用表可以测量电压、电流、电阻，还可以测量电子元器件的好坏。指针万用表种类很多，使用方法大同小异，本节以MF-47型万用表为例进行介绍。

1.4.1 面板介绍

MF-47型万用表的面板如图1-22所示。从面板上可以看出，**指针万用表面板主要由刻度盘、挡位开关、旋钮和插孔构成。**

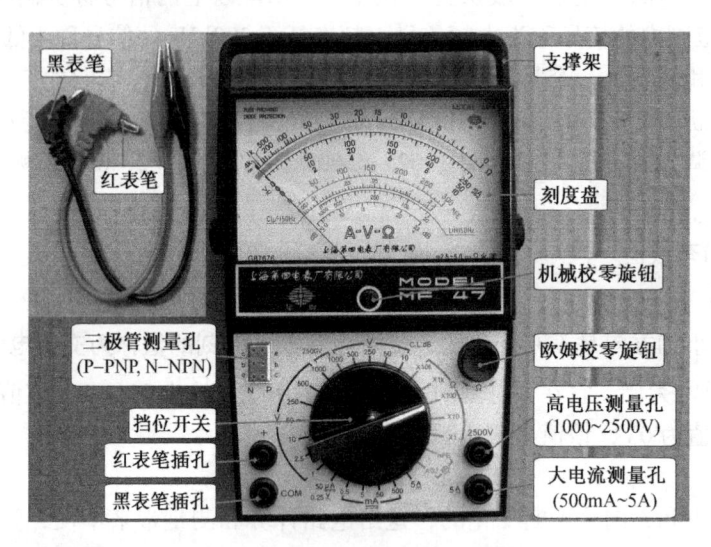

图1-22 MF-47型万用表的面板

1. 刻度盘

刻度盘用来指示被测量值的大小，它由1根表针和6条刻度线组成。刻度盘如图1-23所示。

第1条标有"Ω"字样的为欧姆刻度线。在测量电阻阻值时查看该刻度线。这条刻度线最右端刻度表示的阻值最小，为0，最左端刻度表示阻值最大，为∞（无穷大）。在未测量时表针指在左端无穷大处。

第2条标有"V"（左方）和"mA"（右方）字样的为交直流电压/直流电流刻度线。

在测量交、直流电压和直流电流时都查看这条刻度线。该刻度线最左端刻度表示最小值，最右端刻度表示最大值，在该刻度线下方标有三组数，它们的最大值分别是250、50和10，当选择不同挡位时，要将刻度线的最大刻度看作该挡位最大量程数值（其他刻度也要相应变化）。如挡位开关置于"50V"挡测量时，表针若指在第2刻度线最大刻度处，表示此时测量的电压值为50V（而不是10V或250V）。

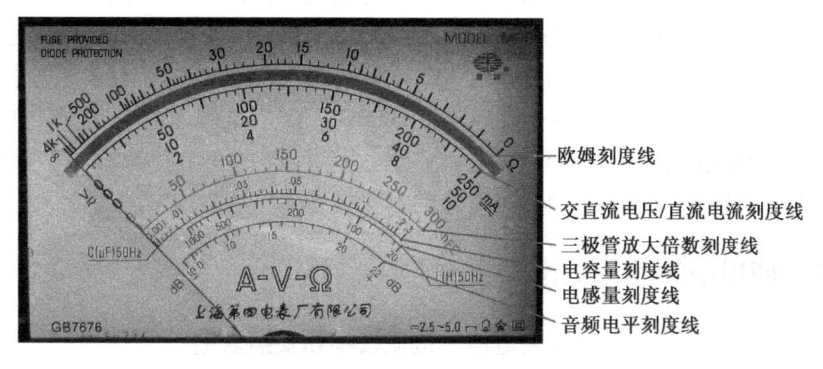

图1-23 刻度盘

第3条标有"h_{FE}"字样的为三极管放大倍数刻度线。在测量三极管放大倍数时查看这条刻度线。

第4条标有"C（μF）"字样的为电容量刻度线。在测量电容容量时查看这条刻度线。

第5条标有"L（H）"字样的为电感量刻度线。在测量电感的电感量时查看该刻度线。

第6条标有"dB"字样的为音频电平刻度线。在测量音频信号电平时查看这条刻度线。

2. 挡位开关

挡位开关的功能是选择不同的测量挡位。挡位开关如图1-24所示。

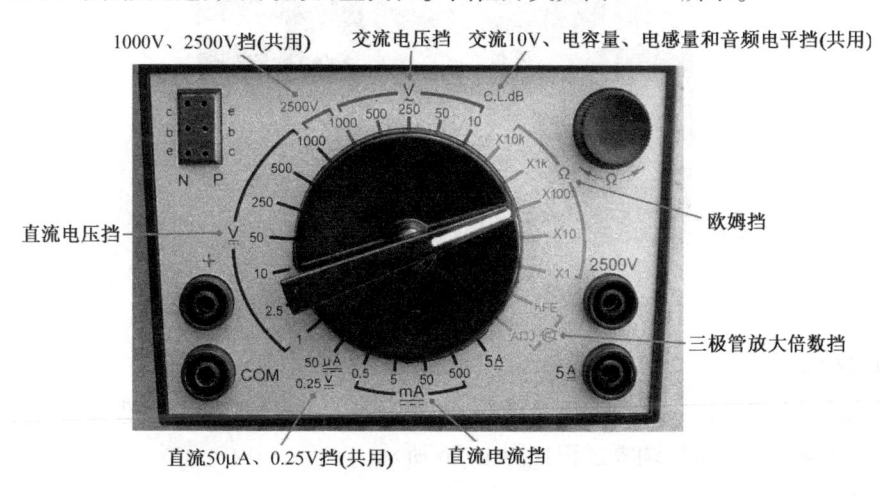

图1-24 挡位开关

3. 旋钮

万用表面板上有两个旋钮：机械校零旋钮和欧姆校零旋钮，如图1-22所示。

机械校零旋钮的功能是在测量前将表针调到电压/电流刻度线的"0"刻度处。欧姆校零旋钮的功能是在使用欧姆挡测量时，将表针调到欧姆刻度线的"0"刻度处。两个旋钮的详细调节方法在后面将会介绍。

4. 插孔

万用表面板上有4个独立插孔和一个6孔组合插孔，如图1-24所示。

标有"+"字样的为红表笔插孔；标有"COM（或-）"字样的为黑表笔插孔；标有"5A"字样的为大电流插孔，当测量500mA～5A范围内的电流时，红表笔应插入该插孔；标有"2500V"字样的为高电压插孔，当测量1000～2500V范围内的电压时，红表笔应插入此插孔。6孔组合插孔为三极管测量插孔，标有"N"字样的3个孔为NPN三极管的测量插孔，标有"P"字样的3个孔为PNP三极管的测量插孔。

1.4.2 使用前的准备工作

指针万用表在使用前，需要安装电池、机械校零和安插表笔。

1. 安装电池

在使用万用表前，需要给万用表安装电池，若不安装电池，电阻挡和三极管放大倍数挡将无法使用，但电压、电流挡仍可使用。MF-47型万用表需要9V和1.5V两个电池，如图1-25所示，其中9V电池供给R×10kΩ使用，1.5V电池供给R×10kΩ挡以外的欧姆挡和三极管放大倍数测量挡使用。安装电池时，一定要注意电池的极性不能装错。

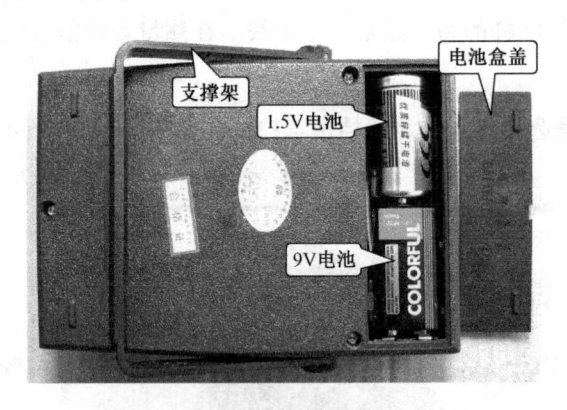

图1-25 万用表的电池安装

2. 机械校零

在出厂时，大多数厂家已对万用表进行了机械校零，对于某些原因造成表针未调零时，可自己进行机械调零。机械调零过程如图1-26所示。

3. 安插表笔

万用表有红、黑两根表笔，在测量时，红表笔要插入标有"+"字样的插孔，黑表笔要插入标有"-"字样的插孔。

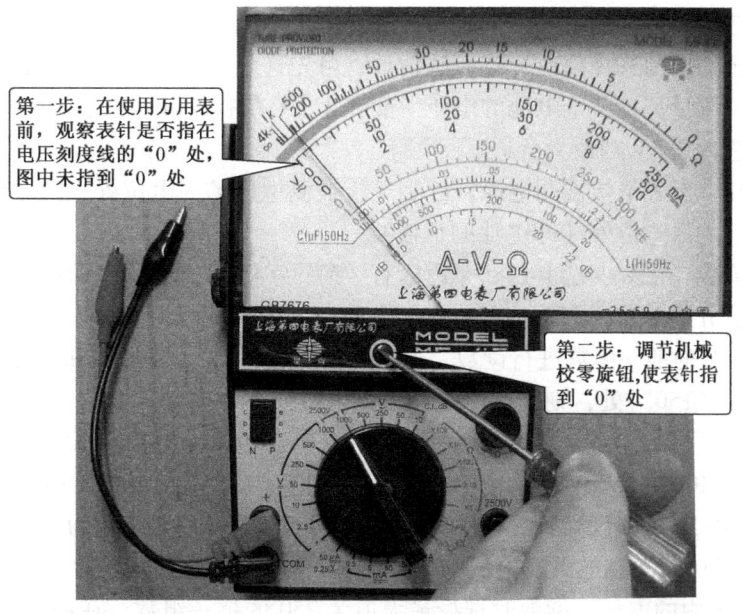

图 1-26 机械校零

1.4.3 测量直流电压

MF-47 型万用表的直流电压挡具体又分为 0.25V、1V、2.5V、10V、50V、250V、500V、1000V 和 2500V 挡。

下面通过测量一节干电池的电压值来说明直流电压的测量操作，测量如图 1-27 所示，具体过程如下所述。

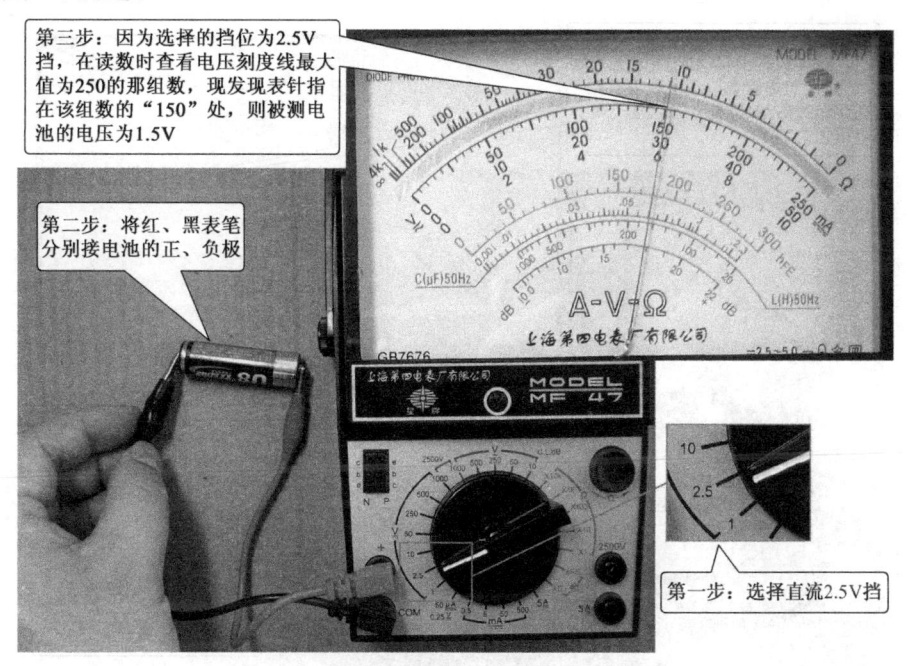

图 1-27 直流电压的测量（测量电池的电压）

第一步：选择挡位。测量前先大致估计被测电压可能有的最大值，再根据挡位应高于且最接近被测电压的原则选择挡位，若无法估计，可先选最高挡测量，再根据大致测量值重新选取合适低挡位测量。一节干电池的电压一般在1.5V左右，根据挡位应高于且最接近被测电压的原则，选择2.5V挡最为合适。

第二步：红、黑表笔接被测电压。红表笔接被测电压的高电位处（即电池的正极），黑表笔接被测电压的低电位处（即电池的负极）。

第三步：读数。在刻度盘上找到旁边标有"V"字样的刻度线（即第2条刻度线），该刻度线有最大值分别是250、50、10的三组数对应，因为测量时选择的挡位为2.5V，所以选择最大值为250的那一组数进行读数，但需将250看成2.5，该组其他数值作相应的变化。现观察表针指在"150"处，则被测电池的直流电压大小为1.5V。

补充说明：

① 如果测量1000~2500V范围内的电压时，挡位开关应置于1000V挡位，红表笔要插在2500V专用插孔中，黑表笔仍插在"COM"插孔中，读数时选择最大值为250的那一组数。

② 直流电压0.25V挡与直流电流50μA挡是共用的，在测直流电压时选择该挡可以测量0~0.25V范围内的电压，读数时选择最大值为250的那一组数，在测直流电流时选择该挡可以测量0~50μA范围内的电流，读数时选择最大值为50的那一组数。

1.4.4 测量交流电压

MF-47型万用表的交流电压挡具体又分为10V、50V、250V、500V、1000V和2500V挡。

下面通过测量市电电压的大小来说明交流电压的测量操作，测量如图1-28所示，具体过程如下所述。

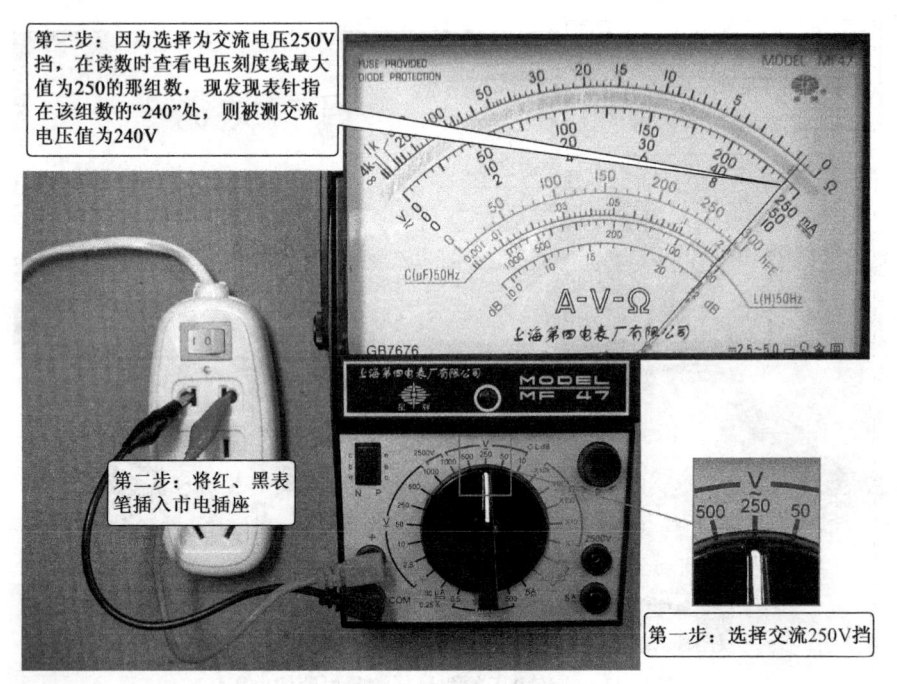

图1-28 交流电压的测量（测量市电电压）

第一步：选择挡位。市电电压一般在 220V 左右，根据挡位应高于且最接近被测电压的原则，选择 250V 挡最为合适。

第二步：红、黑表笔接被测电压。由于交流电压无正、负极性之分，故红、黑表笔可随意分别插在市电插座的两个插孔中。

第三步：读数。交流电压与直流电压共用刻度线，读数方法也相同。因为测量时选择的挡位为 250V，所以选择最大值为 250 的那一组数进行读数。现观察表针指在刻度线的"240"处，则被测市电电压的大小为 240V。

1.4.5 测量直流电流

MF-47 型万用表的直流电流挡具体又分为 50μA、0.5mA、5mA、50mA、500mA 和 5A 挡。

下面以测量流过灯泡的电流大小为例来说明直流电流的测量操作，直流电流的测量操作如图 1-29（a）所示，图 1-29（b）为图 1-29（a）等效测量图，具体过程如下所述。

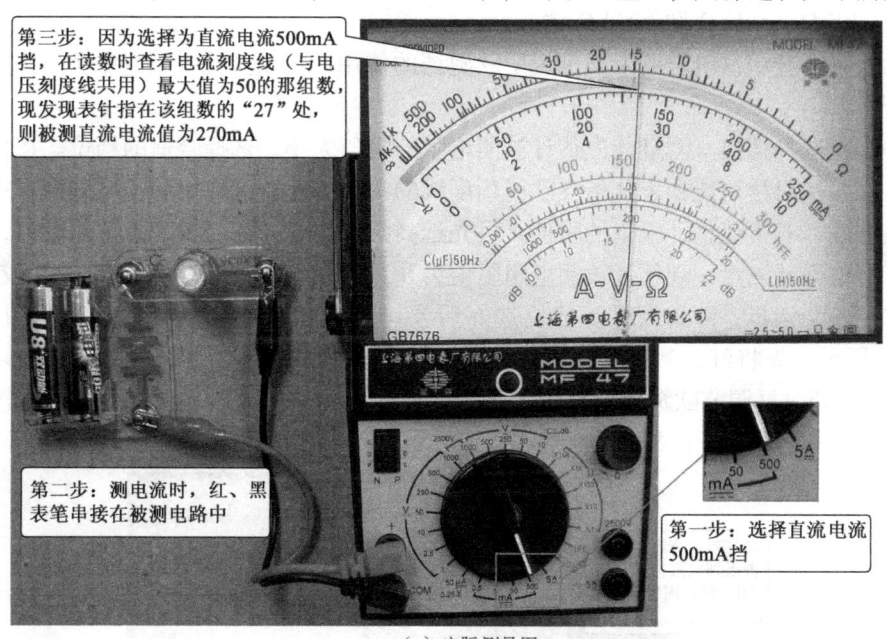

（a）实际测量图

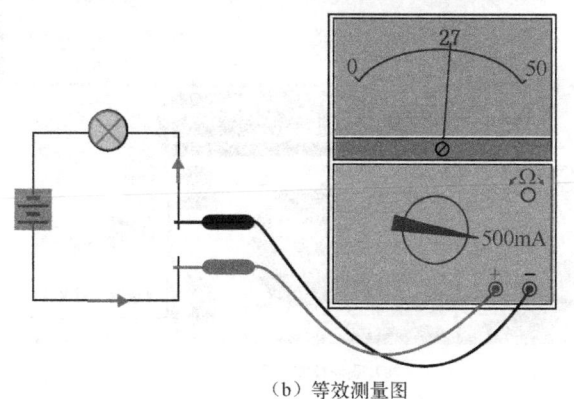

（b）等效测量图

图 1-29 直流电流的测量

第一步：选择挡位。灯泡工作电流较大，这里选择直流 500mA 挡。

第二步：断开电路，将万用表红、黑表笔串接在电路的断开处，红表笔接断开处的高电位端，黑表笔接断开处的另一端。

第三步：读数。直流电流与直流电压共用刻度线，读数方法也相同。因为测量时选择的挡位为 500mA 挡，所以选择最大值为 50 的那一组数进行读数。现观察表针指在刻度线 27 的位置，那么流过灯泡的电流为 270mA。

如果流过灯泡的电流大于 500mA，可将红表笔插入 5A 插孔，挡位仍置于 500mA 挡。

注意：**测量电路的电流时，一定要断开电路，并将万用表串接在电路断开处，这样电路中的电流才能流过万用表，万用表才能指示被测电流的大小。**

1.4.6 测量电阻

测量电阻的阻值时需要选择欧姆挡。MF-47 型万用表的欧姆挡具体又分为 ×1Ω、×10Ω、×100Ω、×1kΩ 和 ×10kΩ 挡。

下面通过测量一只电阻的阻值来说明欧姆挡的使用，测量如图 1-30 所示，具体过程说明如下所述。

第一步：选择挡位。测量前先估计被测电阻的阻值大小，选择合适的挡位。挡位选择的原则是：在测量时尽可能让表针指在欧姆刻度线的中央位置，因为表针指在刻度线中央时的测量值最准确，若不能估计电阻的阻值，可先选高挡位测量，如果发现阻值偏小时，再换成合适的低挡位重新测量。现估计被测电阻阻值为几百至几千欧，选择挡位 ×100Ω 较为合适。

第二、三、四步：欧姆校零。挡位选好后要进行欧姆校零，欧姆校零过程如图 1-30（a）（b）所示，先将红、黑表笔短路，观察表针是否指到欧姆刻度线的"0"处，若表针未指在"0"处，可调节欧姆校零旋钮，直到将表针调到"0"处为止，如果无法将表针调到"0"处，一般为万用表内部电池耗尽所致，需要更换新电池。

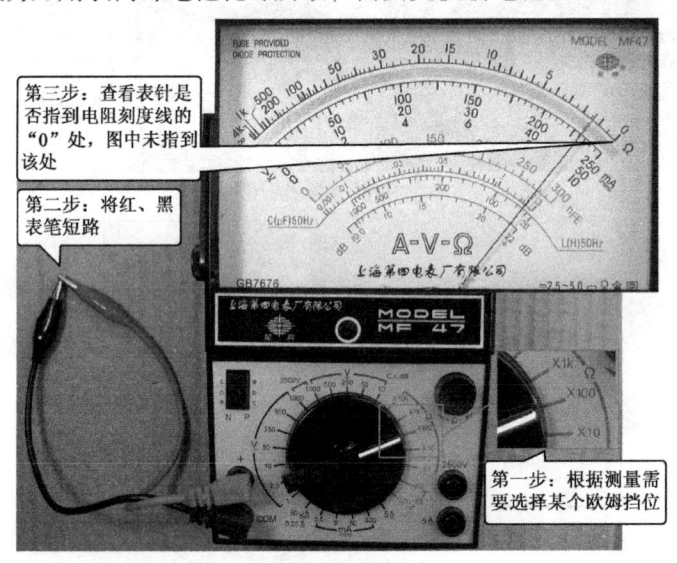

（a）欧姆校零之一

图 1-30 电阻的测量

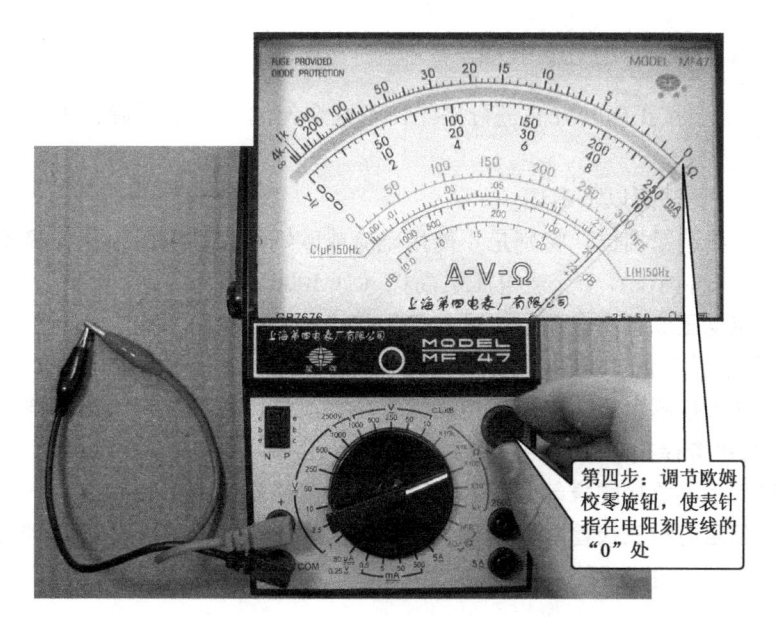

(b) 欧姆校零之二

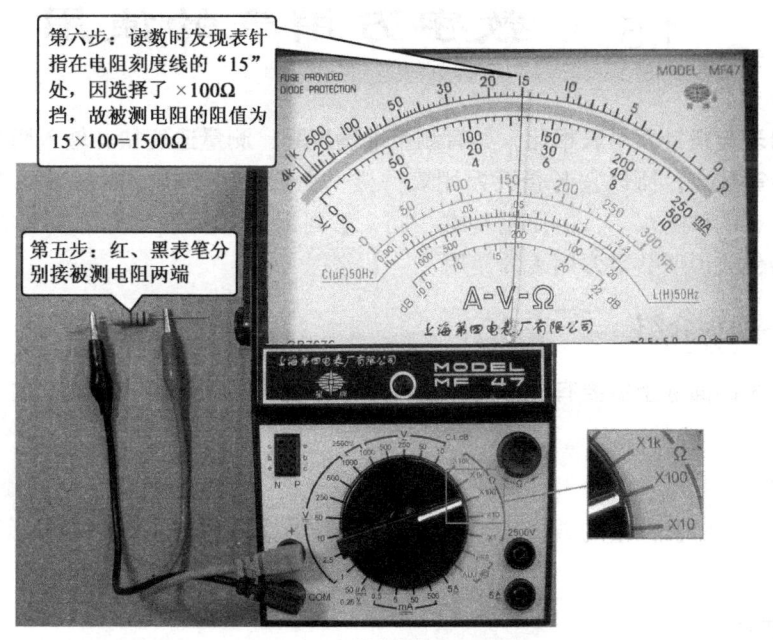

第四步：调节欧姆校零旋钮，使表针指在电阻刻度线的"0"处

第六步：读数时发现表针指在电阻刻度线的"15"处，因选择了×100Ω挡，故被测电阻的阻值为 15×100=1500Ω

第五步：红、黑表笔分别接被测电阻两端

(c) 测量电阻值

图1-30 电阻的测量（续）

第五步：红、黑表笔接被测电阻。电阻没有正、负之分，红、黑表笔可随意接在被测电阻两端。

第六步：读数。读数时查看表针在欧姆刻度线所指的数值，然后将该数值与挡位数相乘，得到的结果即为该电阻的阻值。在图1-30（c）中，表针指在欧姆刻度线的"15"处，选择挡位为×100Ω，则被测电阻的阻值为 15×100Ω=1500Ω=1.5kΩ。

1.4.7　万用表使用注意事项

万用表使用时要按正确的方法进行操作，否则会使测量值不准确，重则会烧坏万用表，甚至会触电危害人身安全。

万用表使用时要注意以下事项。

① 测量时不要选错挡位，特别是不能用电流或欧姆挡来测电压，这样极易烧坏万用表。万用表不用时，可将挡位置于交流电压最高挡（如 1000V 挡）。

② 测量直流电压或直流电流时，要将红表笔接电源或电路的高电位，黑表笔接低电位，若表笔接错会使表针反偏，这时应马上互换红、黑表笔位置。

③ 若不能估计被测电压、电流或电阻的大小，应先用最高挡，如果高挡位测量值偏小，可根据测量值大小选择相应的低挡位重新测量。

④ 测量时，手不要接触表笔金属部位，以免触电或影响测量精确度。

⑤ 测量电阻阻值和三极管放大倍数时要进行欧姆校零，如果旋钮无法将表针调到欧姆刻度线的"0"处，一般为万用表内部电池电量不足，可更换新电池。

1.5　数字万用表的使用

数字万用表与指针万用表相比，具有测量准确度高、测量速度快、输入阻抗大、过载能力强和功能多等优点，所以它与指针万用表一样，在电工电子技术测量方面得到广泛的应用。数字万用表的种类很多，但使用基本相同，下面以广泛使用且价格便宜的 DT-830 型数字万用表为例来说明数字万用表的使用。

1.5.1　面板介绍

数字万用表的面板上主要有显示屏、挡位开关和各种插孔。DT-830 型数字万用表面板如图 1-31 所示。

1. 显示屏

显示屏用来显示被测量的数值，它可以显示 4 位数字，但最高位只能显示到 1，其他位可显示 0~9。

2. 挡位开关

挡位开关的功能是选择不同的测量挡位，它包括直流电压挡、交流电压挡、直流电流挡、欧姆挡、二极管测量挡和三极管放大倍数测量挡。

3. 插孔

数字万用表的面板上有 3 个独立插孔和 1 个 6 孔组合插孔。标有"COM"字样的为黑表笔插孔，标有"VΩmA"为红表笔插孔，标有"10ADC"为直流大电流插孔，在测量 200mA~10A 范围内的直流电流时，红表笔要插入该插孔。6 孔组合插孔为三极管测量插孔。

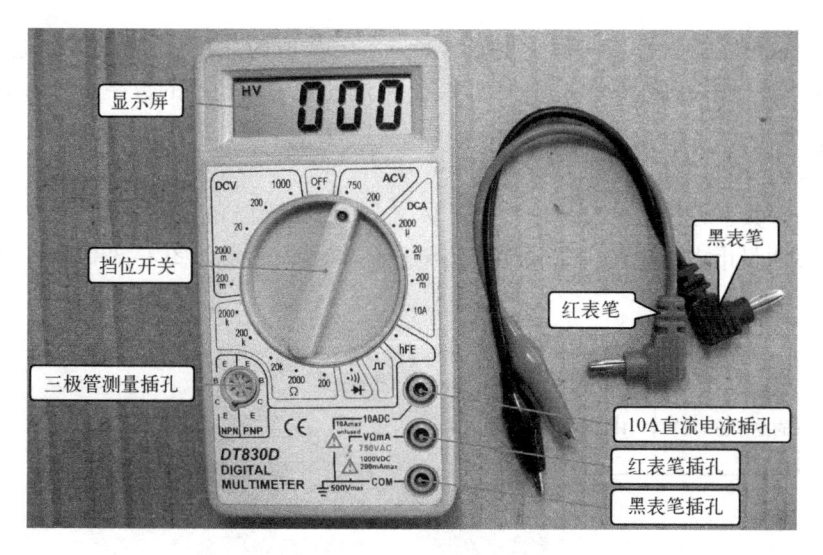

图 1-31　DT-830 型数字万用表的面板

1.5.2　测量直流电压

DT-830 型数字万用表的直流电压挡具体又分为 200mV 挡、2000mV 挡、20V 挡、200V 挡、1000V 挡。

下面通过测量一节电池的电压值来说明直流电压的测量，测量如图 1-32 所示，具体过程说明如下所述。

第一步：选择挡位。一节电池的电压在 1.5V 左右，根据挡位应高于且最接近被测电压原则，选择 2000mV（2V）挡较为合适。

第二步：红、黑表笔接被测电压。红表笔接被测电压的高电位处（即电池的正极），黑表笔接被测电压的低电位处（即电池的负极）。

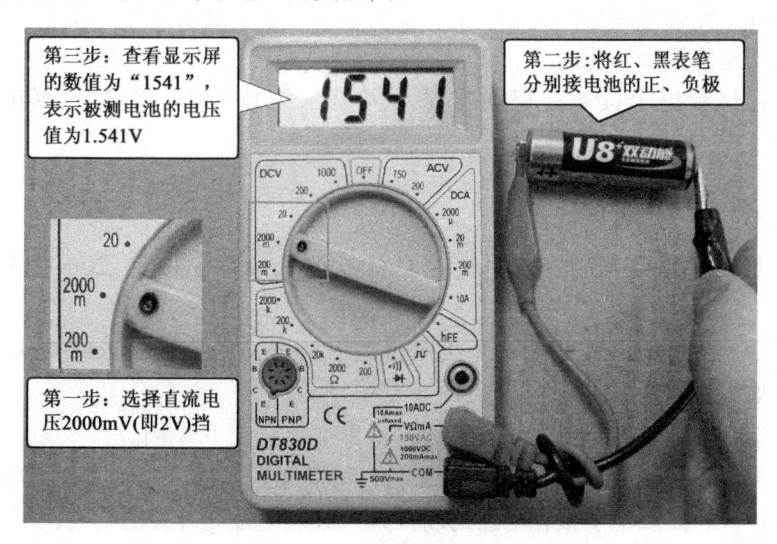

图 1-32　直流电压的测量

第三步：在显示屏上读数。现观察显示屏显示的数值为"1541"，则被测电池的直流电压为1.541V。若显示屏显示的数字不断变化，可选择其中较稳定的数字作为测量值。

1.5.3 测量交流电压

DT-830型数字万用表的交流电压挡具体又分为200V挡和750V挡。

下面通过测量市电的电压值来说明交流电压的测量，测量如图1-33所示，具体过程如下所述。

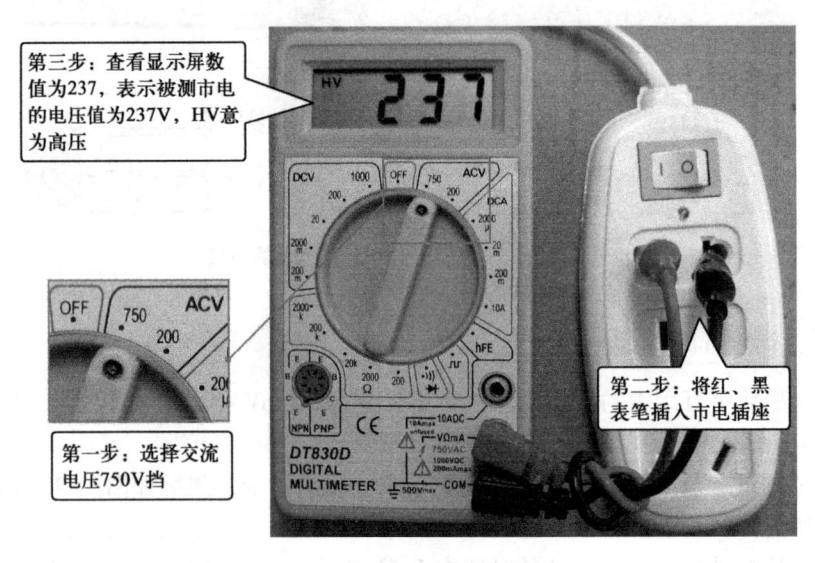

图1-33 交流电压的测量

第一步：选择挡位。市电电压通常在220V左右，根据挡位应高于且最接近被测电压原则，选择750V挡最为合适。

第二步：红、黑表笔接被测电压。由于交流电压无正、负极之分，故红、黑表笔可随意分别插入市电插座的两个插孔内。

第三步：在显示屏上读数。现观察显示屏显示的数值为"237"，则市电的电压值为237V。

1.5.4 测量直流电流

DT-830型数字万用表的直流电流挡具体又分为2000μA挡、20mA挡、200mA挡、10A挡。

下面以测量流过灯泡的电流大小为例来说明直流电流的测量，测量操作如图1-34所示，具体过程如下所述。

第一步：选择挡位。灯泡工作电流较大，这里选择直流10A挡。

第二步：将红、黑表笔串接在被测电路中。先将红表笔插入10A电流专用插孔，断开被测电路，再将红、黑表笔串接在电路的断开处，红表笔接断开处的高电位端，黑表笔接断开处的另一端。

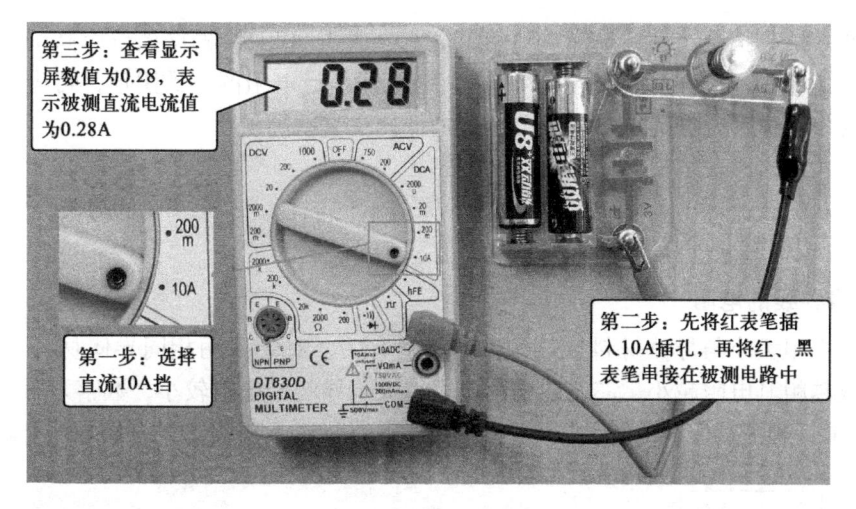

图 1-34　直流电流的测量

第三步：在显示屏上读数。现观察显示屏显示的数值为"0.28"，则流过灯泡的电流为 0.28A。

1.5.5　测量电阻

万用表测量电阻时采用欧姆挡，DT-830 型万用表的欧姆挡具体又分为 200Ω 挡、2000Ω 挡、20kΩ 挡、200kΩ 挡和 2000kΩ 挡。

1. 测量一只电阻的阻值

下面通过测量一只电阻的阻值来说明欧姆挡的使用，测量如图 1-35 所示，具体过程说明如下所述。

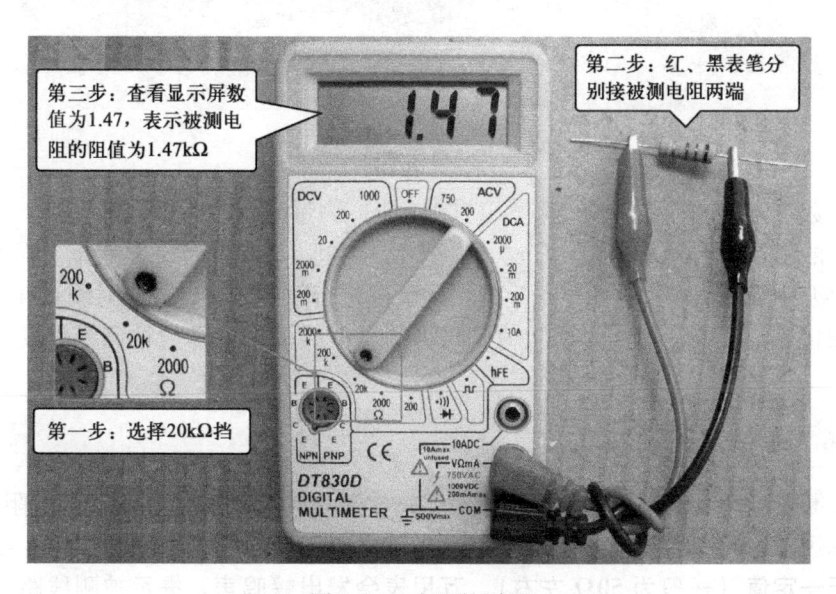

图 1-35　电阻的测量

第一步：选择挡位。估计被测电阻的阻值不会大于20kΩ，根据挡位应高于且最接近被测电阻的阻值原则，选择20kΩ挡最为合适。若无法估计电阻的大致阻值，可先用最高挡测量，若发现偏小，再根据显示的阻值更换合适低挡位重新测量。

第二步：红、黑表笔接被测电阻两个引脚。

第三步：在显示屏上读数。现观察显示屏显示的数值为"1.47"，则被测电阻的阻值为1.47kΩ。

2. 测量导线的电阻

导线的电阻大小与导体材料、截面积和长度有关，对于采用相同导体材料（如铜）的导线，芯线越粗其电阻越小，芯线越长其电阻越大。导线的电阻较小，数字万用表一般使用200Ω挡测量，测量操作如图1-36所示，如果被测导线的电阻无穷大，则导线开路。

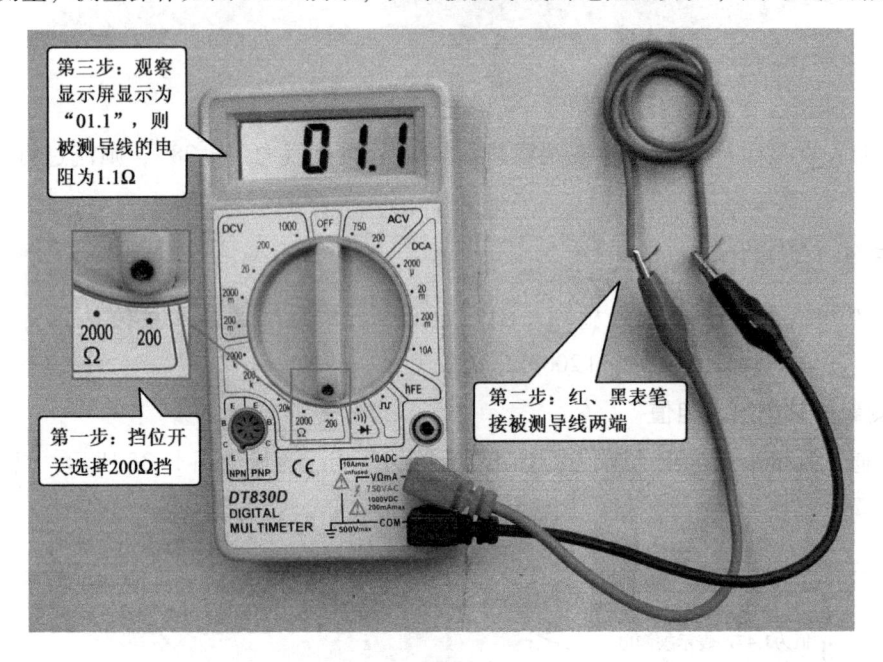

图1-36 测量导线的电阻

注意：数字万用表在使用低电阻挡（200Ω挡）测量时，将两根表笔短接，通常会发现显示屏显示的阻值不为零，一般在零点几欧至几欧之间，该阻值主要是表笔及误差阻值，性能好的数字万用表该值很小。由于数字万用表无法进行欧姆校零，如果对测量准确度要求很高，可在测量前记下表笔短接时的阻值，再将测量值减去该值即为被测元件或线路的实际阻值。

1.5.6 测量线路通断

线路通断可以用万用表的电阻挡测量，但每次测量时都要查看显示屏的电阻值来判断，这样有些麻烦。为此有的数字万用表专门设置了"通断测量"挡，在测量时，当被测线路的电阻小于一定值（一般为50Ω左右），万用表会发出蜂鸣声，提示被测线路处于导通状态。图1-37所示是用数字万用表的"通断测量"挡检测导线的通断。

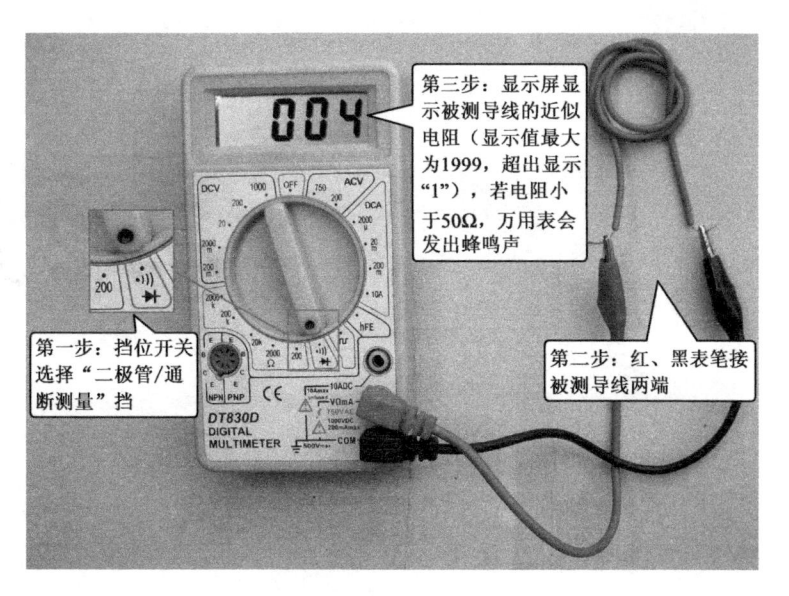

图 1-37 用"通断测量"挡检测导线的通断

第 2 章

电 阻 器

问：老师，听说电阻器是一种应用很广泛的电子元件，您能介绍一下它吗？

答：电阻器是电子电路中最常用的元件之一。电阻器简称电阻，它在电路中的功能主要是限流、降压和分压。

电阻器种类很多，通常可以分为三类：固定电阻器、电位器、敏感电阻器和排阻。

第 2 章 电阻器

2.1 固定电阻器

2.1.1 基础知识

固定电阻器是一种阻值固定不变的电阻器。常见固定电阻器的实物外形如图 2-1（a）所示，固定电阻器的图形符号如图 2-1（b）所示。在图 2-1（b）中，上方为国家标准电阻器符号，下方为国外常用电阻器符号（在一些国外技术资料中常见）。

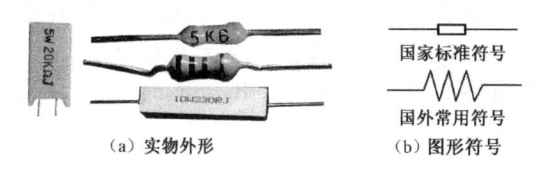

（a）实物外形　　（b）图形符号

图 2-1　固定电阻器

2.1.2 实验演示

在学习固定电阻器更多知识前，先来看表 2-1 中的三个实验。

表 2-1　固定电阻器实验

实验编号	实 验 图	实 验 说 明
实验一	图 2-2（a）	在左图实验中，按下开关，发现灯泡会亮，并且很亮
实验二	图 2-2（b）	在左图实验中，给电路串接一只电阻器 R_1，按下开关，发现灯泡会变暗
实验三	图 2-2（c）	在左图实验中，除了在电路中串接一只电阻器 R_1 外，还在灯泡两端并联一只电阻器 R_2，按下开关，发现灯泡变得更暗

2.1.3 提出问题

看完表2-1中的实验，让我们带着如下几个问题，进入后续阶段的学习。

1. 画出图2-2（a）、（b）、（c）实验电路的电路图，并说明图2-2（b）、（c）中的灯泡为什么会变暗？

2. 图2-2（c）中电阻器R_1、R_2的阻值分别是多少？（R_1标有"橙黑金金"四道带颜色的圆环，R_2标有"5W10RJ"）

3. 图2-2（c）中电阻器R_2的功率是多少（R_2标有"5W10RJ"），如何确定R_1功率的大小？

4. 在图2-2（b）中，如果电源电压为6V，灯泡正常工作电压、电流分别为4V和0.5A。为了让灯泡正常工作，R_1阻值和功率应选多大才最合适？

5. 如何用万用表测量图2-2（c）中电阻器R_1、R_2的阻值大小，又如何判断其好坏？

2.1.4 功能

固定电阻器的功能主要是降压、限流和分流、分压。电阻器的功能说明见表2-2。

表2-2 电阻器的功能说明

功能	例 图	说 明
降压、限流	（电路图：$U_{R1}=2V$，R_1，灯泡4V，电源6V）	在左图中，电阻器R_1与灯泡串联，如果用导线直接代替R_1，加到灯泡两端的电压有6V，流过灯泡的电流很大，灯泡将会很亮。串联电阻R_1后，由于R_1上有2V电压，灯泡两端的电压就被降低，同时由于R_1对电流的阻碍作用，流过灯泡的电流也就减小。电阻器R_1在这里就起着降压、限流功能
分流	（电路图：R_1，I，I_1，I_2，R_2并联灯泡，电源6V）	在左图中，电阻器R_2与灯泡并联在一起，流过R_1的电流I除了一部分流过灯泡外，还有一路经R_2流回到电源，这样流过灯泡的电流减小，灯泡变暗。R_2的这种功能称为分流
分压	（电路图：R_1 1Ω，A，R_2 3Ω，B，R_3 2Ω，5V，2V，电源6V）	在左图中，电阻器R_1、R_2和R_3串联在一起，从电源正极出发，每经过一只电阻器，电压会降低一次，电压降低多少取决于电阻器阻值的大小，阻值越大，电压降低越多，这样R_1、R_2和R_3就将6V电压分成5V和2V的电压

2.1.5 标称阻值

为了表示阻值的大小，电阻器在出厂时会在表面标注阻值。**标注在电阻器上的阻值称为**

标称阻值。电阻器的实际阻值与标称阻值往往有一定的差距,这个差距称为误差。电阻器标称阻值和误差的标注方法主要有直标法和色环标注法。

1. 直标法

直标法是指用文字符号(数字和字母)在电阻器上标注出阻值和误差的方法。直标法表示阻值和误差的常见形式见表 2-3。

表 2-3 直标法表示阻值和误差的常见形式

直标法说明	直标法的常见形式	
直标法的阻值单位有欧姆(Ω)、千欧姆(kΩ)和兆欧姆(MΩ)。 误差大小表示一般有两种方式: 一是用罗马数字Ⅰ、Ⅱ、Ⅲ分别表示误差为±5%、±10%、±20%,如果不标注误差,则误差为±20%; 二是用字母来表示,各字母对应的误差见下表,如 J、K 分别表示误差为±5%、±10%。 **字母与阻值误差对照表** | 字 母 | 对应误差(%)| |---|---| | W | ±0.05 | | B | ±0.1 | | C | ±0.25 | | D | ±0.5 | | F | ±1 | | G | ±2 | | J | ±5 | | K | ±10 | | M | ±20 | | N | ±30 |	① 用"数值+单位+误差"表示 右图中的四只电阻器都采用这种方式,它们分别标注 12kΩ ±10%、12kΩ Ⅱ、12k10%、12kΩK,虽然误差标注形式不同,但都表示电阻器的阻值为12kΩ,误差为±10%	12kΩ±10% 12kΩ Ⅱ 12kΩ 10% 12kΩ K 阻值均为12kΩ,误差为±10%
^	② 用单位代表小数点表示 右图中的四只电阻采用这种表示方式,1k2 表示 1.2kΩ,3M3 表示 3.3MΩ,3R3(或 3Ω3)表示 3.3Ω,R33(或 Ω33)表示 0.33Ω	1k2 1.2kΩ 3M3 3.3MΩ 3R3 3.3Ω R33 0.33Ω
^	③ 用"数值+单位"表示 这种标注法没标出误差,表示误差为±20%,右图中的两只电阻器均采用这种方式,它们分别是12kΩ、12k,表示的阻值都为12kΩ,误差为±20%	12kΩ 12k 阻值均为12kΩ,误差为±20%
^	④ 用数字直接表示 一般 1kΩ 以下的电阻采用这种形式,右图中的两只电阻采用这种表示方式,12 表示 12Ω,120 表示 120Ω	12 12Ω 120 120Ω

2. 色环法

色环法是指在电阻器上标注不同颜色圆环来表示阻值和误差的方法。图 2-3 中的两只电阻器就采用了色环法来标注阻值和误差,其中一只电阻器上有四条色环,称为四环电阻器,另一只电阻器上有五条色环,称为五环电阻器,五环电阻器的阻值精度较四环电阻器更高。

图 2-3 色环电阻器

要正确识读色环电阻器的阻值和误差,须先了解各种色环代表的意义。色环电阻器各色环代表的意义见表 2-4。

表 2-4 色环电阻器各色环代表的意义

颜　色	第一位数有效数字	第二位数有效数字	倍　乘　数	允许的误差范围（%）
棕	1	1	10^1	±1
红	2	2	10^2	±2
橙	3	3	10^3	—
黄	4	4	10^4	—
绿	5	5	10^5	±0.5
蓝	6	6	10^6	±0.25
紫	7	7	10^7	±0.1
灰	8	8	10^8	—
白	9	9	10^9	—
黑	0	0	10^0	—
金	—	—	10^{-1}	±5
银	—	—	10^{-2}	±10
无色	—	—	—	±20

了解色环电阻器各色环代表的意义后，就可以进行阻值和误差的识读。色环电阻器阻值与误差的识读见表 2-5。

表 2-5 色环电阻器阻值与误差的识读

种类	电阻器阻值与误差的识读方法
四环电阻器	四环电阻器阻值与误差的识读如下图所示，具体过程如下： ① 判别色环排列顺序。四环电阻器色环顺序判别规律有： a. 四环电阻的第四条色环为误差环，一般为金色或银色，因此如果靠近电阻器一个引脚的色环颜色为金、银色，该色环必为第四环，从该环向另一引脚方向排列的三条色环顺序依次为三、二、一； b. 对于色环标注规范的电阻器，一般第四环与第三环间隔较远。 ② 识读色环。按照第一、二环为有效数环，第三环为倍乘数环，第四环为误差数环，再对照表 2-4 各色环代表的数字读出色环电阻器的阻值和误差。 第一环 红色（代表"2"） 第二环 黑色（代表"0"） 第三环 红色（代表"10^2"） 第四环 金色（±5%） 标称阻值为 $20×10^2Ω(1±5\%)=2kΩ(95\%\sim105\%)$
五环电阻器	五环电阻器阻值与误差的识读如下图所示，具体过程如下： ① 判别色环排列顺序。五环电阻器色环顺序判别规律有： a. 五环电阻器的最后一环（第五环）为误差环，颜色有金、银、棕、红、绿、蓝和紫色，当靠近电阻器某引脚的色环不是这些颜色时，该色环必为第一环，该色环往另一引脚方向排列的色环顺序依次为二、三、四、五； b. 色环电阻器的阻值一般小于 10MΩ，因此可将电阻器某引脚旁的色环当做第一环来识读电阻器的阻值，若阻值大于 10MΩ，说明色环顺序判别错误，电阻器另一引脚旁的色环才是第一环； c. 对于色环标注规范的电阻器，一般第五环与第四环间隔较远。 ② 识读色环。按照第一、二、三环为有效数环，第四环为倍乘数环，第五环为误差数环，对照表 2-4 中各色环代表的数字读出色环电阻器的阻值和误差

续表

种类	电阻器阻值与误差的识读方法
五环电阻器	第一环 红色（代表"2"） 第二环 红色（代表"2"） 第三环 黑色（代表"0"） 第四环 红色（代表"10^2"） 第五环 棕色（代表"±1%"） 标称阻值为 $220×10^2\Omega$（1±1%）=22kΩ（99%~101%）

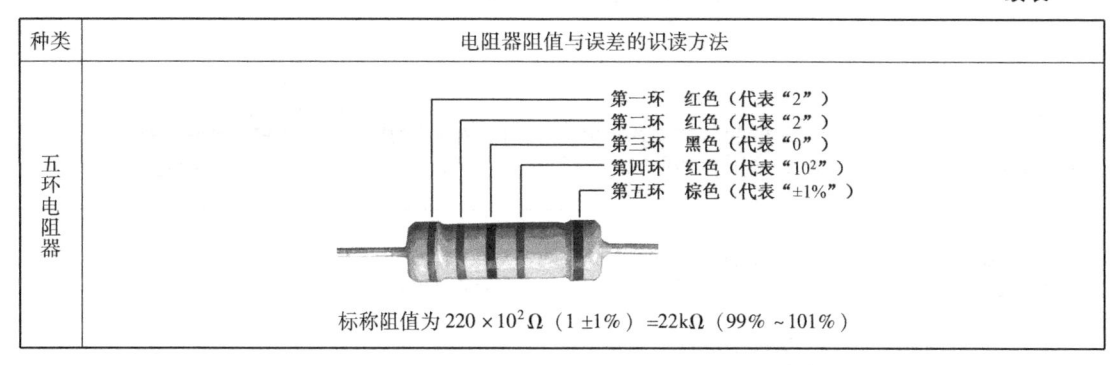

3. 标称阻值系列

电阻器是由厂家生产出来的，但厂家不能随意生产任何阻值的电阻器。为了生产、选购和使用的方便，国家规定了电阻器阻值的系列标称值，该标称值分 E-24、E-12 和 E-6 三个系列，具体见表 2-6。

表 2-6　电阻器的标称阻值系列

标称电阻系列	允许误差（%）	误差等级	标　称　值
E-24	±5	Ⅰ	1.0、1.1、1.2、1.3、1.5、1.6、1.8、2.0、 2.2、2.4、2.7、3.0、3.3、3.6、3.9、4.3、4.7、 5.1、5.6、6.2、6.8、7.5、8.2、9.1
E-12	±15	Ⅱ	1.0、1.2、1.5、1.8、2.2、2.7、3.3、3.9、 4.7、5.6、6.8、8.2
E-6	±20	Ⅲ	1.0、1.5、2.2、3.3、4.7、6.8

国家标准规定，生产某系列的电阻器，其标称阻值应等于该系列中标称值的 10^n（n 为正整数）倍。如 E-24 系列的误差等级为Ⅰ，允许误差范围为±5%，若要生产 E-24 系列（误差为±5%）的电阻器，厂家可以生产标称阻值为 1.3Ω、13Ω、130Ω、1.3kΩ、13kΩ、130kΩ、1.3MΩ…的电阻器，而不能生产标称阻值为 1.4Ω、14Ω、140Ω…的电阻器。

2.1.6　额定功率

额定功率是指在一定的条件下电阻器长期使用允许承受的最大功率。电阻器额定功率越大，允许流过的电流越大。

固定电阻器的额定功率也要按国家标准进行标注，其标称系列有 1/8W、1/4W、1/2W、1W、2W、5W 和 10W 等。小电流电路一般采用功率为 1/8W~1/2W 的电阻器，而大电流电路中常采用 1W 以上的电阻器。

电阻器额定功率识别方法见表 2-7。

表 2-7　电阻器额定功率的识别

识别方法	例　图
方法一： 对于标注了功率的电阻器，可根据标注的功率值来识别功率大小。右图中的电阻器标注"10W330RJ"表示额定功率值为10W，阻值为330Ω，误差为±5%	功率10W 阻值330Ω 误差±5%
方法二： 对于没有标注功率的电阻器，可根据长度和直径来判别其功率大小。长度和直径值越大，功率越大。右图中的一大一小两个色环电阻器，体积大的电阻器的功率更大。 碳膜、金属膜电阻器的长度、直径与功率对应关系可参见下表，如一个长度为8mm、直径为2.6mm的金属膜电阻器，其功率为0.25W | 碳膜电阻器 || 金属膜电阻器 || 额定功率(W) | |---|---|---|---|---| | 长度(mm) | 直径(mm) | 长度(mm) | 直径(mm) | | | 8 | 2.5 | — | — | 0.06W | | 12 | 2.5 | 7 | 2.2 | 0.125W | | 15 | 4.5 | 8 | 2.6 | 0.25W | | 25 | 4.5 | 10.8 | 4.2 | 0.5W | | 28 | 6 | 13 | 6.6 | 1W | | 46 | 8 | 18.5 | 8.6 | 2W |	体积小的电阻器功率小 体积大的电阻器功率大
方法三： 在电路图中，为了表示电阻器的功率大小，一般会在电阻器符号上标注一些标志。电阻器上标注的标志与对应功率值如右图所示，1W以下用线条表示，1W以上的直接用数字表示功率大小（旧标准用罗马数字表示）	1/8W　1/4W 1/2W　1W 2　3 2W　3W 5　10 5W　10W

2.1.7　选用

电子元器件的选用是学习电子技术一个重要的内容。在选用元器件时，不同技术层次的人考虑问题不同，从事电子产品研发的人员需要考虑元器件很多参数，这样才能保证生产出来的电子产品性能好，并且不易出现问题；而对大多数从事维修、制作和简单设计的电子爱好者来说，只要考虑元器件的一些重要参数就可以解决实际问题。本书中介绍的各种元器件的选用方法主要是针对广大初、中级层次的电子爱好者的。

1. 电阻器选用举例

在选用电阻器时，主要考虑电阻器的阻值、误差、额定功率和极限电压。下面通过表 2-8 中的一个例子来说明电阻器选用方法。

表 2-8 电阻器选用举例

关键词	说 明
选用要求	在图 2-4 中，要求通过电阻器 R 的电流 $I=0.01\text{A}$，请选择合适的电阻器来满足电路实际要求
例图	图 2-4 电阻器选用例图
选择过程	① 确定阻值。用欧姆定律可求出电阻器的阻值 $R = U/I = 220\text{V}/0.01\text{A} = 22\,000\Omega = 22\text{k}\Omega$。 ② 确定误差。对于电路来说，误差越小越好，这里选择电阻器误差为 ±5%，若难以找到误差为 ±5% 的电阻器，也可选择误差为 ±10% 的电阻器。 ③ 确定功率。根据功率计算公式可求出电阻器的功率大小为 $P = I^2R = 0.01^2\text{A} \times 22\,000\Omega = 2.2\text{W}$。为了让电阻器能长时间使用，选择的电阻器功率应在实际功率的两倍以上，这里选择电阻器功率为 5W。 ④ 确定被选电阻器的极限电压是否满足电路需要。当电阻器用在高电压小电流的电路时，可能功率满足要求，但电阻器的极限电压小于电路加到它两端的电压，电阻器会被击穿。 电阻器的极限电压可用 $U = \sqrt{PR}$ 来求，这里的电阻器极限电压 $U = \sqrt{5 \times 22\,000} \approx 331\text{V}$，该值大于两端所加的 220V 电压，故可正常使用。当电阻器的极限电压不够时，为了保证电阻器在电路中不被击穿，可根据情况选择阻值更大或功率更大的电阻器
总结	综上所述，为了让图 2-4 电路中 R 能正常工作并满足要求，应选阻值为 22kΩ、误差为 ±5%、额定功率为 5W 的电阻器

2. 电阻器选用技巧

在实际工作中，经常会遇到所选择的电阻器无法与要求一致，这时可按下面方法解决。

① 对于要求不高的电路，在选择电阻器时，其阻值和功率应与要求值尽量接近，并且额定功率只能大于要求值，若小于要求值，电阻器容易被烧坏。

② 若无法找到某个阻值的电阻器，可采用多只电阻器并联或串联的方式来解决。电阻器串联时阻值增大，并联时阻值减小。

③ 若某只电阻器功率不够，可采用多只大阻值的小功率电阻器并联，或采用多只小阻值小功率的电阻器串联，不管是采用并联还是串联，每只电阻器承受的功率都会变小。至于每只电阻器应选择多大功率，可用 $P = U^2/R$ 或 $P = I^2R$ 来计算，再考虑两倍左右的余量。

在图 2-4 中，如果无法找到 22kΩ、5W 的电阻器，可用两只 44kΩ 的电阻器并联来充当 22kΩ 的电阻器，由于这两只电阻器阻值相同，并联在电路中消耗功率也相同，单只电阻器在电路中承受功率 $P = U^2/R = 220^2/44\,000 = 1.1\text{W}$，考虑两倍的余量，功率可选择 2.5W，也就是说将两只 44kΩ、2.5W 的电阻器并联，可替代一只 22kΩ、5W 的电阻器。

如果采用两只 11kΩ 电阻器串联代替图 2-4 中的电阻器，两只阻值相同的电阻器串联在电路中，它们消耗功率相同，单只电阻器在电路中承受的功率 $P = (U/2)^2/R = 110^2/11\,000 = 1.1\text{W}$，考虑两倍的余量，功率选择 2.5W，也就是说将两只 11kΩ、2.5W 的电阻器串联，同样可替代一只 22kΩ、5W 的电阻器。

2.1.8 检测

固定电阻器常见故障有开路、短路和变值。检测固定电阻器使用万用表的欧姆挡。

在检测时,先识读出电阻器上的标称阻值,然后选用合适的挡位并进行欧姆校零,再进行测量,测量时为了减小测量误差,应尽量让万用表指针指在欧姆刻度线中央,若表针在刻度线上过于偏左或偏右时,应切换更大或更小的挡位重新测量。

下面以测量一只标称阻值为 2kΩ 的色环电阻来说明固定电阻器的检测,详细检测过程见表 2-9。

表 2-9　固定电阻器检测举例

关　键　词	测量一只标称阻值为 2kΩ 的色环电阻
测量步骤	测量如图所示,具体步骤如下: 第一步:将万用表的挡位开关拨至×100Ω挡。 第二步:将红、黑表笔短路,观察表针是否指在"Ω"刻度线的"0"刻度处;若未指在该处,应调节欧姆校零旋钮,让表针准确指在"0"刻度处。 第三步:将红、黑表笔分别接电阻器的两个引脚,再观察表针在"Ω"刻度线的位置,图中表针指在刻度"20",那么被测电阻器的阻值为 20×100 = 2kΩ
测量图	
测量结果分析	若万用表测量出来的阻值与电阻器的标称阻值相同,说明该电阻器正常(若测量出来的阻值与电阻器的标称阻值有点偏差,但在误差允许范围内,电阻器也正常)。 若测量出来的阻值无穷大,说明电阻器开路。 若测量出来的阻值为 0,说明电阻器短路。 若测量出来的阻值大于或小于电阻器的标称阻值,并超出误差允许范围,说明电阻器变值

2.1.9 种类

电阻器种类很多,根据构成形式不同,通常可分为碳质电阻器、薄膜电阻器、线绕电阻器和敏感电阻器四大类,每大类中又可分几小类。电阻器种类及特点见表 2-10。

表 2-10　电阻器种类及特点

大　类	构　成	小　类	特　点
碳质电阻器	用碳质颗粒等导电物质、填料和黏合剂混合制成一个实体的电阻器	无机合成实心碳质电阻器 有机合成实心碳质电阻器	碳质电阻器价格低廉，但其阻值误差、噪声电压都大，稳定性差，目前较少采用
薄膜电阻器	用蒸发的方法将一定电阻率材料蒸镀于绝缘材料表面制成	碳膜电阻器 金属膜电阻器 金属氧化膜电阻器 合成碳膜电阻器 化学沉积膜电阻器 玻璃釉膜电阻器 金属氮化膜电阻	碳膜电阻器成本低、性能稳定、阻值范围宽、温度系数和电压系数低，但承受功率较小，这种电阻器是目前应用最广泛的电阻器。 金属膜电阻器比碳膜电阻器的精度高，稳定性好，噪声小，温度系数小，在仪器仪表及通信设备中大量采用。 金属氧化膜电阻器高温下稳定，耐冲击，过载能力强，耐潮湿，但阻值范围比较小。 合成碳膜电阻器价格低、阻值范围宽，但噪声大、精度低、频率特性较差，一般用来制作高压、高阻的小型电阻器，主要用在要求不高的电路中。 玻璃釉膜电阻器耐潮湿、高温，噪声小，温度系数小，主要应用于厚膜电路
线绕电阻器	用高阻合金线绕在绝缘骨架上制成，外面涂有耐热的釉绝缘层或绝缘漆	通用线绕电阻器 精密线绕电阻器 大功率线绕电阻器 高频线绕电阻器	绕线电阻器具有较低的温度系数，阻值精度高，稳定性好，耐热耐腐蚀，主要作为精密大功率电阻使用，缺点是高频性能差，时间常数大
敏感电阻器	由具有相关特性的材料制成	压敏电阻器 热敏电阻器 光敏电阻器 力敏电阻器 气敏电阻器 湿敏电阻器 磁敏电阻器	各种敏感电阻器的介绍见 2.3 节内容

2.1.10　电阻器型号命名方法

国产电阻器的型号由四部分组成（不适合敏感电阻器的命名）：

第一部分用字母表示元件的主称，R 表示电阻，W 表示电位器。

第二部分用字母表示电阻体的制作材料。T——碳膜、H——合成碳膜、S——有机实心、N——无机实心、J——金属膜、Y——氮化膜、C——沉积膜、I——玻璃釉膜、X——线绕。

第三部分用数字或字母表示元件的类型。1——普通、2——普通、3——超高频、4——高阻、5——高温、6——精密、7——精密、8——高压、9——特殊、G——高功率、T——可调。

第四部分用数字表示序号。用不同序号来区分同类产品中的不同参数，如元件的外形、尺寸和性能指标等。

国产电阻器的型号命名方法具体见表 2-11。

表 2-11　国产电阻器的型号命名方法

第一部分		第二部分		第三部分		第四部分
用字母表示主称		用字母表示材料		用数字或字母表示分类		用数字表示序号
符号	含义	符号	含义	符号	含义	
R	电阻器	T	碳膜	1	普通	主称、材料相同，仅性能指标、尺寸大小有差别，但基本不影响互换使用的元件，给予同一序号；若性能指标、尺寸大小明显影响互换使用时，则在序号后面用大写字母作为区别代号
		P	硼碳膜	2	普通	
		U	硅碳膜	3	超高频	
		H	合成膜	4	高阻	
		I	玻璃釉膜	5	高温	
		J	金属膜（箔）	7	精密	
		Y	氧化膜	8	电阻：高压 电位器：特殊	
W	电位器	S	有机实心	9	特殊	
		N	无机实心	G	高功率	
		X	线绕	T	可调	
		C	沉积膜	X	电阻：小型	
		G	光敏	L	电阻：测量用	
				W	电位器：微调	
				D	电位器：多圈	

举例：

RJ75 表示精密金属膜电阻器　　　　RT10 表示普通碳膜电阻器

R——电阻器（第一部分）　　　　　R——电阻器（第一部分）

J——金属膜（第二部分）　　　　　T——碳膜（第二部分）

7——精密（第三部分）　　　　　　1——普通型（第三部分）

5——序号（第四部分）　　　　　　0——序号（第四部分）

2.2 电位器

2.2.1 基础知识

电位器是一种阻值可以通过调节而变化的电阻器，又称可变电阻器。常见电位器的实物外形及电位器的图形符号如图 2-5 所示。

(a) 实物外形　　　　　　　　(b) 图形符号

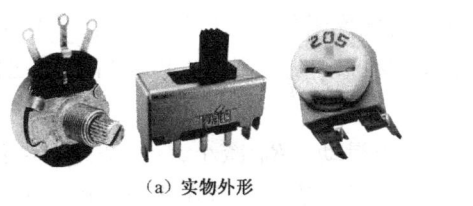

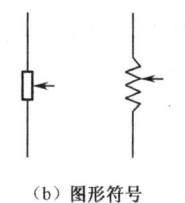

图 2-5　电位器

2.2.2　实验演示

在学习电位器更多知识前，先来看看表 2-12 中的两个实验。

表 2-12　电位器实验

实验编号	实 验 图	实 验 说 明
实验一	图 2-6 (a)	在左图实验中，将电位器一个引脚通过电阻器和开关接电源的正极，另两个引脚接指示灯，并将其中一个引脚接电源的负极，按下开关，灯泡会亮，并且亮度较高
实验二	图 2-6 (b)	在左图实验中，电路连接保持不变，调节电位器，发现指示灯可以调暗

2.2.3　提出问题

看完表 2-1 中的实验，让我们带着如下几个问题，进入后续阶段的学习。

1. 画出图 2-6（a）、(b) 实验电路的电路图，并思考在图 2-6 (b) 中为什么调节电位器 RP 可以使指示灯变暗？

2. 如何用万用表测量图 2-6 中电位器 RP 阻值的大小，如何判断电位器的好坏？

2.2.4　结构与原理

电位器种类很多，但结构基本相同。电位器的结构示意图如图 2-7 所示。

从图 2-7 中可看出，电位器有 A、C、B 三个引出极，在 A、B 极之间连接着一段电阻体，该电阻体的阻值用 R_{AB} 表示。对于一个电位器，

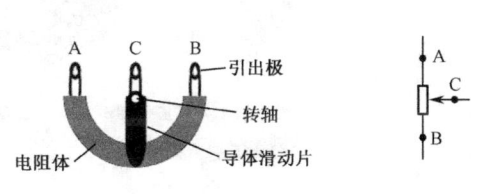

图 2-7　电位器的结构示意图

R_{AB} 的值是固定不变的，该值为电位器的标称阻值。C 极连接一个导体滑动片，该滑动片与电阻体接触，A 极与 C 极之间电阻体的阻值用 R_{AC} 表示，B 极与 C 极之间电阻体的阻值用 R_{BC} 表示，$R_{AC} + R_{BC} = R_{AB}$。

当转轴逆时针旋转时，滑动片往 B 极滑动，R_{BC} 减小，R_{AC} 增大；当转轴顺时针旋转时，滑动片往 A 极滑动，R_{BC} 增大，R_{AC} 减小，当滑动片移到 A 极时，$R_{AC}=0$，而 $R_{BC}=R_{AB}$。

2.2.5 应用

电位器与固定电阻器一样，都具有降压、限流和分流的功能，不过由于电位器具有阻值可调节性，故它可随时调节阻值来改变降压、限流和分流的程度。电位器的典型应用见表 2-13。

表 2-13 电位器的典型应用

例子	例 图	说 明
应用一		在左图电路中，电位器 RP 的滑动端与灯泡连接，当滑动端向下移动时，灯泡会变暗。灯泡变暗的原因有： ① 当滑动端下移时，AC 段的阻体变长，R_{AC} 增大，对电流阻碍大，流经 AC 段阻体的电流减小，从 C 端流向灯泡的电流也随之减少，同时由于 R_{AC} 降压多，加到灯泡电压 U 降低； ② 当滑动端下移时，在 AC 段阻变长的同时，BC 段阻体变短，R_{BC} 减小，流经 AC 段的电流除了一路从 C 端流向灯泡时，还有一路经 BC 段阻体直接流回电源负极，由于 BC 段电阻变短，分流增大，使 C 端输出流向灯泡的电流减少。 电位器 AC 段的电阻起限流、降压作用，而 CB 段的电阻起分流作用
应用二		在左图电路中，电位器 RP 的滑动端 C 与固定端 A 连接在一起，由于 AC 段阻体被 A、C 端直接连接的导线短路，电流不会流过 AC 段，而是直接从 A 端到 C 端，再经 CB 段阻体流向灯泡。当滑动端下移时，CB 段的阻体变短，R_{BC} 阻值变小，对电流阻碍小，流过的电流增大，灯泡变亮。 电位器 RP 在该电路中起着降压、限流作用

2.2.6 种类

电位器种类较多，通常可分为普通电位器、微调电位器、带开关电位器和多联电位器等。常见电位器的外形及特点说明见表 2-14。

表 2-14 常见电位器的外形及特点说明

种 类	实物外形	特点说明
普通电位器		普通电位器一般是指带有调节手柄的电位器，常见有旋转式电位器和直滑式电位器

续表

种 类	实物外形	特点说明
微调电位器		微调电位器又称微调电阻器，通常是指没有调节手柄的电位器，并且不经常调节
带开关电位器		带开关电位器是一种将开关和电位器结合在一起的电位器，收音机中调音量兼开关机的元件就是带开关电位器。 从左图可以看出，带开关电位器将开关和电位器连为一体，共同受转轴控制，当转轴顺时针旋转到一定位置时，转轴凸起部分顶起开关，E、F间就处于断开状态；当转轴逆时针旋转时，开关依靠弹力闭合，继续旋转转轴时，就开始调节A、C和B、C间的电阻。 左图右方为带开关电位器的图形符号，符号中的虚线表示电位器和开关同轴调节
多联电位器		多联电位器是将多个电位器结合在一起同时调节。常见的多联电位器如左图所示，从左至右依次是双联电位器、三联电位器和四联电位器；左图下方为双联电位器的图形符号

2.2.7 主要参数

电位器的主要参数有标称阻值、额定功率和阻值变化特性。电位器的参数见表2-15。

表2-15 电位器的参数

参 数	说 明
标称阻值	标称阻值是指电位器上标注的阻值，该值就是电位器两个固定端之间的阻值。与固定电阻器一样，电位器也有标称阻值系列，电位器采用E-12和E-6系列。电位器有线绕和非线绕两种类型，对于线绕电位器，允许误差有±1%、±2%、±5%和±10%；对于非线绕电位器，允许误差有±5%、±10%和±20%
额定功率	额定功率是指在一定的条件下电位器长期使用允许承受的最大功率。电位器功率越大，允许流过的电流也越大。 电位器功率也要用国家标称系列进行标注，并且对非线绕和线绕电位器标注有所不同，非线绕电位器的标称系列有0.25W、0.5W、1W、1.6W、2W、3W、5W、0.5W、1W、2W和30W等，线绕电位器的标称系列有0.025W、0.05W、0.1W、0.25W、2W、3W、5W、10W、16W、25W、40W、63W和100W等。从标称系列可以看出，线绕电位器功率可以做得更大

续表

参　数	说　　明
阻值变化特性	阻值变化特性是指电位器阻值与转轴旋转角度（或触点滑动长度）的关系。根据阻值变化特性不同，电位器可分为直线式（X）、指数式（Z）和对数式（D），三种电位器转角与阻值变化规律如图 2-8 所示。 图 2-8　三种电位器转角与阻值变化规律 直线式电位器的阻值与旋转角度呈直线关系，当旋转转轴时，电位器的阻值会匀速变化，即电位器的阻值变化与旋转角度的大小成正比关系。直线式电位器阻体上的导电物质分布均匀，所以具有这种特性。 指数式电位器的阻值与旋转角度呈指数关系，在刚开始转动转轴时，阻值变化很慢，随着转动角度增大，阻值变化很大。指数式电位器的这种性质是因为阻体上的导电物质分布不均匀。指数式电位器通常用于音量调节电路中。 对数式电位器的阻值与旋转角度呈对数关系，在刚开始转动转轴时，阻值变化很快，随着转动角度增大，阻值变化变慢。对数式电位器与指数式电位器性质正好相反，因此常被用在与指数式电位器要求相反的电路中，如电视机的音调控制电路和对比度控制电路

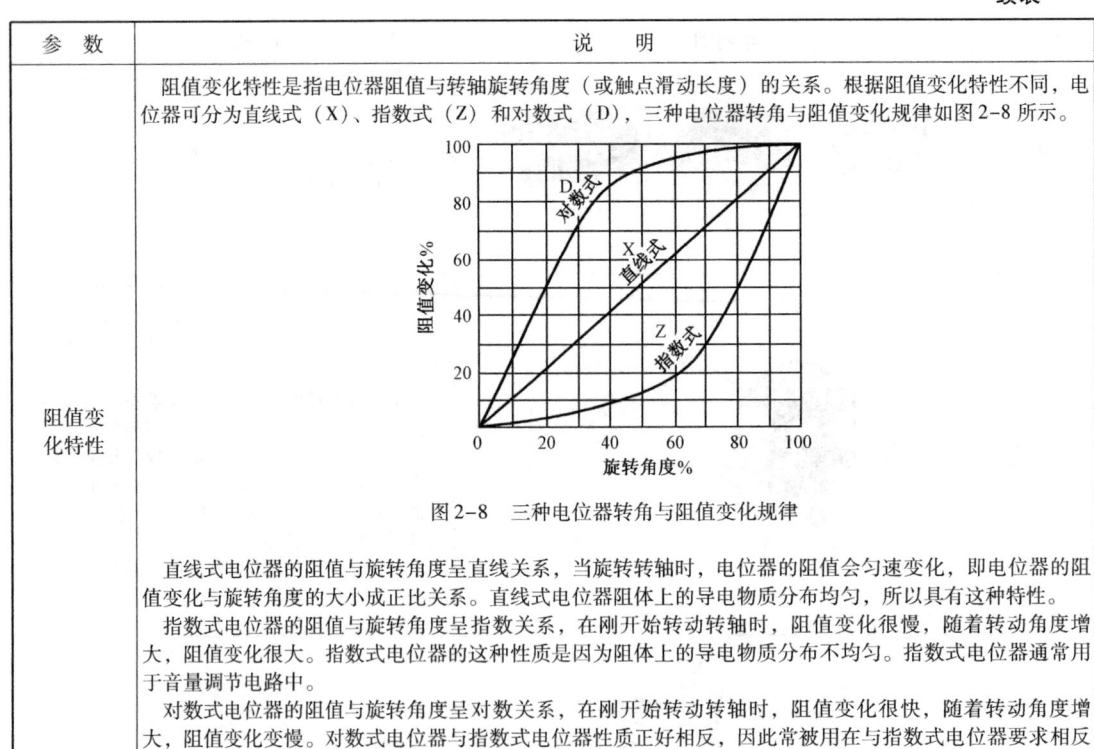

2.2.8　检测

电位器检测使用万用表的欧姆挡。 在检测时，先测量电位器两个固定端之间的阻值，正常测量值应与标称阻值一致，然后再测量一个固定端与滑动端之间的阻值，同时旋转转轴，正常测量值应在 0 至标称阻值范围内变化。若是带开关电位器，还要检测开关是否正常。

电位器检测分两步，只有每步测量均正常才能说明电位器正常。电位器的检测见表 2-16。

表 2-16　电位器的检测

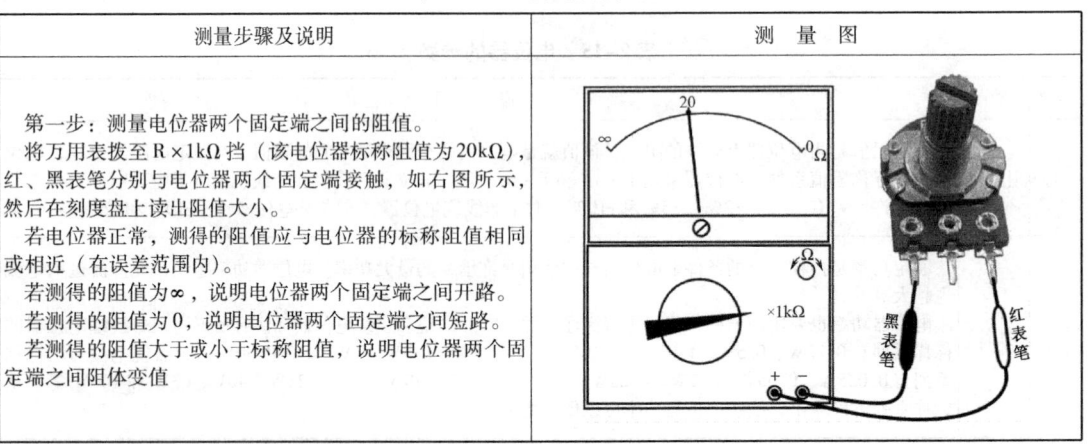

测量步骤及说明	测　量　图
第一步：测量电位器两个固定端之间的阻值。 将万用表拨至 R×1kΩ 挡（该电位器标称阻值为 20kΩ），红、黑表笔分别与电位器两个固定端接触，如右图所示，然后在刻度盘上读出阻值大小。 若电位器正常，测得的阻值应与电位器的标称阻值相同或相近（在误差范围内）。 若测得的阻值为 ∞，说明电位器两个固定端之间开路。 若测得的阻值为 0，说明电位器两个固定端之间短路。 若测得的阻值大于或小于标称阻值，说明电位器两个固定端之间阻体变值	

续表

测量步骤及说明	测量图
第二步：测量电位器一个固定端与滑动端之间的阻值。 万用表仍置于 R×1kΩ 挡，红、黑表笔分别与电位器任意一个固定端和滑动端接触，如右图所示，然后旋转电位器转轴，同时观察刻度盘表针。 若电位器正常，表针会发生摆动，指示的阻值应在 0～20kΩ 范围内连续变化。 若测得的阻值始终为 ∞，说明电位器固定端与滑动端之间开路。 若测得的阻值为 0，说明电位器固定端与滑动端之间短路。 若测得的阻值变化不连续、有跳变，说明电位器滑动端与阻体之间接触不良	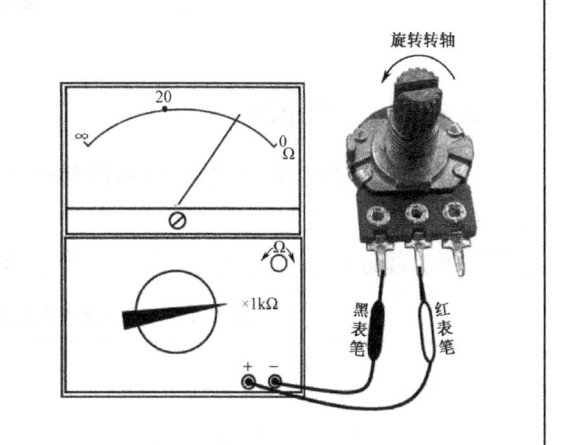
对于带开关电位器，除了要用上面的方法检测电位器部分是否正常外，还要检测开关部分是否正常。开关电位器开关部分的检测如右图所示。 将万用表置于 R×1Ω 挡，把电位器旋至"关"位置，红、黑表笔分别接开关的两个端子，正常测量出来的阻值应为无穷大，然后把电位器旋至"开"位置，测出来的阻值应为 0。如果在开或关位置测得的阻值均为无穷大，说明开关无法闭合；若测得的阻值均为 0，说明开关无法断开	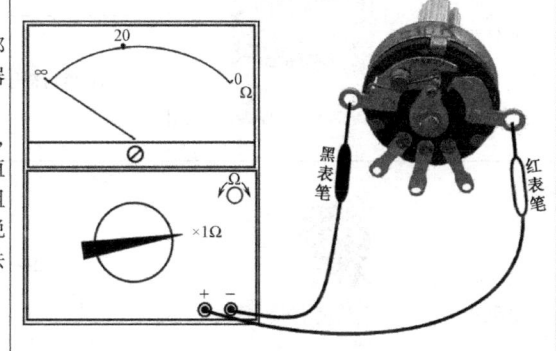

2.2.9 选用

在选用电位器时，主要考虑标称阻值、额定功率和阻值变化特性应与电路要求一致，如果难以找到各方面符合要求的电位器，可按下面的原则用其他电位器替代：

① 标称阻值应尽量相同，若无标称阻值相同的电位器，可以用阻值相近的替代，但标称阻值不能超过要求阻值的±20%。

② 额定功率应尽量相同，若无功率相同的电位器，可以用功率大的电位器替代，一般不允许用小功率的电位器替代大功率电位器。

③ 阻值变化特性应相同，若无阻值变化特性相同的电位器，在要求不高的情况下，可用直线式电位器替代其他类型的电位器。

④ 在满足上面三点要求外，应尽量选择外形和体积相同的电位器。

2.3 敏感电阻器

2.3.1 基础知识

敏感电阻器是指阻值随某些外界条件改变而变化的电阻器。敏感电阻器种类很多，常见的有光敏电阻器、热敏电阻器、湿敏电阻器、压敏电阻器、力敏电阻器、气敏电阻器和磁敏电阻器等。部分敏感电阻器实物外形、符号和特点见表2-17。

表2-17 部分敏感电阻器实物外形、符号和特点

种　类	实物外形	符　号	特　点
光敏电阻器		国内常用符号　　国外常用符号	阻值随光线亮度变化而变化
热敏电阻器		新图形符号　　旧图形符号	阻值随温度变化而变化
湿敏电阻器		新图形符号　　旧图形符号	阻值随湿度变化而变化
压敏电阻器			当电压增大到一定值时，阻值由大变小

续表

种 类	实物外形	符 号	特 点
气敏电阻器		f—f'：灯丝（加热极） A—B：检测极	当接触某气体时阻值会发生变化
力敏电阻器			阻值随承受的压力变化而变化

2.3.2 实验演示

由于敏感电阻器种类较多，在学习敏感电阻器更多知识前，这里以光敏电阻器实验为例让大家对敏感电阻器特点有个感性的认识。光敏电阻器实验见表2-18。

表2-18 光敏电阻器实验

实验编号	实验图	实验说明
实验一	图2-9（a）	在左图实验中，将光敏电阻器按图示连接在电路中，并用不透明的纸片将光敏电阻器遮住，发现指示灯光线很暗
实验二	图2-9（b）	在左图实验中，光敏电阻器在电路中的连接保持不变，用手电筒照射光敏电阻器，发现指示灯光线很亮

2.3.3 提出问题

观看完表 2-18 中的实验，让我们带着如下几个问题，进入后续阶段的学习。
1. 画出图 2-9（b）实验电路的电路图，并思考图 2-9（b）中的指示灯为什么会变亮？
2. 如何用万用表测量图 2-9（b）中光敏电阻器 R_2 的阻值大小，如何判断其好坏？

2.3.4 光敏电阻器

光敏电阻器是一种对光线敏感的电阻器，当照射的光线强弱变化时，阻值也会随之变化，通常光线越强阻值越小。光敏电阻器是由硫化镉（Cds）或硒化镉（CdSe）等材料构成。

根据光的敏感性不同，光敏电阻器可分为可见光光敏电阻器（硫化镉材料）、红外光光敏电阻器（砷化镓材料）和紫外光光敏电阻器（硫化锌材料）。其中硫化镉材料制成的可见光光敏电阻器应用最广泛。

1. 应用举例

光敏电阻器的功能与固定电阻器一样，不同之处在于它的阻值可以随光线强弱变化而变化。光敏电阻器的典型应用见表 2-19。

表 2-19 光敏电阻器的典型应用

例 子	举 例	说 明
应用一	（电路图：R_1、R_2、I、灯泡）	在左图中，若光敏电阻器 R_2 无光线照射，R_2 的阻值会很大，流过灯泡的电流很小，灯泡很暗。若用光线照射 R_2，R_2 阻值变小，流过灯泡的电流增大，灯泡变亮
应用二	（电路图：6V、R_1、R_2、I、I_1、I_2、灯泡）	在左图中，若光敏电阻器 R_2 无光线照射，R_2 的阻值会很大，经 R_2 分掉的电流少，流过灯泡的电流大，灯泡很亮。若用光线照射 R_2，R_2 阻值变小，经 R_2 分掉的电流多，流过灯泡的电流减少，灯泡变暗

2. 主要参数

光敏电阻器的参数很多，主要参数有暗电流和暗阻、亮电流和亮阻、额定功率、最大工作电压及光谱响应等。光敏电阻器的参数说明见表 2-20。

表 2-20 光敏电阻器的参数说明

参 数	说 明
暗电流和暗阻	在两端加有电压的情况下，无光照射时流过光敏电阻器的电流称暗电流；在无光照射时光敏电阻器的阻值称为暗阻，暗阻通常在几百 kΩ 以上

续表

参　数	说　明
亮电流和亮阻	在两端加有电压的情况下，有光照射时流过光敏电阻器的电流称亮电流；在有光照时光敏电阻器的阻值称为亮阻，亮阻一般在几十kΩ以下
额定功率	额定功率是指光敏电阻器长期使用时允许的最大功率。光敏电阻器的额定功率有5~300mW多种规格选择
最大工作电压	最大工作电压是指光敏电阻器工作时两端允许的最高电压，一般为几十伏至上百伏
光谱响应	光谱响应又称光谱灵敏度，它是指光敏电阻器在不同颜色光线照射下的灵敏度

光敏电阻器除了有上表所述的参数外，还有光照特性（阻值随光照强度变化的特性）、温度系数（阻值随温度变化的特性）和伏安特性（两端电压与流过电流的关系）等。

3. 检测

光敏电阻器检测分两步，只有两步测量均正常才能说明光敏电阻器正常。光敏电阻器的检测过程见表2-21。

表2-21　光敏电阻器的检测过程

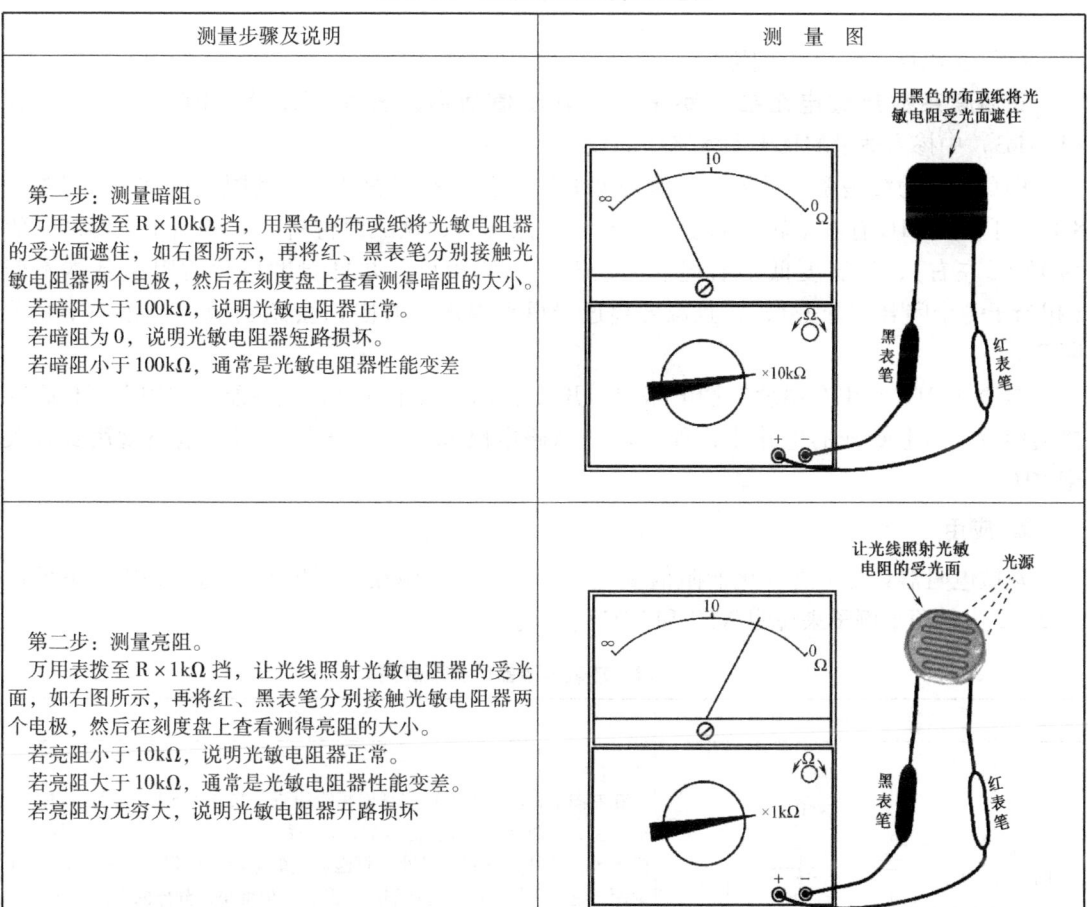

测量步骤及说明	测　量　图
第一步：测量暗阻。 万用表拨至R×10kΩ挡，用黑色的布或纸将光敏电阻器的受光面遮住，如右图所示，再将红、黑表笔分别接触光敏电阻器两个电极，然后在刻度盘上查看测得暗阻的大小。 若暗阻大于100kΩ，说明光敏电阻器正常。 若暗阻为0，说明光敏电阻器短路损坏。 若暗阻小于100kΩ，通常是光敏电阻器性能变差	（测量图：用黑色的布或纸将光敏电阻受光面遮住）
第二步：测量亮阻。 万用表拨至R×1kΩ挡，让光线照射光敏电阻器的受光面，如右图所示，再将红、黑表笔分别接触光敏电阻器两个电极，然后在刻度盘上查看测得亮阻的大小。 若亮阻小于10kΩ，说明光敏电阻器正常。 若亮阻大于10kΩ，通常是光敏电阻器性能变差。 若亮阻为无穷大，说明光敏电阻器开路损坏	（测量图：让光线照射光敏电阻的受光面，光源）

2.3.5 热敏电阻器

热敏电阻器是一种对温度敏感的电阻器，它一般由半导体材料制作而成，当温度变化时其阻值也会随之变化。

1. 种类

热敏电阻器种类很多，但通常可分为负温度系数热敏电阻器（NTC）和正温度系数热敏电阻器（PTC）两类。

（1）负温度系数热敏电阻器

负温度系数热敏电阻器简称 NTC，其阻值随温度升高而减小。 NTC 是由氧化锰、氧化钴、氧化镍、氧化铜和氧化铝等金属氧化物为主要原料制作而成的。根据使用温度条件不同，负温度系数热敏电阻器可分为低温（-60～300℃）、中温（300～600℃）、高温（大于600℃）三种。

NTC 的温度每升高1℃，阻值会减小1%～6%，阻值减小程度视不同型号而定。NTC 广泛用于温度补偿和温度自动控制电路，如冰箱、空调、温室等温控系统常采用 NTC 作为测温元件。

（2）正温度系数热敏电阻

正温度系数热敏电阻器简称 PTC，其阻值随温度升高而增大。 PTC 是在钛酸钡（BaTio3）中掺入适量的稀土元素制作而成。

PTC 可分为缓慢型和开关型。缓慢型 PTC 的温度每升高1℃，其阻值会增大0.5%～8%。开关型 PTC 有一个转折温度（又称居里点温度，钛酸钡材料 PTC 的居里点温度一般为120℃左右），当温度低于居里点温度时，阻值较小，并且温度变化时阻值基本不变（相当于一个闭合的开关），一旦温度超过居里点温度，其阻值会急剧增大（相关于开关断开）。

缓慢型 PTC 常用在温度补偿电路中，开关型 PTC 由于具有开关性质，常用在开机瞬间接通而后又马上断开的电路中，如彩电的消磁电路和冰箱的压缩机启动电路就用到开关型 PTC。

2. 应用

热敏电阻器具有温度变化而阻值变化的特点，一般用在与温度有关的电路中。下面以表 2-22 中的两个例子来说明 NTC 和 PTC 的应用。

表 2-22　热敏电阻器的典型应用

应用	例图	说明
NTC 的应用		在左图中，R_2（NTC）与灯泡相距很近，当开关 S 闭合后，流过 R_1 的电流分作两路，一路流过灯泡，另一路流过 R_2，由于开始 R_2 温度低，阻值大，经 R_2 分掉的电流小，灯泡流过的电流大而很亮，由于 R_2 与灯泡距离近，受灯泡的烘烤而温度上升，阻值变小，分掉的电流增大，流过灯泡的电流减小，灯泡变暗，回到正常亮度

续表

应 用	例 图	说 明
PTC 的应用	(电路图：开关S、PTC电阻R₁、灯泡)	在左图中，当合上开关S时，有电流流过R₁（开关型PTC）和灯泡，由于开始R₁温度低，阻值小（相当于开关闭合），流过电流大，灯泡很亮，随着电流流过R₁，R₁温度慢慢升高，当R₁温度达到居里点温度时，R₁的阻值急剧增大（相当于开关断开），流过的电流很小，灯泡无法被继续点亮而熄灭，在此之后，流过的小电流维持R₁为高阻值，灯泡一直处于熄灭状态。如果要灯泡重亮，可先断开S，然后等待几分钟，让R₁冷却下来，然后闭合S，灯泡会亮一下又熄灭

3. 检测

热敏电阻器检测分两步，只有两步测量均正常才能说明热敏电阻器正常，在这两步测量时还可以判断出电阻器的类型（NTC或PTC）。热敏电阻器的检测过程见表2-23。

表2-23 热敏电阻器的检测过程

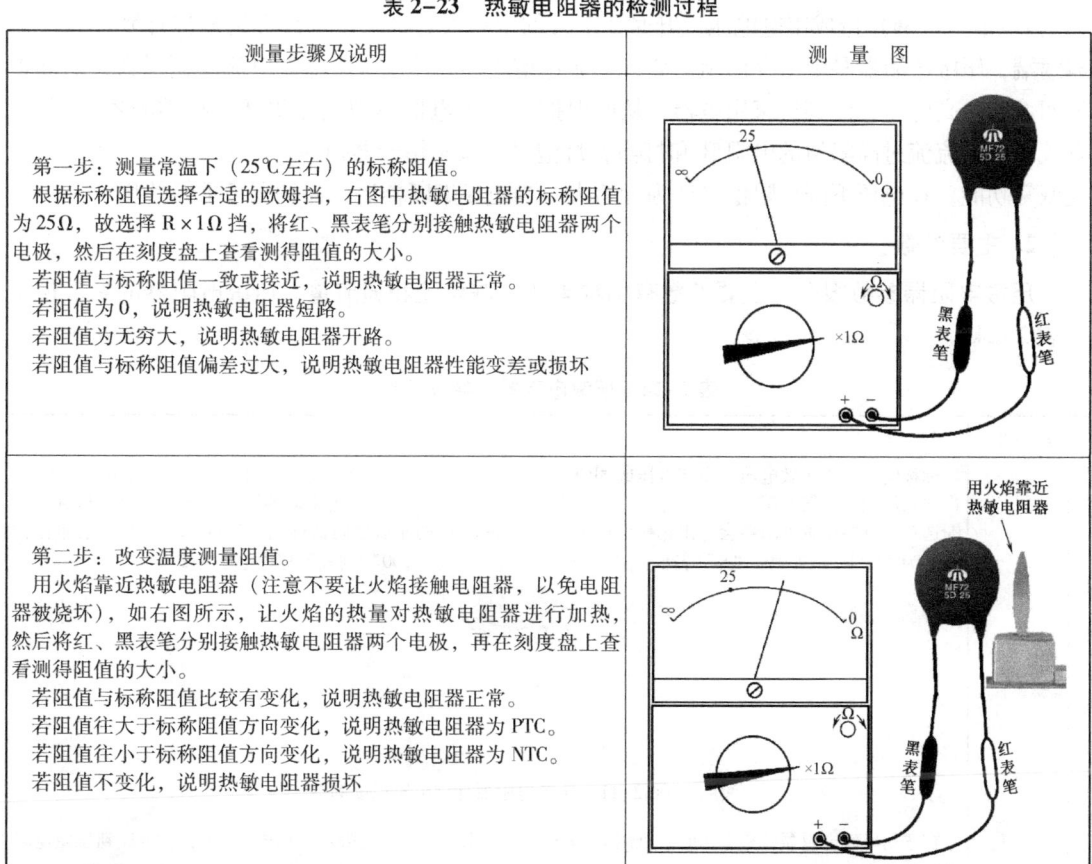

测量步骤及说明	测量图
第一步：测量常温下（25℃左右）的标称阻值。 根据标称阻值选择合适的欧姆挡，右图中热敏电阻器的标称阻值为25Ω，故选择R×1Ω挡，将红、黑表笔分别接触热敏电阻器两个电极，然后在刻度盘上查看测得阻值的大小。 若阻值与标称阻值一致或接近，说明热敏电阻器正常。 若阻值为0，说明热敏电阻器短路。 若阻值为无穷大，说明热敏电阻器开路。 若阻值与标称阻值偏差过大，说明热敏电阻器性能变差或损坏	(万用表测量图)
第二步：改变温度测量阻值。 用火焰靠近热敏电阻器（注意不要让火焰接触电阻器，以免电阻器被烧坏），如右图所示，让火焰的热量对热敏电阻器进行加热，然后将红、黑表笔分别接触热敏电阻器两个电极，再在刻度盘上查看测得阻值的大小。 若阻值与标称阻值比较有变化，说明热敏电阻器正常。 若阻值往大于标称阻值方向变化，说明热敏电阻器为PTC。 若阻值往小于标称阻值方向变化，说明热敏电阻器为NTC。 若阻值不变化，说明热敏电阻器损坏	(用火焰靠近热敏电阻器测量图)

2.3.6 压敏电阻器

压敏电阻器是一种对电压敏感的特殊电阻器，当两端电压低于标称电压时，其阻值接近无穷大,当两端电压超过标称电压值时,阻值急剧变小,如果两端电压回落至标称电压值以下时,其阻值又恢复到接近无穷大。压敏电阻器种类较多,以氧化锌(ZnO)为材料制作而成的压敏电阻器应用最为广泛。

1. 应用

压敏电阻器具有过压时阻值变小的性质,利用该性质可以将压敏电阻器应用在保护电路中。图 2-10 是一个家用电器保护器,在使用时将它接在 220V 市电和家用电器之间。

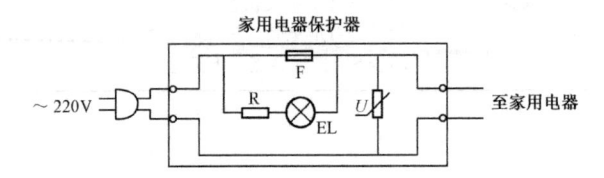

图 2-10 压敏电阻器构成的家用电器保护器

在正常工作时,220V 市电通过保护器中的熔断器 F 和导线送给家用电器。当某些因素(如雷电窜入电网)造成市电电压上升时,上升的电压通过插头、导线和熔断器加到压敏电阻器两端,压敏电阻器马上击穿而阻值变小,流过熔断器和压敏电阻器的电流急剧增大,熔断器瞬间熔断,高电压无法到达家用电器,从而保护了家用电器不被高压损坏。在熔断器熔断后,有较小的电流流过高阻值的电阻 R 和灯泡,灯泡亮,指示熔断器损坏。由于压敏电阻器具有自我恢复功能,在电压下降后阻值又变为无穷大,当更换熔断器后,保护器可重新使用。

2. 主要参数

压敏电阻器参数很多,主要参数有标称电压、漏电流和通流量。压敏电阻器的参数说明见表 2-24。

表 2-24 压敏电阻器的参数说明

参　数	说　明
标称电压	标称电压又称压敏电压、击穿电压或阈值电压,它是指压敏电阻器通过 1mA 直流电流时两端的电压值。当加到压敏电阻器两端电压超过标称电压时,阻值会急剧减小。压敏电阻器的标称电压可在 10~9000V 范围选择。有些压敏电阻器会标出标称电压值,如图 2-11 中的压敏电阻器标注"201K","201"表示标称电压为 $20×10^1=200V$,"K"表示误差为±10%,若标注为"200"则表示标称电压为 $20×10^0V$。 图 2-11 压敏电阻器标称电压识读例图 在选用压敏电阻器标称电压时,可用 $U_{1mA}=2.2U_{AC}$ 来计算,U_{1mA} 表示标称电压,U_{AC} 表示加到压敏电阻器两端的交流电压有效值,例如要将一个压敏电阻器接 220V 的交流电压时,应选标称电压在 $U_{1mA}=2.2U_{AC}=2.2×220V=484V$ 左右压敏电阻器
漏电流	漏电流又称等待电流,是指在压敏电阻器两端加有 75% 标称电压时通过的直流电流。压敏电阻器的漏电流通常小于 50μA
通流量	通流量又称通流容量,是指压敏电阻器在短时间内(几微秒到几毫秒)允许流过的最大电流

3. 检测

压敏电阻器检测分两步，只有两步检测均通过才能确定正常。压敏电阻器的检测过程见表 2-25。

表 2-25　压敏电阻器的检测过程

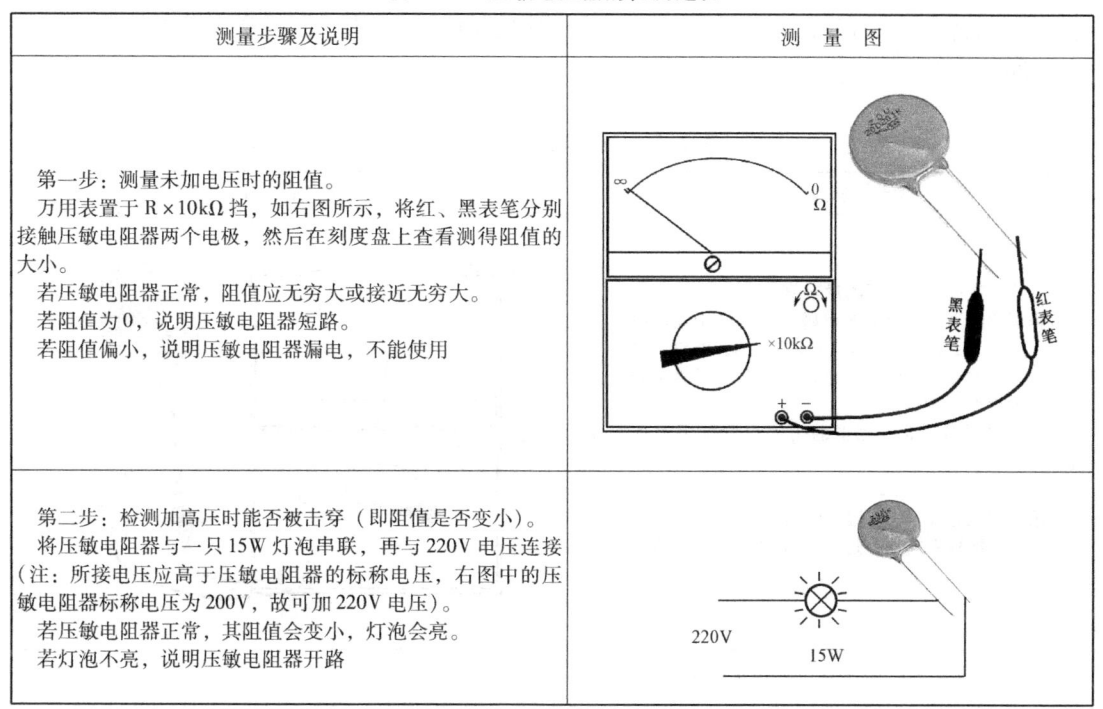

测量步骤及说明	测　量　图
第一步：测量未加电压时的阻值。 万用表置于 R×10kΩ 挡，如右图所示，将红、黑表笔分别接触压敏电阻器两个电极，然后在刻度盘上查看测得阻值的大小。 若压敏电阻器正常，阻值应无穷大或接近无穷大。 若阻值为 0，说明压敏电阻器短路。 若阻值偏小，说明压敏电阻器漏电，不能使用	
第二步：检测加高压时能否被击穿（即阻值是否变小）。 将压敏电阻器与一只 15W 灯泡串联，再与 220V 电压连接（注：所接电压应高于压敏电阻器的标称电压，右图中的压敏电阻器标称电压为 200V，故可加 220V 电压）。 若压敏电阻器正常，其阻值会变小，灯泡会亮。 若灯泡不亮，说明压敏电阻器开路	

2.3.7　湿敏电阻器

湿敏电阻器是一种对湿度敏感的电阻器，当湿度变化时其阻值也会随之变化。根据感湿层材料和配方不同可分为"正电阻温度特性"（阻值随湿度增大而增大）和"负电阻湿度特性"（阻值随湿度增大而减小）。

1. 应用

湿敏电阻器具有湿度变化时阻值也会变化的特点，利用该特点，可以用湿敏电阻器作传感器来检测环境湿度大小。图 2-12 就是一个用湿敏电阻器制作的简易湿度指示表。

图 2-12 中的 R_2 是一只正电阻湿度特性的湿敏电阻器，将它放置在需检测湿度的环境中（如放在厨房内），当闭合开关 S 后，流过 R_1 的电流分作两路：一路经 R_2 流到电源负极，另一路流过电流表回到电源负极。若厨房的湿度较低，R_2 的阻值小，分流掉的电流大，流过电流表的电流小，表针

图 2-12　用湿敏电阻器制作的简易湿度指示表

偏转角度小，表示厨房内的湿度低；若厨房的湿度很大，R$_2$的阻值变大，分流掉的电流小，流过电流表的电流增大，表针偏转角度大，表示厨房内的湿度大。

2. 检测

湿敏电阻器检测分两步，在这两步测量时还可以检测出其类型（正电阻湿度特性或负电阻湿度特性），只有两步测量均正常才能说明湿敏电阻器正常。湿敏电阻器的检测过程见表2-26。

表2-26 湿敏电阻器的检测过程

测量步骤及说明	测量图
第一步：在正常条件下测量阻值。 根据标称阻值选择合适的欧姆挡，右图中湿敏电阻器的标称阻值为200Ω，故选择R×10Ω挡，将红、黑表笔分别接触湿敏电阻器两个电极，然后在刻度盘上查看测得阻值的大小。 若湿敏电阻器正常，测得的阻值与标称阻值一致或接近。 若阻值为0，说明湿敏电阻器短路。 若阻值为无穷大，说明湿敏电阻器开路。 若阻值与标称阻值偏差过大，说明湿敏电阻器性能变差或损坏	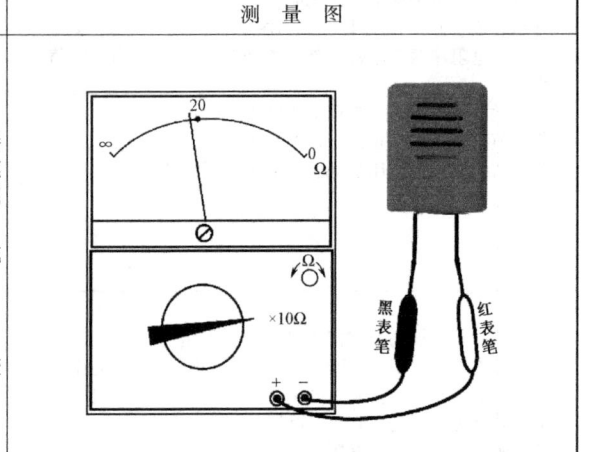
第二步：改变湿度测量阻值。 将红、黑表笔分别接触湿敏电阻器两个电极，再把湿敏电阻器放在水蒸气上方（或者用嘴对湿敏电阻器哈气），如右图所示，然后再在刻度盘上查看测得阻值的大小。 若湿敏电阻器正常，测得的阻值与标称阻值比较应有变化。 若阻值往大于标称阻值方向变化，说明湿敏电阻器为正电阻湿度特性。 若阻值往小于标称阻值方向变化，说明湿敏电阻器为负电阻湿度特性。 若阻值不变化，说明湿敏电阻器损坏	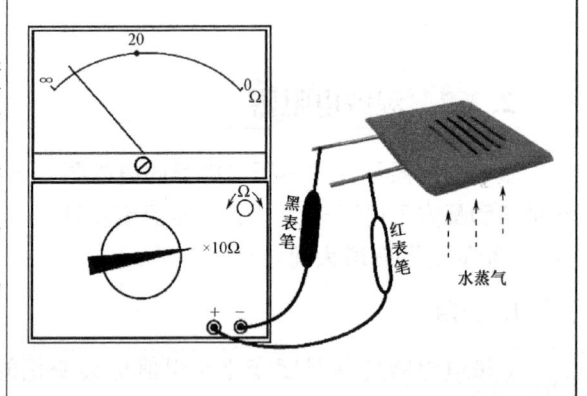

2.3.8 气敏电阻器

气敏电阻器是一种对某种或某些气体敏感的电阻器，当空气中某种或某些气体含量发生变化时，置于其中的气敏电阻器阻值就会发生变化。

气敏电阻器种类很多，其中采用半导体材料制成的气敏电阻器应用最广泛。半导体气敏电阻器有N型和P型之分，N型气敏电阻器在检测到甲烷、一氧化碳、天然气、煤气、液化石油气、乙炔、氢气等气体时，其阻值会减小；P 型气敏电阻器在检测到可燃气体时，其阻值将增大，而在检测到氧气、氯气及二氧化氮等气体时，其阻值会减小。

1. 结构

气敏电阻器的典型结构及特性曲线如图 2-13 所示。

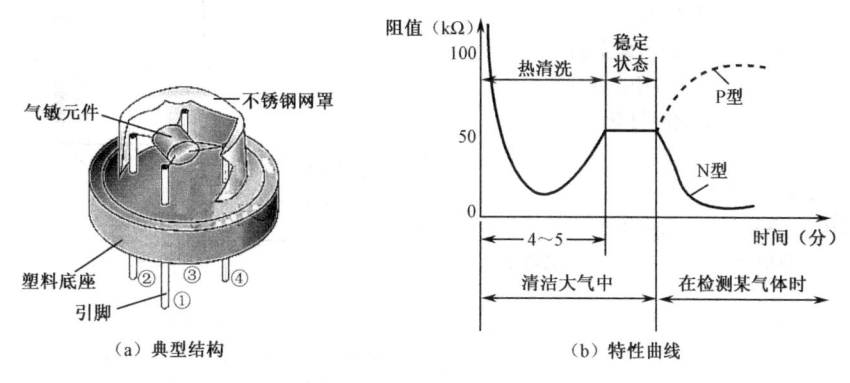

图 2-13　气敏电阻器的典型结构及特性曲线

气敏电阻器的气敏特性主要由内部的气敏元件来实现的。气敏元件引出四个电极，并与引脚①、②、③、④相连。当在清洁的大气中给气敏电阻器的①、②脚通电流（对气敏元件加热）时，③、④脚之间的阻值先减小再升高（4～5 分钟），阻值变化规律如图 2-13（b）曲线所示，升高到一定值时阻值保持稳定，若此时气敏电阻接触某种气体时，气敏元件吸附该气体后，③、④脚之间阻值又会发生变化（若是 P 型气敏电阻器，其阻值会增大，而 N 型气敏电阻器阻值会变小）。

2. 应用

气敏电阻器具有对某种或某些气体敏感的特点，利用该特点可以用气敏电阻器来检测空气中特殊气体的含量。图 2-14 中采用气敏电阻器制作的煤气报警器，可将它安装在厨房来监视有无煤气泄漏。

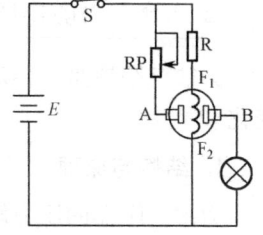

在制作报警器时，先按图 2-14 所示将气敏电阻器连接好，然后闭合开关 S，让电流通过 R 流入气敏电阻器加热线圈，几分钟后，待气敏电阻器 AB 间的阻值稳定后，再调节电位器 RP，让灯泡处于将亮未亮状态。若发生煤气泄漏，气敏电阻器检测到后，AB 间的阻值变小，流过灯泡的电流增大，灯泡亮起来，警示煤气发生泄漏。

图 2-14　采用气敏电阻器制作的煤气报警器

3. 检测

气敏电阻器检测通常分两步，在这两步测量时还可以判断其特性（P 型或 N 型）。气敏电阻器的检测过程见表 2-27。

表 2-27 气敏电阻器的检测过程

测量步骤及说明	测 量 图
第一步：测量静态阻值。 将气敏电阻器的加热极 F_1、F_2 串接在电路中，如右图所示，再将万用表置于 R×1kΩ 挡，红、黑表笔接气敏电阻器的 A、B 极，然后闭合开关，让电流对气敏电阻器加热，同时在刻度盘上查看阻值大小。 若气敏电阻器正常，阻值应先变小，然后慢慢增大，在约几分钟后阻值稳定，此时的阻值称为静态电阻。 若阻值为 0，说明气敏电阻器短路。 若阻值为无穷大，说明气敏电阻器开路。 若在测量过程中阻值始终不变，说明气敏电阻器已失效	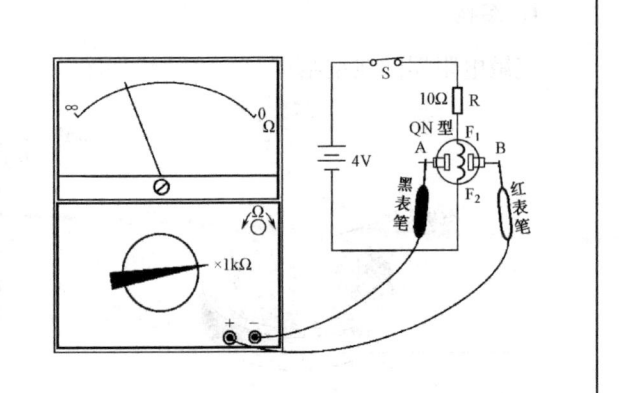
第二步：测量接触敏感气体时的阻值。 在按第一步测量时，待气敏电阻器阻值稳定，再将气敏电阻器放靠近煤气灶（打开煤气灶，将火吹灭），然后在刻度盘上查看阻值大小。 若阻值变小，气敏电阻器为 N 型；若阻值变大，气敏电阻器为 P 型。 若阻值始终不变，说明气敏电阻器已失效	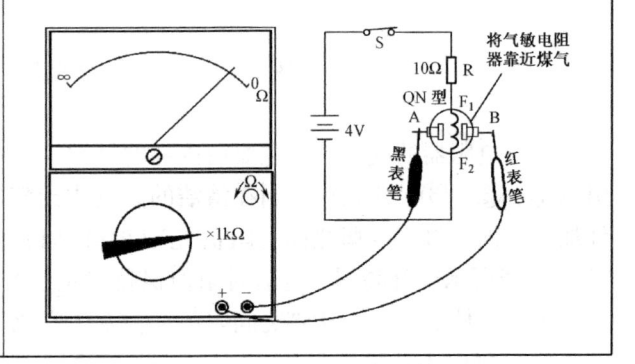

2.3.9 力敏电阻器

力敏电阻器是一种对压力敏感的电阻器，当施加给它的压力变化时，其阻值也会随之变化。

1. 结构与原理

力敏电阻器的压力敏特性是由内部封装的电阻应变片来实现的。电阻应变片有金属电阻应变片和半导体应变片两种，这里简单介绍金属电阻应变片。金属电阻应变片的结构如图 2-15 所示。

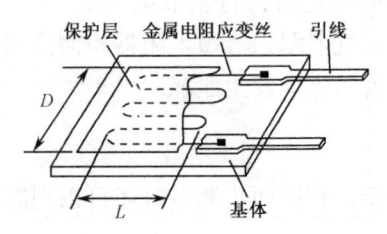

图 2-15 金属电阻应变片的结构

从图中可以看出，金属电阻应变片主要由金属电阻应变丝构成，当对金属电阻应变丝施加压力时，应变丝的长度和截面积（粗细）就会发生变化，施加的压力越大，应变丝越细越长，其阻值就越大。在使用应变片时，一般将电阻应变片粘贴在某物体上，当对该物体施加压力时，物体会变形，粘贴在物体上的电阻应变片也一起产生形变，应变片的阻值就会发生改变。

2. 应用

力敏电阻器具有阻值随施加的压力变化而变化的特点，利用该特点可以用力敏电阻器作传感器来检测压力的大小。图 2-16 就是一个用力敏电阻器制作的简易压力指示器。

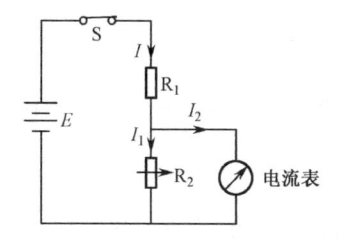

图 2-16 用力敏电阻器制作的简易压力指示器

在制作压力指示器前，先将力敏电阻器 R_2（电阻应变片）紧紧粘贴在钢板上，然后按图 2-16 将力敏电阻器引脚与电路连接好，再对钢板施加压力让钢板变形，由于力敏电阻器与钢板紧贴在一起，所以力敏电阻器也随之变形。对钢板施加压力大，钢板变形严重，力敏电阻器 R_2 变形也严重，R_2 阻值增大，对电流分流少，流过电流表的电流增大，表针偏转角度大，表明施加给钢板的压力大。

3. 检测

力敏电阻器的检测通常分两步：

第一步：在未施加压力的情况下测量其阻值，正常阻值应与标称阻值一致或接近，否则说明力敏电阻器损坏。

第二步：将力敏电阻器放在有弹性的物体上，然后用手轻轻压挤力敏电阻器（切不可用力过大，以免力敏电阻器过于变形而损坏），再测量其阻值，正常阻值应随施加的压力大小变化而变化，否则说明力敏电阻损坏。

2.3.10 敏感电阻器的型号命名

敏感电阻器的型号命名分为四部分：

第一部分用字母表示主称。用字母"M"表示主称为敏感电阻器。

第二部分用字母表示类别。

第三部分用数字或字母表示用途或特征。

第四部分用数字或字母、数字混合表示序号。

敏感电阻器型号命名及含义说明见表 2-28。

表 2-28　敏感电阻器型号命名及含义

第一部分：主称		第二部分：类别		第三部分：用途或特征														第四部分：序号
^	^	^	^	热敏电阻器		压敏电阻器		光敏电阻器		湿敏电阻器		气敏电阻器		磁敏元件		力敏元件		^
字母	含义	字母	含义	数字	用途或特征	字母	用途或特征	数字	用途或特征	字母	用途或特征	字母	用途或特征	字母	用途或特征	数字	用途或特征	^
M	敏感元件	Z	正温度系数热敏电阻器	1	普通用	W	稳压用	1	紫外光	C	测湿用	Y	烟敏	Z	电阻器	1	硅应变片	用数字或数字、字母混合表示
^	^	F	负温度系数热敏电阻器	2	稳压用	G	高压保护用	2	紫外光	^	^	J	酒精	^	^	2	硅应变梁	^
^	^	Y	压敏电阻器	3	微波测量用	P	高频用	3	紫外光	^	^	K	可燃性	^	^	3	硅杯	^
^	^	S	湿敏电阻器	4	旁热式	N	高能用	4	可见光	^	^	N	N型	^	^	4	^	^
^	^	Q	气敏电阻器	5	测温用	K	高可靠用	5	可见光	^	^	^	^	^	^	5	^	^
^	^	G	光敏电阻器	6	控温用	L	防雷用	6	可见光	^	^	^	^	^	^	6	待定	^
^	^	C	磁敏电阻器	7	消磁用	H	灭弧用	7	红外光	K	控湿用	P	P型	W	电位器	7	^	^
^	^	L	力敏电阻器	8	线性用	Z	消噪用	8	红外光	^	^	^	^	^	^	8	^	^
^	^	^	^	9	恒温用	B	补偿用	9	红外光	^	^	^	^	^	^	9	^	^
^	^	^	^	0	特殊用	C	消磁用	0	特殊	^	^	^	^	^	^	0	^	^

举例：

MG45-14 (可见光敏电阻器)	MS01-A (通用型号湿敏电阻器)	MY31-270/3 (270V/3kA 普通压敏电阻器)
M—敏感电阻器	M—敏感电阻器	M—敏感电阻器
G—光敏电阻器	S—湿敏电阻器	Y—压敏电阻器
4—可见光	01-A—序号	31—序号
5-14—序号		270—标称电压为270V
		3—通流容量为3kA

2.4 排　　阻

排阻又称电阻排，它是由多只电阻器按一定的方式制作并封装在一起而构成的。排阻具有安装密度高和安装方便等优点，广泛用在数字电路系统中。

2.4.1 实物外形

常见的排阻实物外形如图 2-17 所示，前面两种为直插封装式（SIP）排阻，后一种为表面贴装式（SMD）排阻。

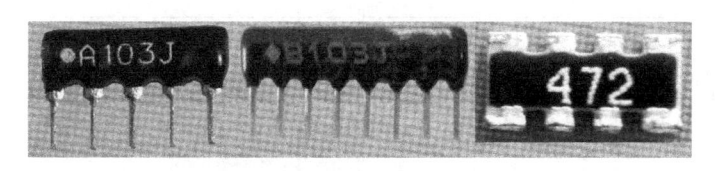

图 2-17 常见的排阻实物外形

2.4.2 命名方法

排阻命名一般由四部分组成：
第一部分为内部电路类型；
第二部分为引脚数（由于引脚数可直接看出，故该部分可省略）；
第三部分为阻值；
第四部分为阻值误差。
排阻命名方法见表 2-29。

表 2-29 排阻命名方法

第一部分：电路类型	第二部分：引脚数	第三部分：阻值	第四部分：误差
A：所有电阻共用一端，公共端从左端（第 1 引脚）引出 B：每只电阻有各自独立引脚，相互间无连接 C：各只电阻首尾相连，各连接端均有引出脚 D：所有电阻共用一端，公共端从中间引出 E、F、G、H、I：内部连接较为复杂，详见表 2-30	4～14	3 位数字 （第 1、2 位为有效数，第 3 位为有效数后面 0 的个数，如 102 表示 1000Ω）	F：±1% G：±2% J：±5%

举例：排阻 A08472J 是八个引脚 4700（1±5%）Ω 的 A 类排阻。

2.4.3 种类与结构

根据内部电路结构不同，排阻种类可分为 A、B、C、D、E、F、G、H、I。排阻虽然种类很多，但最常用的为 A、B 类。排阻的主要种类及结构见表 2-30。

表 2-30 排阻的主要种类及结构

种类	电路结构	种类	电路结构
A	$R_1, R_2, \cdots R_n$ 引脚 1,2,3,…n+1；$R_1=R_2=\cdots=R_n$	C	$R_1, R_2, \cdots R_n$ 串联，引脚 1,2,…n,n+1；$R_1=R_2=\cdots=R_n$
B	$R_1, R_2, \cdots R_n$ 独立，引脚 1,2,3,4,…2n；$R_1=R_2=\cdots=R_n$	D	$R_1, R_2, \cdots R_{n-1}, R_n$，引脚 1,2,…n,n+1；$R_1=R_2=\cdots=R_n$
E	R_1, R_2 组合，引脚 1,2,3,4,5,…n-1,n；$R_1=R_2$ 或 $R_1 \neq R_2$	G	$R_1, R_2, \cdots R_n$，引脚 1,2,3,…n+1,n+2；$R_1=R_2=\cdots=R_n$
F	R_1, R_2 组合，引脚 1,2,3,…n-1,n；$R_1=R_2$ 或 $R_1 \neq R_2$	H	R_1, R_2 组合，引脚 1,2,3,4,5,…n,n+1；$R_1=R_2$ 或 $R_1 \neq R_2$

2.4.4 用指针万用表检测排阻

1. 好坏检测

在检测排阻前，要先找到排阻的第 1 引脚，第 1 引脚旁一般有标记（如圆点），也可正对排阻字符，字符左下方第一个引脚即为第 1 引脚。

在检测时，根据排阻的标称阻值，将万用表置于合适的欧姆挡，图 2-18 是测量一只 10kΩ 的 A 型排阻（A103J），万用表选择 R×1kΩ 挡，将黑表接排阻的第 1 引脚不动，红表笔依次接第 2、3、…8 引脚，如果排阻正常，第 1 引脚与其他各引脚的阻值均为 10kΩ，如果第 1 引脚与某引脚的阻值为无穷大，则该引脚与第 1 引脚之间的内部电阻开路。

2. 类型判别

在判别排阻的类型时，可以直接查看其表面标注的类型代码，然后对照表 2-30 就可以了解该排阻的内部电路结构。如果排阻表面的类型代码不清晰，可以用万用表检测来判断其类型。

在检测时，将万用表拨至 R×10Ω 挡，用黑表笔接第 1 引脚，红表笔接第 2 引脚，记下测量值，然后保持黑表笔不动，红表笔再接第 3 引脚，并记下测量值，再用同样的方法依次

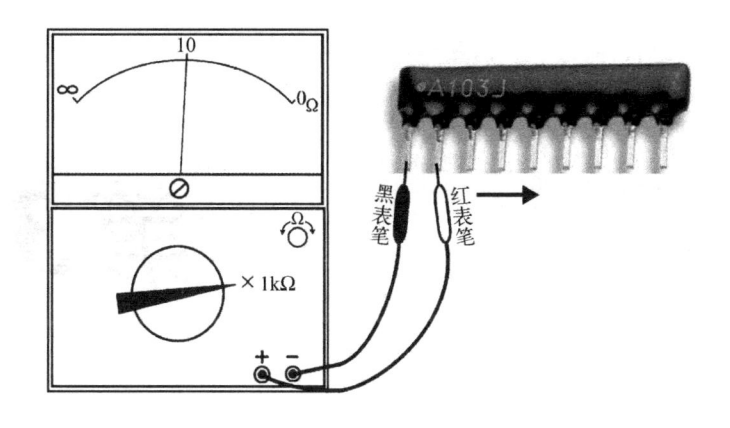

图 2-18 排阻的检测

测量并记下其他引脚阻值，分析第 1 引脚与其他引脚的阻值规律，对照表 2-30 判断出所测排阻的类型，比如第 1 引脚与其他各引脚阻值均相等，所测排阻应为 A 型，如果第 1 引脚与第 2 引脚之后所有引脚的阻值均为无穷大，则所测排阻为 B 型。

第3章

变压器与电感器

问：老师，能简单介绍一下变压器和电感器吗？

答：变压器是一种可以改变电压和电流大小的元件。

电感器主要功能是"通直阻交"，即电感器对直流电阻碍小，而对交流电阻碍大。

3.1 变压器

3.1.1 基础知识

变压器可以改变交流电压或电流的大小。常见变压器的实物外形及图形符号如图 3-1 所示。

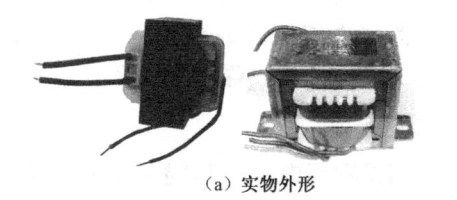

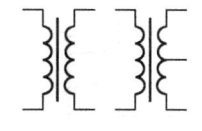

(a) 实物外形　　　　　　　　(b) 图形符号

图 3-1　变压器

3.1.2 实验演示

在学习变压器更多知识前，先来看看表 3-1 中的两个实验。

表 3-1　变压器实验

实验编号	实 验 图	实 验 说 明
实验一	图 3-2（a）	在左图实验中，将 220V 交流电压接到变压器的两个输入端，将灯泡通过限流电阻与变压器两个输出端连接，然后按下电源插座上的开关，发现灯泡会亮，但亮度较暗
实验二	图 3-2（b）	在左图实验中，让灯泡通过电阻与变压器连接的一端不动，灯泡的另一个接到变压器的第三个输出端，按下电源插座上的开关，发现灯泡会亮，并亮度很高

3.1.3 提出问题

观看完表 3-1 中的实验，让我们带着如下几个问题，进入后续阶段的学习。

1. 画出图 3-2 (a)、(b) 实验电路的电路图。
2. 思考在图 3-2 (b) 中，为什么灯泡的连接线接变压器另一端时会更亮？

3.1.4 结构、原理和功能

1. 结构

两组相距很近、又相互绝缘的线圈就构成了变压器。变压器的结构示意图如图 3-3 所示，从图中可以看出，变压器主要是由绕组和铁芯组成。绕组通常是由漆包线（在表面涂有绝缘漆的导线）或沙包线绕制而成，与输入信号连接的绕组称为一次绕组（或称为初级线圈），输出信号的绕组称为二次绕组（或称为次级线圈）。

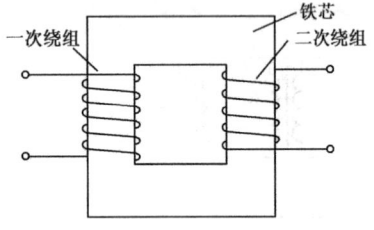

图 3-3 变压器的结构示意图

2. 原理

变压器是利用电－磁和磁－电转换原理工作的。下面以图 3-4 所示电路来说明变压器的工作原理。

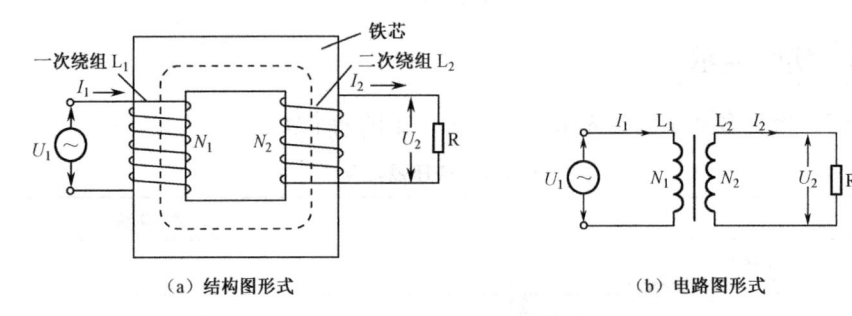

（a）结构图形式　　　（b）电路图形式

图 3-4 变压器工作原理说明图

当交流电压 U_1 送到变压器的一次绕组 L_1 两端时（L_1 的匝数为 N_1），有交流电流 I_1 流过 L_1，L_1 马上产生磁场，磁场磁力线沿着导磁良好的铁芯穿过二次绕组 L_2（其匝数为 N_2），有磁力线穿过 L_2，L_2 上马上产生感应电动势（此刻 L_2 相当一个电源），由于 L_2 与电阻 R 连接成闭合电路，L_2 就有交流电流 I_2 输出，I_2 在流过电阻 R 时，R 两端就得到输出电压 U_2。

变压器一次绕组进行电—磁转换，而二次绕组进行磁—电转换。

3. 功能

变压器可以改变交流电压大小，也可以改变交流电流大小。

（1）改变交流电压

变压器既可以升高交流电压，也能降低交流电压。在忽略电能损耗的情况下，变压器一次电压 U_1、二次电压 U_2 与一次绕组匝数 N_1、二次绕组匝数 N_2 的关系有：

$$U_1/U_2 = N_1/N_2 = n$$

由上面的式子可知：

① 当二次绕组匝数 N_2 多于一次绕组的匝数 N_1 时，二次电压 U_2 就会高于一次电压 U_1。即 $n = N_1/N_2 < 1$ 时，变压器可以提升交流电压，故 **$n < 1$ 的变压器称为升压变压器**。

② 当二次绕组匝数 N_2 少于一次绕组的匝数 N_1 时，变压器能降低交流电压，故 **$n > 1$ 的**

变压器称为降压变压器。

③ 当二次绕组匝数 N_2 与一次绕组的匝数 N_1 相等时，变压器不会改变交流电压的大小，即一次电压 U_1 与二次电压 U_2 相等。这种变压器虽然不能改变电压大小，但能对一次、二次电路进行电气隔离，故 $n=1$ 变压器常称为隔离变压器。

(2) 改变交流电流

变压器不但能改变交流电压的大小，还能改变交流电流的大小。由于变压器对电能损耗很少，可忽略不计，故变压器的输入功率 P_1 与输出功率 P_2 相等，即：

$$P_1 = P_2$$
$$U_1 \cdot I_1 = U_2 \cdot I_2$$
$$U_1/U_2 = I_2/I_1$$

从上面式子可知，变压器的一次、二次电压与一、二次电流成反比，若提升了二次电压，就会使二次电流减小，降低二次电压，二次电流会增大。

综上所述，**对于变压器来说，匝数越多的线圈两端电压越高，流过的电流越小**。例如，某个电源变压器上标注"输入电压 220V，输出电压 6V"，那么该变压器的一、二次绕组匝数比 $n=220/6=110/3 \approx 37$，当将该变压器接在电路中时，二次绕组流出的电流是一次绕组流入电流的 37 倍。

3.1.5 特殊绕组变压器

前面介绍的变压器一、二次绕组分别只有一组绕组，实际应用中经常会遇到其他一些形式绕组的变压器。常见特殊绕组变压器见表 3-2。

表 3-2 常见特殊绕组变压器

种类	符 号	说 明
多绕组变压器		多绕组变压器的一、二次绕组由多个绕组组成，左图是一种较为典型的多个绕组的变压器，如果将 L_1 作为一次绕组，那么 L_2、L_3、L_4 就都是二次绕组，L_1 绕组上的电压与其他绕组的电压关系都满足 $U_1/U_2 = N_1/N_2$。 例如，$N_1=1000$、$N_2=200$、$N_3=50$、$N_4=10$，当 $U_1=220V$ 时，U_2、U_3、U_4 电压分别为 44V、11V 和 2.2V。 对于多绕组变压器，各绕组的电流不能按 $I_1/I_2 = N_2/N_1$ 来计算，而遵循 $P_1 = P_2 + P_3 + P_4$，即 $U_1I_1 = U_2I_2 + U_3I_3 + U_4I_4$，当某个二次绕组接的负载电阻很小时，该绕组流出的电流就会很大，其输出功率就增大，其他二次绕组输出电流就会减小，功率也相应减小
多抽头变压器		多抽头变压器的一、二次绕组由两个绕组构成，除了本身具有四个引出线外，还在绕组内部接出抽头，将一个绕组分成多个绕组。左图是一种多抽头变压器。 从图中可以看出，多抽头变压器由抽头分出的各绕组之间电气上是连通的，并且两个绕组之间共用一个引出线，而多绕组变压器各个绕组之间电气上是隔离的。如果将输入电压加到匝数为 N_1 的绕组两端，该绕组称为一次绕组，其他绕组就都是二次绕组，各绕组之间的电压关系满足 $U_1/U_2 = N_1/N_2$

续表

种类	符 号	说 明
单绕组变压器	(图示：L, N_1, U_1, N_2, U_2)	单绕组变压器又称自耦变压器，它只有一个绕组，通过在绕组中引出抽头而产生一、二次绕组。单绕组变压器如左图所示。如果将输入电压 U_1 加到整个绕组上，那么整个绕组就为一次绕组，其匝数为 (N_1+N_2)，匝数为 N_2 的绕组为二次绕组，U_1、U_2 电压关系满足 $U_1/U_2=(N_1+N_2)/N_2$

3.1.6 种类

电位器种类较多，可以根据工作频率、用途及铁芯等进行分类。

1. 按铁芯种类分类

变压器按铁芯种类不同，可分为空心变压器、磁芯变压器和铁芯变压器，它们的图形符号如图 3-5 所示。

空心变压器是指一、二次绕组没有绕制支架的变压器。磁芯变压器是指一、二次绕组绕在磁芯（如铁氧体材料）上构成的变压器。铁芯变压器是指一、二次绕组绕在铁芯（如硅钢片）构成的变压器。

图 3-5　三种变压器的图形符号

2. 按用途分类

变压器按用途不同，可分为电源变压器、音频变压器、脉冲变压器、恒压变压器、自耦变压器和隔离变压器等。

3. 按工作频率分类

变压器按工作频率不同，可分为低频变压器、中频变压器和高频变压器。

（1）低频变压器

低频变压器是指用在低频电路中的变压器。 低频变压器铁芯一般采用硅钢片，常见的铁芯形状有 E 型、C 型和环型，如图 3-6 所示。

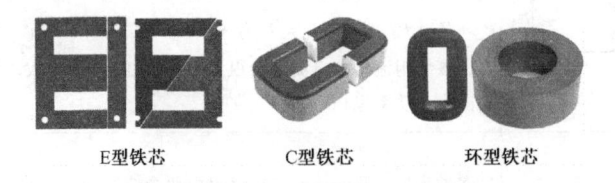

图 3-6　常见的低频变压器铁芯

E 型铁芯优点是成本低，缺点是磁路中的气隙较大，效率较低，工作时电噪声较大。C 型铁芯是由两块形状相同的 C 型铁芯组合而成，与 E 型铁芯相比，其磁路中气隙较小，性能有所提高。环型铁芯由冷轧硅钢带卷绕而成，磁路中无气隙，漏磁极小，工作时噪声较小。

常见的低频变压器有电源变压器和音频变压器，如图 3-7 所示。

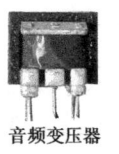

图 3-7 常见的低频变压器

电源变压器的功能是提升或降低电源电压。其中降低电压的降压变压器最为常见，一些手机充电器、小型录音机的外置电源内部都采用降压电源变压器，这种变压器一次绕组匝数多，接 220V 交流电压，而二次绕组匝数少，输出较低的交流电压。在一些优质的功放机中，常采用环形电源变压器。

音频变压器用在音频信号处理电路中，如收音机、录音机的音频放大电路常用音频变压器来传输信号，当在两个放大电路之间加接音频变压器后，音频变压器可以将前级电路的信号最大程度传送到后级电路。

(2) 中频变压器

中频变压器是指用在中频电路中的变压器。无线电设备采用的中频变压器又称中周。中周是将一次、二次绕组绕在尼龙支架（内部装有磁芯）上，并用金属屏蔽罩封装起来而构成的。中周的外形、结构与图形符号如图 3-8 所示。

中周常用在收音机和电视机等无线电设备中，主要用来选频（即从众多频率的信号中选出需要频率的信号），调节磁芯在绕组中的位置可以改变一次、二次绕组的电感量，就能选取不同频率的信号。

(3) 高频变压器

高频变压器是指用在高频电路中的变压器。高频变压器一般采用磁芯或空心，其中采用磁芯的更为多见，最常见的高频变压器就是收音机的磁性天线，其外形和图形符号如图 3-9 所示。

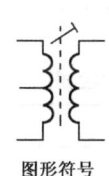

图 3-8 中周

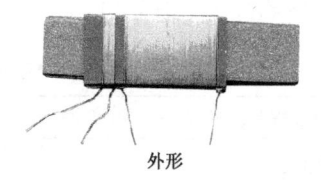

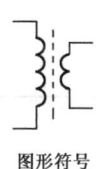

图 3-9 磁性天线

磁性天线的一次、二次绕组都绕在磁棒上，一次绕组匝数很多，二次绕组匝数很少。磁性天线的功能是从空间接收无线电波，当无线电波穿过磁棒时，一次绕组上会感应出无线电波信号电压，该电压再感应到二次绕组上，二次绕组上的信号电压送到电路进行处理。磁性天线的磁棒越长，截面积越大，接收下来的无线电波信号越强。

3.1.7 主要参数

变压器的主要参数有电压比、额定功率、频率特性和效率等。变压器的主要参数说明见表 3-3。

表 3-3 变压器的主要参数说明

主要参数	说　　明
电压比	变压器的电压比是指一次绕组电压 U_1 与二次绕组电压 U_2 之比，它等于一次绕组匝数 N_1 与二次绕组 N_2 的匝数比，即 $n = U_1/U_2 = N_1/N_2$。 降压变压器的电压比 $n>1$，升压变压器的电压比 $n<1$，隔离变压器的电压比等于 1
额定功率	额定功率是指在规定工作频率和电压下，变压器能长期正常工作时的输出功率。变压器的额定功率与铁芯截面积、漆包线的线径等有关，变压器的铁芯截面积越大、漆包线径越粗，其输出功率就越大。 一般只有电源变压器才有额定功率参数，其他变压器由于工作电压低、电流小，通常不考虑额定功率
频率特性	频率特性是指变压器有一定的工作频率范围。不同工作频率范围的变压器，一般不能互换使用，如不能用低频变压器代替高频变压器。当变压器在其频率范围外工作时，会出现温度升高或不能正常工作等现象
效率	效率是指在变压器接额定负载时，输出功率 P_2 与输入功率 P_1 的比值。变压器效率可用下面的公式计算： $$\eta = P_2/P_1 \times 100\%$$ η 值越大，表明变压器损耗越小，效率越高，变压器的效率值一般在 60%～100% 之间

3.1.8 检测

在检测变压器时，通常要测量各绕组的电阻、绕组间的绝缘电阻、绕组与铁芯之间的绝缘电阻。下面以图 3-10 所示的常见电源变压器为例来说明变压器的检测方法，该变压器输入电压为 220V、输出电压为 3V - 0V - 3V、额定功率为 3VA，具体检测过程见表 3-4。

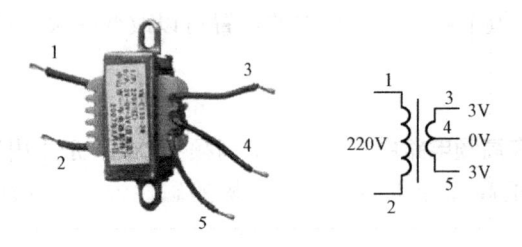

图 3-10　一种常见的电源变压器

表 3-4　变压器的检测

测量步骤及说明	测　量　图
第一步：测量各绕组的电阻。 　万用表拨至 R×100Ω 挡，红、黑表笔分别接变压器的 1、2 端，测量一次绕组的电阻，如右图所示，然后在刻度盘上读出阻值大小。 　图中显示的是一次绕组的正常阻值，为 1.7kΩ。 　若测得的阻值为 ∞，说明一次绕组开路。 　若测得的阻值为 0，说明一次绕组短路。 　若测得的阻值偏小，则可能是一次绕组匝间出现短路。 　然后万用表拨至 R×1Ω 挡，用同样的方法测量变压器的 3、4 端和 4、5 端的电阻，正常约几欧。 　一般来说，变压器的额定功率越大，一次绕组的电阻越小，变压器输出电压越高，其二次绕组电阻越大	

续表

测量步骤及说明	测量图
第二步：测量绕组间绝缘电阻。 万用表拨至 R×10kΩ 挡，红、黑表笔分别接变压器一次、二次绕组的一端，如右图所示，然后在刻度盘上读出阻值大小。 图中显示的是阻值为无穷大，说明绕组间绝缘良好。 若测得的阻值小于无穷大，说明一次、二次绕组间存在短路或漏电	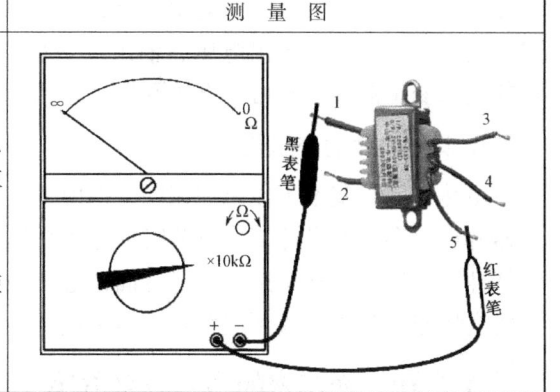
第三步：测量绕组与铁芯间的绝缘电阻。 万用表拨至 R×10kΩ 挡，红表笔接变压器铁芯或金属外壳、黑表笔接一次绕组的一端，如右图所示，然后在刻度盘上读出阻值大小。 图中显示的是阻值为无穷大，说明绕组与铁芯间绝缘良好。 若测得的阻值小于无穷大，说明一次绕组与铁芯间存在短路或漏电。 再用同样的方法测量二次绕组与铁芯间的绝缘电阻	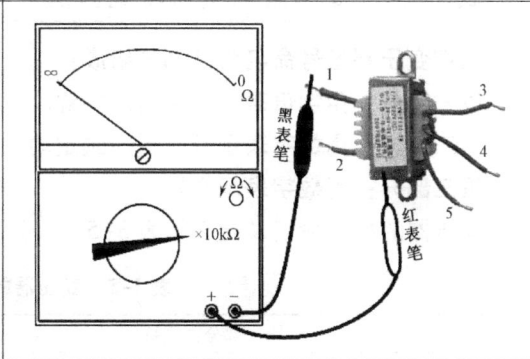
对于电源变压器，一般还要测量其空载二次电压。 先按右图给变压器的一次绕组接220V交流电压，然后用万用表的10V交流挡测量二次绕组某两端的电压，测出的电压值应与变压器标称二次绕组电压相同，允许有5%～10%的误差。 若二次绕组所有接线端间的电压都偏高，则一次绕组局部有短路。 若二次绕组某两端电压偏低，则该两端间的绕组有短路	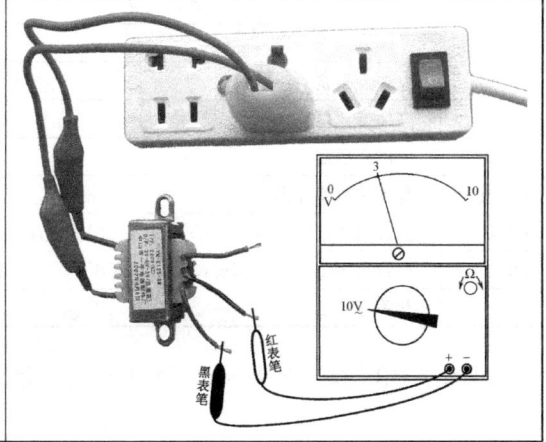

3.1.9 选用

1. 电源变压器的选用

选用电源变压器时，输入、输出电压要符合电路的需要，额定功率应大于电路所需的功率。如图 3-11 所示，该电路需要 6V 交流电压供电、最大输入电流为 0.4A，为了满足该电路的要求，可选用输入电压为 220V、输出电压为 6V、功率为 3VA（3VA＞6V×0.4A）的电源变压器。

对于一般电源电路，可选用 E 型铁芯的电源变压器，若是高保真音频功率放大器的电源电路，则应选用 C 型变压器或环型变压器。对于输出电压、输出功率相同且都是铁芯材料的电源变压器，通常可以直接互换。

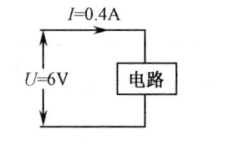

图 3-11　电源变压器选用例图

2. 其他类型的变压器

虽然变压器基本工作原理相同，但由于铁芯材料、绕组形式和引脚排列等不同，造成变压器种类繁多。在设计制作电路时，选用变压器时要根据电路的需要，从结构、电压比、频率特性、工作电压和额定功率等方面考虑。在检修电路中，最好用同型号的变压器代换已损坏的变压器，若无法找到同型号，尽量找到参数相似变压器进行代换。

3.1.10　变压器的型号命名方法

国产变压器型号命名由三部分组成：

第一部分：用字母表示变压器的主称。

第二部分：用数字表示变压器的额定功率。

第三部分：用数字表示序号。

变压器的型号命名及含义见表 3-5。

表 3-5　变压器的型号命名及含义

第一部分：主称		第二部分：额定功率	第三部分：序号
字母	含义		
CB	音频输出变压器	用数字表示变压器的额定功率	用数字表示产品的序号
DB	电源变压器		
GB	高压变压器		
HB	灯丝变压器		
RB 或 JB	音频输入变压器		
SB 或 ZB	扩音机用定阻式音频输送变压器（线间变压器）		
SB 或 EB	扩音机用定压或自耦式音频输送变压器		
KB	开关变压器		

例如，DB-60-2 表示 60VA 电源变压器。

3.2　电　感　器

3.2.1　基础知识

将导线在绝缘支架上绕制一定的匝数（圈数）就构成了电感器。常见的电感器的实物外形如图 3-12（a）所示，根据绕制的支架不同，电感器可分为空心电感器（无支架）、磁芯电感器（磁性材料支架）和铁芯电感器（硅钢片支架），它们的图形符号如图 3-12（b）所示。

(a)实物外形　　　　　　　　　(b)图形符号

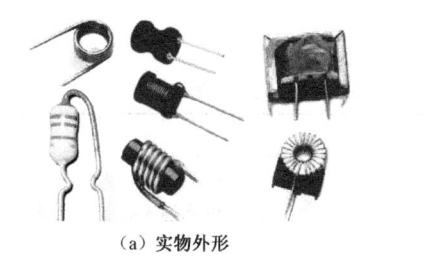

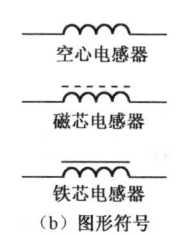

图3-12　电感器

3.2.2　实验演示

在学习电感器更多知识前,先来看看表3-6中的两个实验。

表3-6　电感器实验

实验编号	实　验　图	实　验　说　明
实验一	图3-13（a）	在左图实验中,将220V交流电压接到变压器的两个输入端,而变压器两个输出端与灯泡连接,然后按下电源插座上的开关,发现灯泡会亮,且比较亮
实验二	图3-13（b）	在左图实验中,将一个电感器与灯泡串接起来,再与变压器两个输出端连接,然后按下电源插座上的开关,发现灯泡会亮,但亮度很暗

3.2.3　提出问题

观看完表3-6中的实验,让我们带着如下几个问题,进入后续阶段的学习。

1. 画出图3-13（a）、（b）实验电路的电路图。
2. 在图3-13（b）中,为什么灯泡串接电感器后亮度会变暗?

3.2.4　主要参数与标注方法

1. 主要参数

电感器的主要参数有电感量、误差、品质因数和额定电流等。电感器主要参数说明见

表3-7。

表3-7　电感器的主要参数

主要参数	说　　明
电感量	电感器由线圈组成，当电感器通过电流时就会产生磁场，电流越大，产生的磁场越强，穿过电感器的磁场（称为磁通量 Φ）就越大。实验证明，通过电感器的磁通量 Φ 和通入的电流 I 成正比关系。磁通量 Φ 与电流的比值称为自感系数，又称电感量 L，用公式表示就是：$$L = \Phi/I$$ 电感量的基本单位为亨利（简称亨H），用字母"H"表示，此外还有毫亨（mH）和微亨（μH），它们之间的关系是：$$1H = 10^3 mH = 10^6 \mu H$$ 电感器的电感量大小主要与线圈的匝数（圈数）、绕制方式和磁芯材料等有关。线圈匝数越多、绕制的线圈越密集，电感量就越大；有磁芯的电感器比无磁芯的电感量大；电感器的磁芯导磁率越高，电感量也就越大
误差	误差是指电感器上标称电感量与实际电感量的差距。对于精度要求高的电路，电感器的允许误差范围通常为 ±0.2% ~ ±0.5%，一般的电路可采用误差为 ±10% ~ 15% 的电感器
品质因数	品质因数也称 Q 值，是衡量电感器质量的主要参数。品质因素是指当电感器两端加某一频率的交流电压时，其感抗 X_L 与直流电阻 R 的比值。用公式表示：$$Q = X_L/R$$ 从上式可以看出，感抗越大或直流电阻越小，品质因素就越大。电感器对交流信号的阻碍称为感抗，其单位为欧姆（Ω）。电感器的感抗大小与电感量有关，电感量越大，感抗越大。 提高品质因素既可通过提高电感器的电感量实现，也可以通过减小电感器线圈的直流电阻来实现。例如粗线圈绕制而成的电感器，直流电阻较小，其 Q 值高；有磁芯的电感器较空心电感器的电感量大，其 Q 值也高
额定电流	额定电流是指电感器在正常工作时允许通过的最大电流值。电感器在使用时，流过的电流不能超过额定电流，否则电感器就会因发热而使性能参数发生改变，甚至会因过流而烧坏

2. 参数标注方法

电感器参数标注方法通常有直标流和色标法。电感器参数标注方法见表3-8。

表3-8　电感器参数标注方法

标注方法	说　　明	例　　图
直标法	电感器采用直标法标注时，一般会在外壳上标注电感量、误差和额定电流值。 在标注电感量时，通常会将电感量值及单位直接标出。 在标注误差时，分别用 Ⅰ、Ⅱ、Ⅲ 表示 ±5%、±10%、±20%。 在标注额定电流时，用 A、B、C、D、E 分别表示 50mA、150mA、300mA、0.7A 和 1.6A。 右图列出了几个采用直标法标注的电感器	C Ⅱ 330μH 电感量330μH　误差±10% 额定电流300mA 3.3mH D Ⅱ 电感量3.3mH　误差±10% 额定电流0.7A A Ⅰ 10μH 电感量10μH　误差±5% 额定电流50mA

续表

标注方法	说　　明	例　　图
色标法	色标法是采用色点或色环标在电感器上来表示电感量和误差的方法。色码电感器采用色标法标注，其电感量和误差标注方法同色环电阻器，单位为μH。 　色码电感器的识别如右图所示。 　色码电感器的各种颜色含义及代表的数值与色环电阻器相同，具体见表 2-4。 　色码电感器颜色的排列顺序方法也与色环电阻器相同。 　色码电感器与色环电阻器识读不同仅在于单位不同，色码电感器单位为μH。 　右图中的色码电感器上标注"红棕黑银"表示电感量为 21μH，误差为 ±10%	第一环　红色（代表"2"） 第二环　棕色（代表"1"） 第三环　黑色（代表"10^0=1"） 第四环　银色（±10%） 电感量为 21×1μH(1±10%)=21μH(90%～110%)

3.2.5　性质

电感器的主要性质有"通直阻交"和"阻碍变化的电流"。

1. 电感器"通直阻交"的性质

电感器的"通直阻交"是指电感器对通过的直流信号阻碍很小，直流信号可以很容易通过电感器，而交流信号通过时会受到很大的阻碍。

电感器对通过的交流信号有较大的阻碍力，这种阻碍力称为感抗，感抗用 X_L 表示，感抗的单位是欧姆（Ω）。电感器的感抗大小与自身的电感量和交流信号的频率有关，感抗大小可以用以下公式计算

$$X_L = 2\pi f L$$

式中，X_L 表示感抗，单位为 Ω；f 表示交流信号的频率，单位为 Hz；L 表示电感器的电感量，单位为 H。

由上式可以看出：交流信号的频率越高，电感器对交流信号的感抗越大；电感器的电感量越大，对交流信号感抗也越大。

举例：在图 3-14 所示的电路中，交流信号的频率为 50Hz，电感器的电感量为 200mH，那么电感器对交流信号的感抗就为：

$$X_L = 2\pi f L = 2 \times 3.14 \times 50 \times 200 \times 10^{-3} = 62.8 \text{（Ω）}$$

2. 电感器"阻碍变化的电流"的性质

当变化的电流流过电感器时，电感器会产生自感电动势来阻碍变化的电流。下面以图 3-15 所示的两个电路来说明电感器这个性质。

在图 3-15（a）中，当开关 S 闭合时，会发现灯泡不是马上亮起来，而是慢慢亮起来。这是因为当开关闭合后，有电流流过电感器，这是一个增大的电流（从无

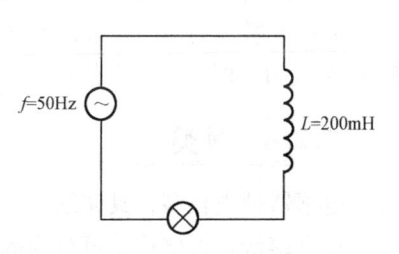

图 3-14　感抗计算例图

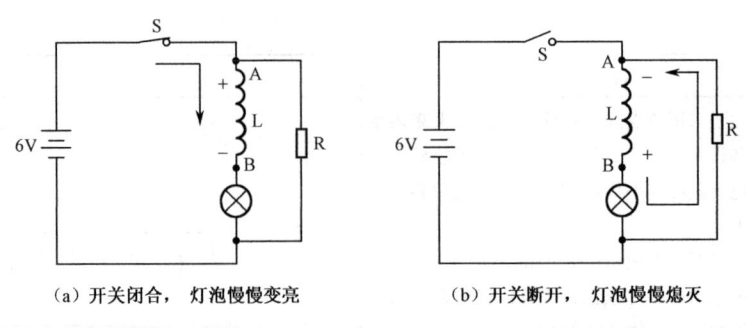

(a) 开关闭合，灯泡慢慢变亮　　　　　　(b) 开关断开，灯泡慢慢熄灭

图 3-15　电感器"阻碍变化的电流"说明图

到有），电感器马上产生自感电动势来阻碍电流增大，其极性是 A 正 B 负，该电动势使 A 点电位上升，电流从 A 点流入较困难，也就是说电感器产生的这种电动势就对电流有阻碍作用。由于电感器产生 A 正 B 负自感电动势的阻碍，流过电感器的电流不能一下子增大，而是慢慢增大，所以灯泡慢慢变亮，当电流不再增大（即电流大小恒定）时，电感器上的电动势消失，灯泡亮度也就不变了。

如果将开关 S 断开，如图 3-15（b）所示，会发现灯泡不是马上熄灭，而是慢慢暗下来。这是因为当开关断开后，流过电感器的电流突然变为 0，也就是说流过电感器的电流突然变小（从有到无），电感器马上产生 A 负 B 正的自感电动势，由于电感器、灯泡和电阻器 R 连接成闭合回路，电感器的自感电动势会产生电流流过灯泡，电流方向是：电感器 B 正→灯泡→电阻器 R→电感器 A 负，开关断开后，该电流维持灯泡继续发光，随着电感器上的电动势慢慢降低，流过灯泡的电流慢慢减小，灯泡也就慢慢变暗。

从上面的电路分析可知，**只要流过电感器的电流发生变化（不管是增大还是减小），电感器都会产生自感电动势，电动势的方向总是阻碍电流的变化。**

电感器这个性质非常重要，在以后的电路分析中经常要用到该性质。为了让大家能更透彻理解电感器这个性质，再来看图 3-16 中两个例子。

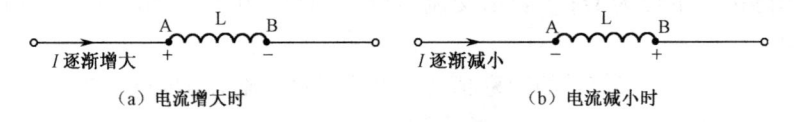

(a) 电流增大时　　　　　　　　　　(b) 电流减小时

图 3-16　电感器性质解释图

在图 3-16（a）中，流过电感器的电流是逐渐增大的，电感器会产生 A 正 B 负的电动势阻碍电流增大（理解为 A 点为正，A 点电位升高，电流通过较困难）；在图 3-16（b）中，流过电感器的电流是逐渐减小的，电感器会产生 A 负 B 正的电动势阻碍电流减小（理解为 A 点为负时，A 点电位低，吸引电流流过来，阻碍它减小）。

3.2.6　种类

电感器种类较多，具体细分如下：

按电感量是否变化，可分为固定电感器和可调电感器。

按导磁铁芯性质不同，可分为空心电感器、铁氧体电感器、铁芯电感器和铜芯电感器。

按工作性质不同：可分为天线线圈、振荡线圈、陷波线圈、阻流线圈和偏转线圈等。

按绕线方式不同，可分为单层电感器、多层电感器和蜂房式电感器。

按工作频率不同，可分为高频电感器、中频电感器和低频电感器。

由于电感器种类很多，下面主要介绍几种较典型的电感器。

1. 可调电感器

可调电感器是指电感量可以调节的电感器。可调电感器图形符号如图3-17（a）所示，常见的可调电感器实物外形如图3-17（b）所示。

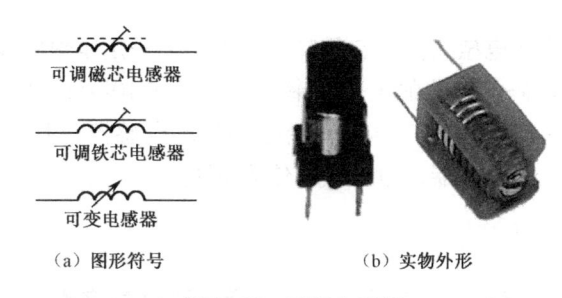

图3-17 可调电感器

可调电感器是通过调节磁芯在线圈中的位置来改变电感量，磁芯进入线圈内部越多，电感器的电感量越大。如果电感器没有磁芯，可以通过减少或增多线圈的匝数来降低或提高电感器的电感量，另外，改变线圈之间的疏密程度也能调节电感量。

2. 高频扼流圈

高频扼流圈又称高频阻流圈，它是一种电感量很小的电感器，常用在高频电路中，其电路符号如图3-18（a）所示。

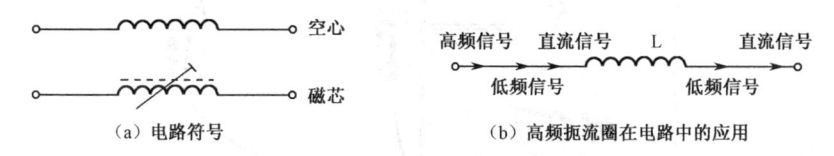

图3-18 高频扼流圈

高频扼流圈又分为空心和磁芯，空心高频扼流圈多用较粗铜线或镀银铜线绕制而成，可以通过改变匝数或匝距来改变电感量；磁芯高频扼流圈用铜线在磁芯材料上绕制一定的匝数构成，其电感量可以通过调节磁芯在线圈中的位置来改变。

高频扼流圈在电路中的作用是"阻高频，通低频"。如图3-18（b）所示，当高频扼流圈输入高、低频信号和直流信号时，高频信号不能通过，只有低频和直流信号能通过。

3. 低频扼流圈

低频扼流圈又称低频阻流圈，是一种电感量很大的电感器，常用在低频电路（如音频电路和电源滤波电路）中，其图形符号如图3-19（a）所示。

低频扼流圈是用较细的漆包线在铁芯（硅钢片）或铜芯上绕制很多匝数制成的。**低频扼流圈在电路中的作用是"通直流，阻低频"。**如图3-19（b）所示，当低频扼流圈输入高、低频和直流时，高、低频信号均不能通过，只有直流信号才能通过。

(a) 图形符号　　　　　　　(b) 低频扼流圈在电路中的应用

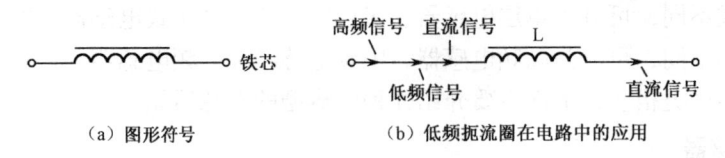

图 3-19　低频扼流圈

4. 色码电感器

色码电感器是一种高频电感线圈，它是在磁芯上绕上一定匝数的漆包线，再用环氧树脂或塑料封装而制成的。色码电感器的工作频率范围一般在 10kHz～200MHz 之间，电感量在 0.1～3300μH 范围内。色码电感器是具有固定电感量的电感器，其电感量标注与识读方法与色环电阻器相同，但色码电感器的电感量单位为 μH。

3.2.7　检测

电感器的电感量和 Q 值一般用专门的电感测量仪和 Q 表来测量，一些功能齐全的万用表也具有电感量测量功能。

电感器常见的故障有开路和线圈匝间短路。电感器实际上就是线圈，由于线圈的电阻一般比较小，测量时一般用万用表的 R×1Ω 挡，电感器的检测如图 3-20 所示。

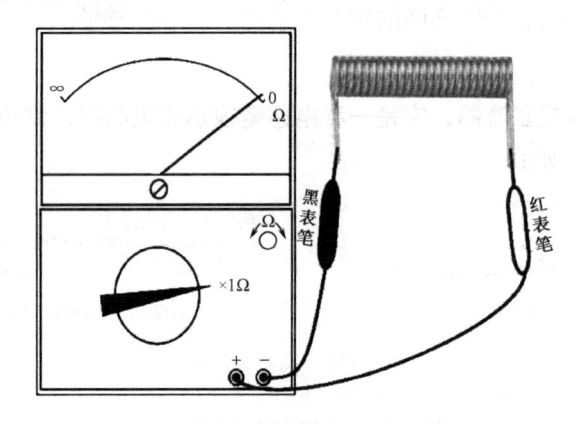

图 3-20　电感器的检测

线径粗、匝数少的电感器阻值小，接近于 0Ω，线径细、匝数多的电感器阻值较大。在测量电感器时，万用表可以很容易检测出是否开路（开路时测出的电阻为无穷大），但很难判断它是否匝间短路，因为电感器匝间短路时电阻减小很少，解决方法是：当怀疑电感器匝数有短路，万用表又无法检测出来时，可更换新的同型号电感器，故障排除则说明原电感器已损坏。

3.2.8　选用

在选用电感器时，要注意以下几点：
（1）选用电感器的电感量必须与电路要求一致，额定电流选大一些不会影响电路。

（2）选用电感器的工作频率要适合电路。低频电路一般选用硅钢片铁芯或铁氧体磁芯的电感器，而高频电路一般选用高频铁氧体磁芯或空心的电感器。

（3）对于不同的电路，应该选用相应性能的电感器，在检修电路时，如果遇到损坏的电感器，并且该电感器功能比较特殊，通常需要用同型号的电感器更换。

（4）在更换电感器时，不能随意改变电感器的线圈匝数、间距和形状等，以免电感器的电感量发生变化。

（5）对于可调电感器，为了让它在电路中达到较好的效果，可将电感器接在电路中进行调节。调节时可借助专门的仪器，也可以根据实际情况凭直觉调节，如调节电视机中与图像处理有关的电感器时，可一边调节电感器磁芯，一般观察画面质量，质量最佳时调节就最准确。

（6）对于色码电感器或小型固定电感器，当电感量相同、额定电流相同时，一般可以代换。

（7）对于有屏蔽罩的电感器，在使用时需要将屏蔽罩与电路地连接，以提高电感器的抗干扰性。

3.2.9　电感器的型号命名方法

电感器的型号命名由三部分组成：
第一部分用字母表示主称为电感线圈。
第二部分用字母与数字混合或数字来表示电感量。
第三部分用字母表示误差范围。
电感器的型号命名及含义见表3-9。

表3-9　电感器的型号命名及含义

电感器的型号命名及含义					
第一部分：主称		第二部分：电感量			第三部分：误差范围	
字　母	含　义	数字与字母	数字	含　义	字　母	含　义
L 或 PL	电感线圈	$2R_2$	2.2	$2.2\mu H$	J	±5%
		100	10	$10\mu H$	K	±10%
		101	100	$100\mu H$		
		102	1000	$1mH$	M	±20%
		103	10000	$10mH$		

第4章

电　容　器

问： 老师，电容器有什么功能呢？

答： 电容器是一种可以充电，也可以放电的元件。

电容器一个主要功能是"隔直通交"，即直流信号无法通过电容器，而交流信号可以通过电容器。电容器的这个功能与电感器正好相反。

4.1 固定电容器

4.1.1 基础知识

电容器是一种可以储存电荷的元件。相距很近且中间有绝缘介质（如空气、纸和陶瓷等）的两块导电极板就构成了电容器。固定电容器是指容量固定不变的电容器。固定电容器结构如图4-1（a）所示，图4-1（b）是一些常见固定电容器实物外形，固定电容器的图形符号如图4-1（c）所示。

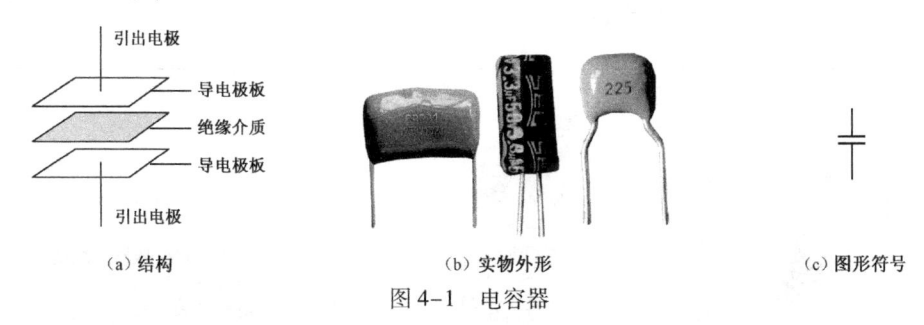

（a）结构　　　　　　　　　　　　　（b）实物外形　　　　　　　　　　　（c）图形符号

图4-1　电容器

4.1.2 实验演示

在学习电容器更多知识前，先来看看表4-1中的四个实验。

表4-1　电容器实验

实验编号	实 验 图	实 验 说 明
实验一	图4-2（a）	在左图实验中，将6V直流电源与电容器按图示方法连接，然后按下开关，发现灯泡慢慢变亮，最后亮度保持稳定
实验二	图4-2（b）	在左图实验中，当开关拨至断开位置时，原来亮的灯泡不会马上熄灭，而是慢慢变暗，一段时间后才熄灭

续表

实验编号	实验图	实验说明
实验三	图4-2（c）	在左图实验中，将6V 直流电源与电容器按图示方法连接，然后按下开关，发现灯泡不亮
实验四	图4-2（d）	在左图实验中，将变压器二次绕组输出的6V 交流电压与电容器按图示方法连接好，然后按下插座上的电源开关，发现灯泡变亮

4.1.3 提出问题

看完表4-1中的实验，让我们带着如下几个问题，进入后续阶段的学习。

1. 画出图4-2（a）、(b) 实验电路的电路图，再思考：①在图4-2（a）中为什么将开关拨至闭合位置时灯泡慢慢变亮，而不是一下子变亮？②在图4-2（b）中为什么将开关拨至断开位置时灯泡不是一下子熄灭，而是慢慢熄灭？

2. 画出图4-2（c）、(d) 实验电路的电路图，再思考：①在图4-2（c）中为什么当电容器与6V 直流电压连接时灯泡不会亮？②在图4-2（d）中为什么当电容器与6V 交流电压连接时灯泡会亮？

4.1.4 主要参数

电容器主要参数有标称容量、允许误差、额定电压和绝缘电阻等。电容器的主要参数说明见表4-2。

表 4-2 电容器的主要参数说明

主要参数	说 明
标称容量	电容器能储存电荷，其储存电荷的多少称为容量。这一点与蓄电池类似，不过蓄电池储存电荷的能力比电容器大得多。电容器的容量越大，储存的电荷越多。电容器的容量大小与下面的因素有关： ① 两极板相对面积。相对面积越大，容量越大。 ② 两极板之间的距离。极板相距越近，容量越大。 ③ 两极板中间的绝缘介质。在极板相对面积和距离相同的情况下，绝缘介质不同的电容器，其容量不同。 电容器容量的单位有法拉（F）、毫法（mF）、微法（μF）、纳法（nF）和皮法（pF），它们的关系是 $$1F = 10^3 mF = 10^6 \mu F = 10^9 nF = 10^{12} pF$$ 标称容量是指标注在电容器上的容量
允许误差	允许误差是指电容器标称容量与实际容量之间允许的最大误差范围
额定电压	额定电压又称电容器的耐压值，它是指在正常条件下电容器长时间使用两端允许承受的最高电压。一旦加到电容器两端的电压超过额定电压，两极板之间的绝缘介质容易被击穿而失去绝缘能力，造成两极板短路
绝缘电阻	电容器两极板之间隔着绝缘介质，绝缘电阻用来表示绝缘介质的绝缘程度。绝缘电阻越大，表明绝缘介质绝缘性能越好，如果绝缘电阻比较小，绝缘介质绝缘性能下降，就会出现一个极板上的电流会通过绝缘介质流到另一个极板上，这种现象称为漏电。由于绝缘电阻小的电容器存在着漏电，故不能继续使用。 一般情况下，无极性电容器的绝缘电阻为无穷大，而有极性电容器（电解电容器）绝缘电阻很大，但一般达不到无穷大

4.1.5 性质

电容器的性质主要有"充电"、"放电"和"隔直"、"通交"。

1. 电容器的"充电"和"放电"性质

"充电"和"放电"是电容器非常重要的性质，下面以图 4-3 所示的电路来说明该性质。

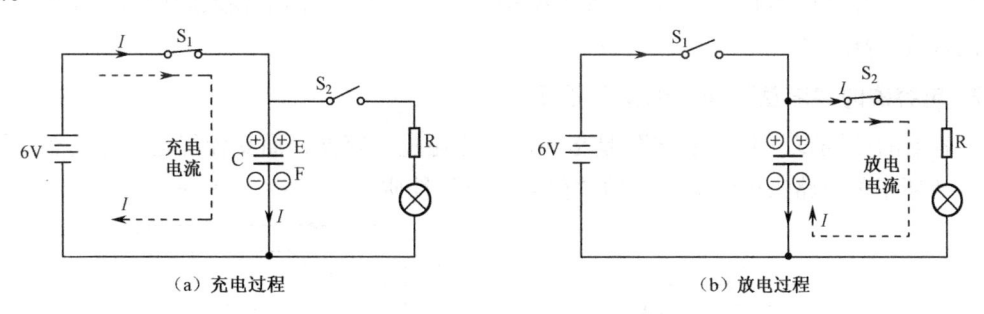

图 4-3 电容器"充、放电"说明

（1）充电

在图 4-3（a）电路中，当开关 S_1 闭合后，从电源正极输出电流经开关 S_1 流到电容器的金属极板 E 上，在极板 E 上聚集了大量的正电荷，由于金属极板 F 与极板 E 相距很近，又因为同性相斥，所以极板 F 上的正电荷受到很近的极板 E 上正电荷的排斥而流走，这些正电荷汇合形成电流到达电源的负极，极板 F 上就剩下很多负电荷，结果在电容器的上、下极板就储存了大量的上正下负的电荷。（注：金属极板 E、F 常态时不呈电性，但极板上都有大量的正负电荷，只是正负电荷数相等）

电源输出电流流经电容器，在电容器上获得大量电荷的过程称为电容器的"充电"。

（2）放电

在图 4-3（b）电路中，先闭合开关 S_1，让电源对电容器 C 充得上正下负的电荷，然后断开 S_1，再闭合开关 S_2，电容器上的电荷开始释放，电荷流经的途径是：电容器极板 E 上的正电荷流出，形成电流→开关 S_2→电阻 R→灯泡→极板 F，中和极板 F 上的负电荷。大量的电荷移动形成电流，该电流经灯泡，灯泡发光。随着极板 E 上的正电荷不断流走，正电荷的数量慢慢减少，流经灯泡的电流减少，灯泡慢慢变暗，当极板 E 上先前充得的正电荷全放完后，无电流流过灯泡，灯泡熄灭，此时极板 F 上的负电荷也完全被中和，电容器两极板上先前充得的电荷消失。

电容器一个极板上的正电荷经一定的途径流到另一个极板，中和该极板上负电荷的过程称为电容器的"放电"。

电容器充电后两极板上储存了电荷，两极板之间也就有了电压，这就像杯子装水后有水位一样。电容器极板上的电荷数与两极板之间的电压有一定的关系，具体可这样概括：**在容量不变情况下，电容器储存的电荷数与两端电压成正比**，即

$$Q = C \cdot U$$

式中，Q 表示电荷数（单位：库仑），C 表示容量（单位：法拉），U 表示电容器两端的电压（单位：伏特）。

这个公式可以从以下几个方面来理解：

① 在容量不变的情况下（C 不变），电容器充得电荷越多（Q 增大），两端电压越高（U 增大）。就像杯子大小不变时，杯子中装得水越多，杯子的水位越高一样。

② 若向容量一大一小的两只电容器充相同数量的电荷（Q 不变），那么容量小的电容器两端的电压更高（C 小 U 大）。这就像往容量一大一小的两只杯子装入同样多的水时，小杯子中的水位更高一样。

2. 电容器的"隔直"和"通交"性质

电容器的"隔直"和"通交"是指直流不能通过电容器，而交流能通过电容器。下面以图 4-4 所示的电路来说明电容器的"隔直通交"性质。

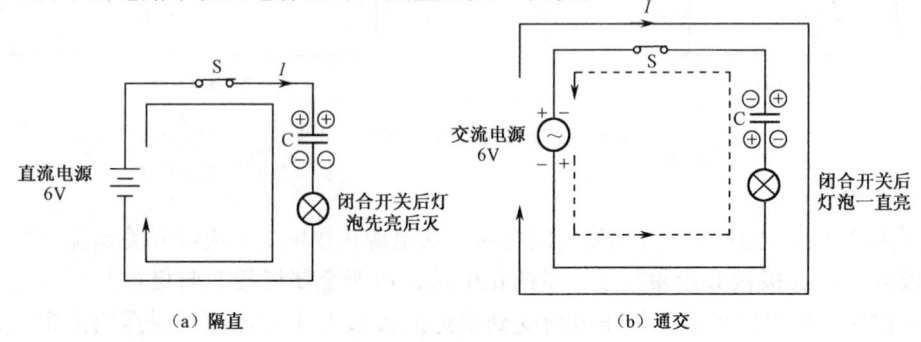

(a) 隔直   (b) 通交

图 4-4 电容器的"隔直通交"性质说明

(1) 隔直

在图 4-4（a）电路中，电容器与直流电源连接，当开关 S 闭合后，直流电源开始对电容器充电，充电途径是：电源正极→开关 S→电容器上极板获得大量正电荷→通过电荷的排斥作用（电场作用），下极板上的大量正电荷被排斥流出形成电流→灯泡→电源的负极，有电流流过灯泡，灯泡亮。随着电源对电容器不断充电，电容器两端电荷越来越多，两端电压越来越高，当电容器两端电压与电源电压相等时，电源不能再对电容器充电，无电流流到电容器上极板，下极板也就无电流流出，无电流流过灯泡，灯泡熄灭。

以上过程说明：**在刚开始时直流可以对电容器充电而通过电容器，该过程持续时间很短，充电结束后，直流就无法通过电容器，这就是电容器的"隔直"性质。**

(2) 通交

在图 4-4（b）电路中，电容器与交流电源连接，通过第 1 章知识可知，交流电的极性是经常变化的，故图 4-4（b）中的交流电源的极性也是经常变化的，一段时间极性是上正下负，下一段时间极性变为下正上负。开关 S 闭合后，当交流电源的极性是上正下负时，交流电源从上端输出电流，该电流对电容器充电，充电途径是：交流电源上端→开关 S→电容器→灯泡→交流电源下端，有电流流过灯泡，灯泡发光，同时交流电源对电容器充得上正下负的电荷；当交流电源的极性变为上负下正时，交流电源从下端输出电流，它经过灯泡对电容反充电，电流途径是：交流电源下端→灯泡→电容器→开关 S→交流电源上端，有电流流过灯泡，灯泡发光，同时电流对电容器反充得上负下正的电荷，这次充得的电荷极性与先前充得电荷极性相反，它们相互中和抵消，电容器上的电荷消失。当交流电源极性重新变为上正下负时，又可以对电容器进行充电，以后不断重复上述过程。

从上面的分析可以看出，**由于交流电源的极性不断变化，使得电容器充电和反充电（中和抵消）交替进行，从而始终有电流流过电容器，这就是电容器"通交"性质。**

(3) 电容器对交流有阻碍作用

电容器虽然能通过交流，但对交流有一定的阻碍，这种阻碍称为容抗，用 X_C 表示，容抗的单位是欧姆（Ω）。在图 4-5 电路中，两个电路中的交流电源电压相等，灯泡也一样，但由于电容器的容抗对交流阻碍作用，故图 4-5（b）中的灯泡要暗一些。

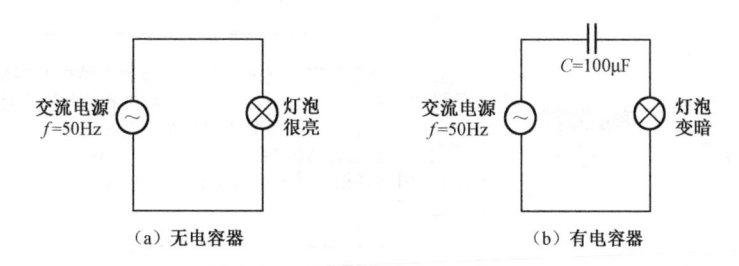

图 4-5 电容器容抗说明图

电容器的容抗与交流信号频率、电容器的容量有关，交流信号频率越高，电容器对交流信号的容抗越小，电容器容量越大，它对交流信号的容抗越小。在图 4-5（b）电路中，若交流电频率不变，电容器容量越大，灯泡越亮；或者电容器容量不变，交流电频率越高灯泡越亮。容抗可用下式表示：

$$X_C = \frac{1}{2\pi fC}$$

X_C 表示容抗，f 表示交流信号频率，π 为常数 3.14。

在图 4-5（b）电路中，若交流电源的频率 $f=50\text{Hz}$，电容器的容量 $C=100\mu\text{F}$，那么该电容器对交流电的容抗为：

$$X_C = \frac{1}{2\pi fC} = \frac{1}{2\times 3.14 \times 50 \times 100 \times 10^{-6}} \approx 31.8\Omega$$

4.1.6 种类及极性

1. 种类

固定电容器种类很多，按应用材料可分为纸介电容器（CZ）、高频瓷片电容（CC）、低频瓷片电容（CT）、云母电容（CY）、聚苯乙烯等薄膜电容（CB）、玻璃釉电容（CI）、漆膜电容（CQ）、玻璃膜电容（CO）、涤纶等薄膜电容（CL）、云母纸电容（CV）、金属化纸电容（CJ）、复合介质电容（CH）、铝电解电容（CD）、钽电解电容（CA）、铌电解电容（CN）、合金电解电容（CG）和其他材料电解电容（CE）等。

不同材料的电容器有不同的结构与特点，一些常见种类的电容器结构与特点见表 4-3。

表 4-3 常见种类的电容器

种类	名称	实物外形	结构与特点
无极性电容器	纸介电容器		纸介电容是以两片金属箔做电极，中间夹有极薄的电容纸，再卷成圆柱形或者扁柱形芯，然后密封在金属壳或者绝缘材料壳（如陶瓷、火漆、玻璃釉等）中制成。它的特点是体积较小，容量可以做得较大。但是固有电感和损耗都比较大，用于低频比较合适。 金属化纸介电容和油浸纸介电容是两种较特殊的纸介电容。 金属化纸介电容是在电容器纸上覆上一层金属膜来代替金属箔，其体积小、容量较大，一般用在低频电路中。 油浸纸介电容是把纸介电容浸在经过特别处理的油里，以增强它的耐压，其特点是耐压高、容量大，但体积也较大
	云母电容器		云母电容器是以金属箔或者在云母片上喷涂的银层做极板，极板和云母片一层一层叠合后，再压铸在胶木粉或封固在环氧树脂中制成。 云母电容器的特点是介质损耗小、绝缘电阻大、温度系数小，体积较大。云母电容器的容量一般为 10pF～0.1μF，额定电压为 100V～7kV，因其高稳定性和高可靠性特点，故常用于高频振荡等要求较高的电路中
	陶瓷电容器		陶瓷电容是以陶瓷做介质，在陶瓷基体两面喷涂银层，然后烧成银质薄膜做极板制成。 陶瓷电容器的特点是体积小、耐热性好、损耗小、绝缘电阻高，但容量较小，一般用在高频电路中。高频瓷介的容量通常为 1～6800pF，额定电压为 63～500V。 铁电陶瓷电容器是一种特殊的陶瓷电容器，其容量较大，但是损耗和温度系数较大，适宜用于低频电路。低频瓷介电容的容量为 10pF～4.7μF，额定电压为 50～100V

续表

种类	名称	实物外形	结构与特点
无极性电容器	薄膜电容器		薄膜电容器结构和纸介电容相同，但介质是涤纶或者聚苯乙烯。涤纶薄膜电容器的介电常数较高，稳定性较好，适宜做旁路电容。 薄膜电容器可分为聚酯（涤纶）电容器、聚苯乙烯薄膜电容器和聚丙烯电容器。 聚酯（涤纶）电容的容量为40pF～4μF，额定电压为63～630V。 聚苯乙烯薄膜电容器的介质损耗小、绝缘电阻高，但温度系数较大，体积也较大，常用在高频电路中。聚苯乙烯电的容量为10pF～1μF，额定电压为100V～30kV。 聚丙烯电容器性能与聚苯相似，但体积小，稳定性稍差，可代替大部分聚苯或云母电容，常用于要求较高的电路。聚丙烯电容器的容量为1000pF～10μF，额定电压为63～2000V
无极性电容器	玻璃釉电容器		玻璃釉电容器由一种浓度适于喷涂的特殊混合物喷涂成薄膜作为介质，再以银层电极经烧结而成。 玻璃釉电容器能耐受各种气候环境，一般可在200℃或更高温度下工作，其特点是稳定性较好，损耗小。玻璃釉电容器的容量为10pF～0.1μF，额定电压为63～400V
无极性电容器	独石电容器		独石电容器又称多层瓷介电容，可分Ⅰ、Ⅱ两种类型，Ⅰ型性能较好，但容量一般小于0.2μF，Ⅱ型容量大，但性能一般。独石电容器具有正温系数，而聚丙烯电容器具有负温系数，两者用适当比例并联使用，可使温漂降到很小。 独石电容器具有容量大、体积小、可靠性高、容量稳定、耐湿性好等特点，广泛用于电子精密仪器和各种小型电子设备电路中起谐振、耦合、滤波、旁路等作用。独石电容器容量范围为0.5pF～1μF，耐压可为二倍额定电压
有极性电容器	铝电解电容器		铝电解电容器是由两片铝带和两层绝缘膜相互层叠，卷好后浸泡在电解液（含酸性的合成溶液）中，出厂前需要经过直流电压处理，使正极片上形成一层氧化膜做介质。 铝电解电容器的特点有体积小、容量大、损耗大、漏电较大和有正负极性，常应用在电路中起电源滤波、低频耦合、去耦和旁路等作用。铝电解电容器的容量为0.47～10000μF，额定电压为6.3～450V
有极性电容器	钽铌电解电容器		钽、铌电解电容器是以金属钽或者铌做正极，用稀硫酸等配液做负极，再以钽或铌表面生成的氧化膜作介质制成。 钽、铌电解电容器的特点是体积小、容量大、性能稳定、寿命长、绝缘电阻大、温度特性好，并且损耗、漏电小于铝电解电容，常用在要求高的电路中代替铝电解电容器。钽、铌电解电容器的容量为0.1～1000μF，额定电压为6.3～125V

2. 极性

固定电容器可分为无极性电容器和有极性电容器。无极性电容器是指引脚没有正、负之分的电容器。无极性电容器图形符号如图4-6（a）所示，有极性电容器又称电解电容器，引脚有正、负之分，其图形符号如图4-6（b）所示。

有极性电容器引脚有正负之分，在电路中不能乱接，若正负位置接错，轻则电容器不能正常工作，重则电容器炸裂。**有极性电容器正确的连接方法是：电容器正极接电路中的高电位，负极接电路中的低电位**。有极性电容器正确和错误的接法分别如图4-7所示。

(a) 无极性电容器　　(b) 有极性电容器

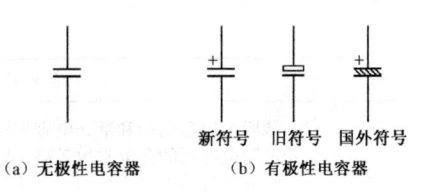

图 4-6　固定电容器

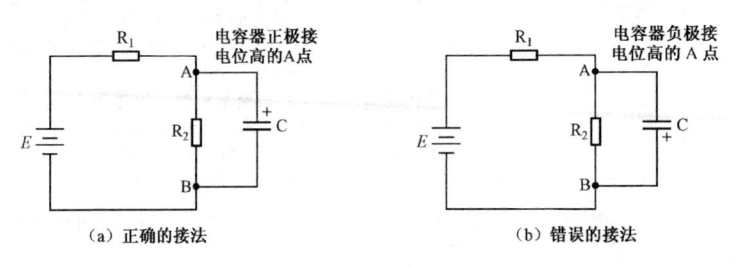

(a) 正确的接法　　(b) 错误的接法

图 4-7　有极性电容器的连接方法

由于有极性电容器有正负之分，在电路中又不能乱接，所以在使用有极性电容器前需要判别出正、负极。有极性电容器的正负极判别方法见表 4-4。

表 4-4　有极性电容器的正负极判别方法

判别方法	说　明	例　图
方法一	对于未使用过的新电容，可以根据引脚长短来判别。引脚长的为正极，引脚短的为负极	
方法二	根据电容器上标注的极性判别。电容器上标"+"为正极，标"-"为负极	
方法三	用万用表判别。万用表拨至 R×10k 挡，测量电容器两极之间阻值，正反各测量一次，每次测量时表针都会先向右摆动，然后慢慢往左返回，待表针稳定不移动后再观察阻值大小，两次测量会出现阻值一大一小，以阻值大的那次为准，如图(b)所示，黑表笔接的为正极，红表笔接的为负极	图(a) 阻值小 图(b) 阻值大

4.1.7 串联与并联

在使用电容器时,如果无法找到合适容量或耐压的电容器,可将多个电容器进行并联或串联来得到需要的电容器。

1. 电容器的并联

电容器并联是指两个或两个以上电容器头头相连,尾尾相接。电容器的并联如图4-8所示。

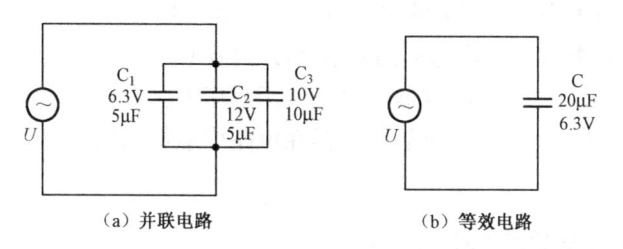

(a)并联电路 (b)等效电路

图4-8 电容器的并联

电容器并联后的总容量增大,总容量等于所有并联电容器的容量之和,以图4-8(a)电路为例,并联后总容量:

$$C = C_1 + C_2 + C_3 = 5 + 5 + 10 = 20\mu F$$

电容器并联后的总耐压以耐压最小的电容器的耐压为准,仍以图4-8(a)电路为例,C_1、C_2、C_3耐压不同,其中C_1的耐压最小,故并联后电容器的总耐压以C_1耐压6.3V为准,加在并联电容器两端的电压不能超过6.3V。

根据上述原则,图4-8(a)的电路可等效为图4-8(b)所示电路。

2. 电容器的串联

两个或两个以上的电容器在电路中头尾相连就是电容器的串联。电容器的串联如图4-9所示。

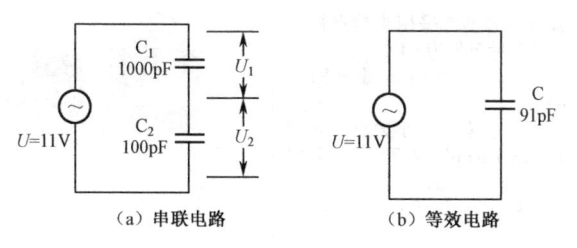

(a)串联电路 (b)等效电路

图4-9 电容器的串联

电容器串联后总容量减小,总容量比容量最小电容器的容量还小。电容器串联后总容量的计算规律是:总容量的倒数等于各电容器容量倒数之和,这与电阻器的并联计算相同,以图4-9(a)电路为例,电容器串联后的总容量计算公式是:

$$\frac{1}{C} = \frac{1}{C_1} + \frac{1}{C_2} \Rightarrow C = \frac{C_1 \cdot C_2}{C_1 + C_2} = \frac{1000 \times 100}{1000 + 100} = 91 pF$$

所以图4-9(a)电路与图4-9(b)电路是等效的。

电容器串联后总耐压增大，总耐压较耐压最低电容器的耐压要高。在电路中，串联的各电容器两端承担的电压与容量成反比，即容量越大，在电路中承担电压越低，这个关系可用公式表示：

$$\frac{C_1}{C_2} = \frac{U_2}{U_1}$$

以图 4-9（a）所示电路为例，C_1 的容量是 C_2 容量的 10 倍，用上述公式计算可知，C_2 两端承担的电压 U_2 应是 C_1 两端承担电压 U_1 的 10 倍，如果交流电压为 11V，则 $U_1 = 1V$，$U_2 = 10V$，若 C_1、C_2 都是耐压为 6.3V 的电容器，就会出现 C_2 首先被击穿短路（因为它两端承担了 10V 电压），11V 电压马上全部加到 C_1 两端，接着 C_1 被击穿损坏。

当电容器串联时，容量小的电容器应尽量选用耐压大，以接近或等于电源电压为佳，因为当电容器串联在电路中时，容量小的电容器在电路中承担的电压较容量大的电容器承担电压大得多。

4.1.8 容量与误差的标注方法

1. 容量的标注方法

电容器容量的标注方法见表 4-5。

表 4-5 电容器容量的标注方法

容量标注方法	说 明	例 图
直标法	直标法是指在电容器上直接标出容量值和容量单位。 电解电容器常采用直标法，右图左方的电容器的容量为 2200μF，耐压为 63V，误差为 ±20%，右方电容器的容量为 68nF，J 表示误差为 ±5%	
小数点标注法	容量较大的无极性电容器常采用小数点标注法。小数点标注法的容量单位为 μF。 右图中的两个实物电容器的容量分别为 0.01μF 和 0.033μF。 有的电容器用 μ、n、p 来表示小数点，同时指明容量单位，如右图中的 p1、4n7、3μ3 分别表示容量 0.1pF、4.7nF、3.3μF，如果用 R 表示小数点，单位则为 μF，如 R33 表示容量为 0.33μF	
整数标注法	容量较小的无极性电容器常采用整数标注法，单位为 pF。 若整数末位是 0，若标"330"则表示该电容器容量为 330pF；若整数末位不是 0，若标"103"，则表示容量为 10×10^3 pF。右图中的几个电容器的容量分别是 180pF、330pF 和 22000pF。如果整数末尾是 9，不是表示 10^9，而是表示 10^{-1}，如 339 表示 3.3pF	

续表

容量标注方法	说 明	例 图
色环表示法	色环表示法是指用不同颜色的色环、色带或色点表示容量大小的方法，色环标注法的单位为pF。 电容器的色环表示方法与色环电阻器相同，第1、2色码分别表示第一、二位有效数，第3色码表示倍乘数，第4色码表示误差数，具体各色环代表的数值见表2-4。 在右图中，左方的电容器往引脚方向，色码依次为"棕、红、橙"，表示容量为 12 × 10³ = 12000pF = 0.012μF，右方的电容器只有两条色码"红橙"，较宽的色码要当成两条相同的色码，该电容器的容量为 22 × 10³ = 22000pF = 0.022μF	12×10³=12000pF=0.012μF　　22×10³=22000pF=0.022μF

2. 误差表示法

常见电容器的误差表示方法见表4-6。

表4-6　电容器的误差表示方法

误差表示方法	说 明
罗马数字表示法	罗马数字表示法是在电容器标注罗马数字来表示误差大小。这种方法用0、Ⅰ、Ⅱ、Ⅲ分别表示误差±2%、±5%、±10%和±20%。
字母表示法	字母表示法是在电容器上标注字母来表示误差的大小。字母及其代表的误差见下表。例如，某电容器上标注"K"，表示误差为±10%，标注"Z"表示正误差为80%，负误差为20% 字母及其代表的误差数 | 字母 | B | C | D | F | G | J | K | M | N | Q | S | Z | P | |---|---|---|---|---|---|---|---|---|---|---|---|---|---| | 误差(%) | ±0.1 | ±0.25 | ±0.5 | ±1 | ±2 | ±5 | ±10 | ±20 | ±30 | +30~-10 | +50~-20 | +80~-20 | +100~-0 |
直接表示法	直接表示法是指在电容器上直接标出误差数值。如标注"68pF ±5pF"表示误差为±5pF，标注"±20%"表示误差为±20%，标注"0.033/5"表示误差为±5%（%号被省掉）

4.1.9 检测

电容器常见的故障有开路、短路和漏电。电容器的检测方法见表4-7。

表4-7　电容器的检测方法

种类	测量说明	测量图
无极性电容器的检测	检测时，万用表拨 R×10k 挡或 R×1k 挡（容量小的电容器可选 R×10k 挡位），测量电容器两引脚之间的阻值。 对于容量大于 0.01μF 的电容器，如果电容器正常，则表针先往右摆动到一定的位置，然后慢慢返回到无穷大处，容量越大向右摆动的幅度越小，该过程如右图所示。表针摆动过程实际上就是万用表内部电池通过表笔对被测电容器充电过程，被测电容器容量越小充电越快，表针摆动幅度越小，充电完成后表针就停在无穷大处。	

85

续表

种类	测量说明	测量图
无极性电容器的检测	若检测时表针始终停在无穷大处不动，说明电容器不能充电，该电容器开路。 若表针能往右摆动，也能返回，但回不到无穷大，说明电容器能充电，但绝缘电阻小，该电容器漏电。 若表针始终指在阻值小或0处不动，这说明电容器不能充电，并且绝缘电阻很小，该电容器短路。 注：对于容量小于 0.01μF 的电容器，在测量时表针不会摆动，故无法用万用表判断是否开路，但可以判别是否短路和漏电，如果怀疑可能开路，可找相同容量的电容器代换，如果故障消失，就说明原电容器开路	
电解电容器的检测	万用表拨 R×1k 挡或 R×10k 挡（对于容量很大的电容器，可选择 R×100 挡），测量电容器正、反向电阻。 如果电容器正常，在测正向电阻（黑表笔接电容器正极引脚，红表笔接负引脚）时，表针先向右作大幅度摆动，然后慢慢返回到无穷大处，但非常接近也是正常的），如右图（a）所示；在测反向电阻时，表针也是先向右摆动，也能返回，但一般回不到无穷大处，如右图（b）所示。即电解电容器的正向电阻大，反向电阻小，它的检测过程与判别正、负极是一样的。 若正、反向电阻均为∞，表明电容器开路。 若正、反向电阻都很小，说明电容器漏电。 若正、反向电阻均为0，说明电容器短路	测正向电阻 图（a） 测反向电阻 图（b）

4.1.10 选用

电容器是一种较常用的电子元器件，在选用时可遵循以下原则：

（1）标称容量要符合电路的需要。对于一些对容量大小有严格要求的电路（如定时电路、延时电路和振荡电路等），选用的电容器其容量应与要求相同，对于一些对容量要求不高的电路（如耦合电路、旁路电路、电源滤波和电源退耦等），选用的电容器其容量与要求相近即可。

（2）工作电压要符合电路的需要。为了保证电容器能在电路中长时间正常工作，选用的电容器其额定电压应略大于电路的可能出现的最高电压，一般要选大于 10%～30%。

（3）电容器特性尽量符合电路需要。不同种类的电容器有不同的特性，为了让电路工作状态尽量最佳，可针对不同电路的特点来选择适合种类的电容器。下面是一些电路选择电容器的规律：

① 对于电源滤波、退耦电路和低频耦合、旁路电路，一般选电解电容器。

② 对于中频电路，一般可选择薄膜电容器和金属化纸介电容器。
③ 对于高频电路，应选用高频特性良好的电容器，如瓷介电容器和云母电容器等。
④ 对于高压电路，应选用工作电压高的电容器，如高压瓷介电容器。
⑤ 对于频率稳定性要求高的电路（如振荡电路、选频电路和移相电路），应选用温度系数小的电容器。

4.1.11 电容器的型号命名方法

国产电容器型号命名由四部分组成：
第一部分用字母"C"表示主称为电容器。
第二部分用字母表示电容器的介质材料。
第三部分用数字或字母表示电容器的类别。
第四部分用数字表示序号。
电容器的型号命名及含义见表4-8。

表4-8 电容器的型号命名及含义

第一部分：主称		第二部分：介质材料		第三部分：类别					第四部分：序号
字母	含义	字母	含义	数字或字母	含义				
^	^	^	^	^	瓷介电容器	云母电容器	有机电容器	电解电容解	^
C	电容器	A	钽电解	1	圆形	非密封	非密封	箔式	用数字表示序号，以区别电容器的外形尺寸及性能指标
^	^	B	聚苯乙烯等非极性有机薄膜（常在"B"后面再加一字母，以区分具体材料。例如，"BB"为聚丙烯，"BF"为聚四氟乙烯）	2	管形	非密封	非密封	箔式	^
^	^	^	^	3	叠片	密封	密封	烧结粉，非固体	^
^	^	^	^	4	独石	密封	密封	烧结粉，固体	^
^	^	C	高频陶瓷	^	^	^	^	^	^
^	^	D	铝电解	5	穿心	无	穿心	无	^
^	^	E	其他材料电解	6	支柱等	无	无	无	^
^	^	G	合金电解	7	无	无	无	无极性	^
^	^	H	纸膜复合	^	^	^	^	^	^
^	^	I	玻璃釉	8	高压	高压	高压	无	^
^	^	J	金属化纸介	9	无	无	特殊	特殊	^
^	^	L	涤纶等极性有机薄膜（常在"L"后面再加一字母，以区分具体材料。例如，"LS"为聚碳酸酯	G	高功率型				^
^	^	^	^	T	叠片式				^
^	^	N	铌电解	W	微调型				^
^	^	O	玻璃膜	^	^				^
^	^	Q	漆膜	J	金属化型				^
^	^	T	低频陶瓷	^	^				^
^	^	V	云母纸	Y	高压型				^
^	^	Y	云母	^	^				^
^	^	Z	纸介	^	^				^

4.2 可变电容器

4.2.1 微调电容器

1. 外形与符号

微调电容器又称半可变电容器，图 4-10（a）是两种常见微调电容器实物外形，微调电容器用图 4-10（b）图形符号表示。

2. 结构

微调电容器是由一片动片和一片定片构成。微调电容器典型结构示意图如图 4-11 所示，动片与转轴连接在一起，当转动转轴时，动片也随之转动，动、定片的相对面积就会发生变化，电容器的容量就会变化。

（a）外形　　　（b）图形符号

图 4-10　微调电容器　　　　图 4-11　微调电容器典型结构示意图

3. 种类

微调电容器可分为云母微调电容器、瓷介微调电容器、薄膜微调电容器和拉线微调电容器等。

云母微调电容器是通过螺钉调节动、定片之间的距离来改变容量。

瓷介微调电容器、薄膜微调电容器是通过改变动、定片之间的相对面积来改变容量。

拉线微调电容器是以瓷管内壁镀银层作定片，外面缠绕的细金属丝为动片，减小金属丝的圈数，就可改变容量。这种电容器的容量只能从大调到小。

4. 检测

检测微调电容器时，万用表拨至 R×10k 挡，测量微调电容器两引脚之间的电阻，如图 4-12 所示，正常测得的阻值应为无穷大。然后调节旋钮，同时观察阻值大小，正常阻值应始终为无穷大，若调节时出现阻值为 0 或阻值变小，说明电容器动、定片之间存在短路或漏电。

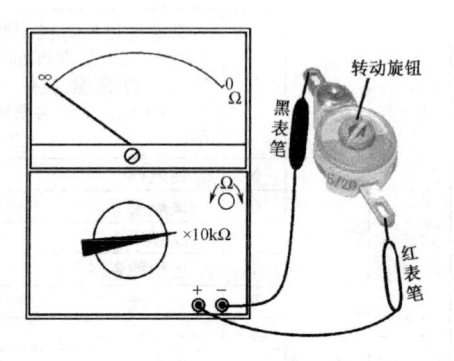

图 4-12　微调电容器的检测

4.2.2 单联电容器

1. 外形与符号

单联电容器是由多个连接在一起的金属片作定片，以多个与金属转轴连接的金属片作动片构成。单联电容器的外形和图形符号如图4-13所示。

2. 结构

单联电容器的结构示意图如图4-14所示，它是以多个有连接的金属片作定片，而将多个与金属转轴连接的金属片作为动片，再将定片与动片的金属片交差且相互绝缘叠在一起，当转动转轴时，各个定片与动片之间的相对面积就会发生变化，整个电容器的容量就会变化。

（a）外形　　　　（b）图形符号

图4-13　单联电容器　　　　图4-14　单联电容器的结构示意图

4.2.3 多联电容器

1. 外形与符号

多联电容器是指将两个或两个以上的可变电容器结合在一起而构成的电容器。常见的多联电容器有双联电容器和四联电容器，多联电容器的外形和图形符号如图4-15所示。

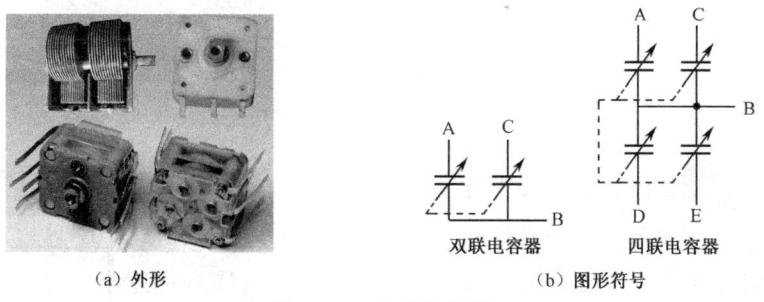

（a）外形　　　　（b）图形符号

图4-15　多联电容器

2. 结构

多联电容器虽然种类较多，但结构大同小异，下面以双联电容器为例进行说明。双联电容器的结构示意图如图4-16所示，双联电容器由两组动片和两组定片构成，两组动片都与金属转轴相连，而各组定片都是独立的，当转动转轴时，与转轴连动的两组动片都会移动，它们与各自对应定片的相对面积会同时变化，两个电容器的容量被同时调节。

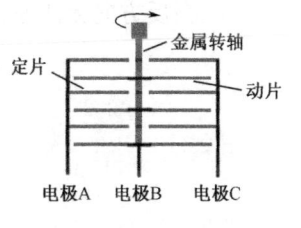

图4-16　双联电容器的结构示意图

第5章

二 极 管

问：老师，能不能简单介绍一下二极管？

答：二极管是一种半导体器件。二极管的主要功能是"单向导电"，也就是说二极管只能在一个方向通过电流，在反方向无法通过电流。

5.1 半导体与二极管

5.1.1 基础知识

1. 半导体

导电性能介于导体与绝缘体之间的材料称为半导体，常见的半导体材料有硅、锗和硒等。利用半导体材料可以制作各种各样的半导体元器件，如二极管、三极管、场效应管和晶闸管等都是由半导体材料制作而成的。

（1）半导体的特性

半导体的主要特性有：

① **掺杂性**。当往纯净的半导体中掺入少量某些物质，半导体的导电性就会大大增强。二极管、三极管就是用掺入杂质的半导体制成的。

② **热敏性**。当温度上升时，半导体的导电能力会增强，利用该特性可以将某些半导体制成热敏器件。

③ **光敏性**。当有光线照射半导体时，半导体的导电能力也会显著增强，利用该特性可以将某些半导体制成光敏器件。

（2）半导体的类型

半导体主要有三种类型：本征半导体、N 型半导体和 P 型半导体。

① **本征半导体**。纯净的半导体称为本征半导体，它的导电能力是很弱的，在纯净的半导体中掺入杂质后，导电能力会大大增强。

② **N 型半导体**。在纯净半导体中掺入五价杂质（原子核最外层有五个电子的物质，如磷、砷和锑等）后，半导体中会有大量带负电荷的电子（因为半导体原子核最外层一般只有四个电子，所以可理解为当掺入五价元素后，半导体中的电子数偏多），这种电子偏多的半导体叫做"N 型半导体"。

③ **P 型半导体**。在纯净半导体中掺入三价杂质（如硼、铝和镓）后，半导体中电子偏少，有大量带正电的空穴（可以看作正电荷）产生，这种空穴偏多的半导体叫做"P 型半导体"。

2. 二极管

（1）二极管的构成

当 P 型半导体（含有大量的正电荷）和 N 型半导体（含有大量的电子）结合在一起时，P 型半导体中的正电荷向 N 型半导体中扩散，N 型半导体中的电子向 P 型半导体中扩散，于是在 P 型半导体和 N 型半导体中间就形成一个特殊的薄层，这个薄层称为 PN 结，该过程如图 5-1 所示。

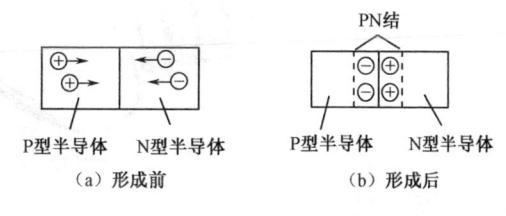

图 5-1　PN 结的形成

从含有 PN 结的 P 型半导体和 N 型半导体两端各引出一个电极并封装起来就构成了二极管，与 P 型半导体连接的电极称为正极（或阳极），用"＋"或"A"表示，与 N 型半导体连接的电极称为负极（或阴极），用"－"或"K"表示。

（2）二极管结构、符号和外形

二极管内部结构、图形符号和实物外形如图 5-2 所示。

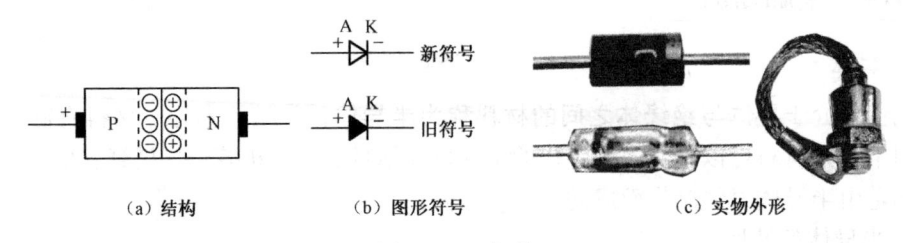

（a）结构　　　（b）图形符号　　　（c）实物外形

图 5-2　二极管

5.1.2　实验演示

在学习二极管更多知识前，先来看看表 5-1 中的两个实验。

表 5-1　二极管实验

实验编号	实　验　图	实　验　说　明
实验一	图 5-3（a）	在左图实验中，将二极管按图示方式连接在电路中，其中二极管的负极与电源的负极连接，正极与灯泡一端连接，然后按下开关，发现灯泡亮
实验二	图 5-3（b）	在左图实验中，调换二极管的连接方向，再按下开关，发现灯泡不亮

5.1.3 提出问题

看完表 5-1 中的实验，让我们带着如下几个问题，进入后续阶段的学习。
1. 画出图 5-3（a）、(b) 实验电路的电路图。
2. 思考为什么图 5-3（a）中的灯泡亮，而图 5-3（b）实验中的灯泡不亮？

5.1.4 性质

1. 性质

在图 5-3 的两个实验中，二极管的性质已直观展现出来，下面通过分析图 5-4 中两个电路来详细介绍二极管的性质。

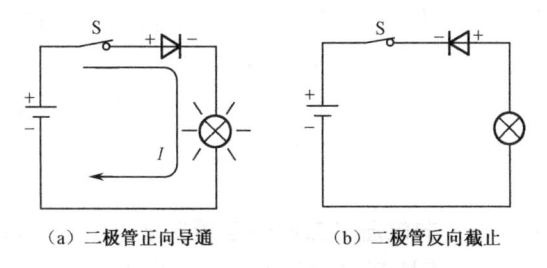

(a) 二极管正向导通　　　　(b) 二极管反向截止

图 5-4　二极管的性质说明图

在图 5-4（a）电路中，当闭合开关 S 后，发现灯泡会发光，表明有电流流过二极管，二极管导通；而图 5-4（b）电路中，当开关 S 闭合后灯泡不亮，说明无电流流过二极管，二极管不导通。通过观察这两个电路中二极管的接法可以发现：在图 5-4（a）中，二极管的正极通过开关 S 与电源的正极连接，二极管的负极通过灯泡与电源负极相连；在图 5-4（b）中，二极管的负极通过开关 S 与电源的正极连接，二极管的正极通过灯泡与电源负极相连。

由此可以得出这样的结论：**当二极管正极与电源正极连接，负极与电源负极相连时，二极管能导通，反之二极管不能导通。二极管单方向导通的性质称为二极管的单向导电性。**

2. 二极管的伏安特性曲线

在电子工程技术中，常采用伏安特性曲线来说明元器件的性质。伏安特性曲线又称电压电流特性曲线，它用来说明元器件两端电压与通过电流的变化规律。

二极管的伏安特性曲线用来说明加到二极管两端的电压 U 与通过电流 I 之间的关系。 二极管的伏安特性曲线如图 5-5（a）所示，图 5-5（b）、(c) 则是为解释伏安特性曲线而画的电路。

在图 5-5（a）的坐标图中，第一象限内的曲线表示二极管的正向特性，第三象限内的曲线则是表示二极管的反向特性。下面从两方面来分析伏安特性曲线。

（1）正向特性

正向特性是指给二极管加正向电压（二极管正极接高电位，负极接低电位）时的特性。在图 5-5（b）电路中，电源直接接到二极管两端，此电源电压对二极管来说是正向电压。将电源电压 U 从 0V 开始慢慢调高，在刚开始时，由于电压 U 很低，流过二极管的电流极

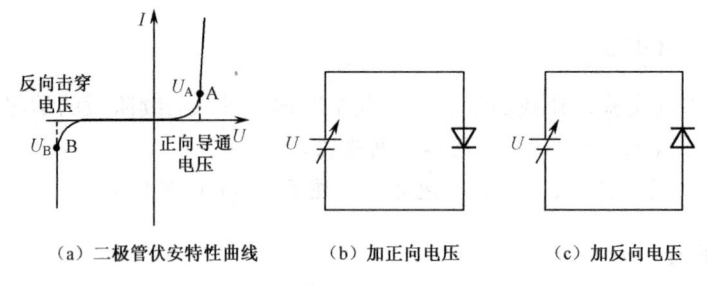

(a) 二极管伏安特性曲线　　(b) 加正向电压　　(c) 加反向电压

图 5-5　二极管的伏安特性曲线

小，可以认为二极管没有导通，只有当正向电压达到图 5-5（a）所示的 U_A 电压时，流过二极管的电流才急剧增大，也就是说二极管真正导通了。这里的 U_A 电压称为正向导通电压，又称门电压（或阈值电压），不同材料的二极管，其门电压是不同的，硅材料二极管的门电压为 0.5~0.7V，锗材料二极管的门电压为 0.2~0.3V。

从前面的分析可以看出，二极管的正向特性是：**当二极管加正向电压时不一定能导通，只有正向电压达到门电压时，二极管才能导通。**

（2）反向特性

反向特性是指给二极管加反向电压（二极管正极接低电位，负极接高电位）时的特性。在图 5-5（c）电路中，电源直接接到二极管两端，此电源电压对二极管来说是反向电压。将电源电压 U 从 0V 开始慢慢调高，在反向电压不高时，没有电流流过二极管，二极管不能导通。当反向电压达到图 5-5（a）所示 U_B 电压时，流过二极管的电流急剧增大，二极管反向也导通了，这时的 U_B 电压称为反向击穿电压，反向击穿电压一般很高，远大于正向导通电压，不同型号的二极管反向击穿电压不同，低的有十几伏，高的有几千伏。二极管反向击穿导通一般是损坏性的，反向击穿导通的二极管通常不能再使用。

从前面的分析可以看出，二极管的反向特性是：**当二极管加较低的反向电压时不能导通，但反向电压达到反向击穿电压时，二极管会反向击穿导通。**

二极管的正、反向特性与生活中的开门类似：当你从室外推门（门是朝室内开的）时，如果力很小，门是推不开的，只有力气较大时门才能被推开，这与二极管加正向电压，只有达到门电压后二极管才能导通相似；当你从室内往外推门时，是很难推开的，但如果推门的力气非常大，门也会被推开，不过门被开的同时一般也就损坏了，这与二极管加反向电压时不能导通，但反向电压达到反向击穿电压（电压很高）时，二极管会击穿导通相似。

5.1.5　主要参数

二极管的主要参数见表 5-2。

表 5-2　二极管的主要参数

主要参数	说　明
最大整流电流 I_F	二极管长时间使用时允许流过的最大正向平均电流称为最大整流电流，或称为二极管的额定工作电流。当流过二极管的电流大于最大整流电流时，容易被烧坏。 二极管的最大整流电流与 PN 结面积、散热条件有关。PN 结面积大的面接触型二极管的 I_F 大，点接触型二极管的 I_F 小；金属封装二极管的 I_F 大，而塑封二极管的 I_F 小

续表

主要参数	说　　明
最高反向工作电压 U_R	最高反向工作电压是指二极管正常工作时两端能承受的最高反向电压。最高反向工作电压一般为反向击穿电压的一半。在高压电路中需要采用 U_R 大的二极管，否则二极管易被击穿损坏
最大反向电流 I_R	最大反向电流是指二极管两端加最高反向电压时流过的反向电流。该值越小，说明二极管的单向导电性越佳
最高工作频率 f_M	最高工作频率是指二极管在正常工作条件下的最高频率。如果加给二极管的信号频率高于该频率，二极管将不能正常工作，f_M 的大小通常与二极管的 PN 结面积有关，PN 结面积越大，f_M 越低，故点接触型二极管的 f_M 较高，而面接触型二极管的 f_M 较低

5.1.6　极性判别

二极管引脚有正、负之分，在电路中若乱接，轻则不能正常工作，重则损坏。二极管极性的判别可采用下面一些方法。

（1）根据标注或外形判断极性

为了让人们更好区分出二极管正、负极，有些二极管会在表面作一定的标志来标明正、负极，有些特殊的二极管，从外形也可找出正、负极。

在图 5-6 中，左上方的二极管表面标有二极管符号，其中三角形端对应的电极为正极，另一端为负极；左下方的二极管标有白色圆环的一端为负极；右方二极管的金属螺栓为负极，另一端为正极。

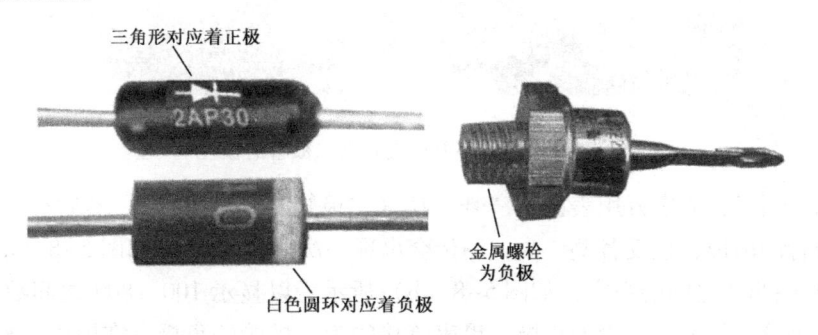

图 5-6　根据标注或外形判断二极管的极性

（2）用指针万用表判断极性

对于没有标注极性或无明显外形特征的二极管，可用指针万用表的欧姆挡来判断极性。万用表拨 R×100 挡或 R×1k 挡，测量二极管两个引脚之间的阻值，正、反各测量一次，会出现阻值一大一小，如图 5-7 所示，以阻值小的一次为准，见图 5-7（a），黑表笔接的为二极管的正极，红表笔接的为二极管的负极。

（3）用数字万用表判断极性

数字万用表与指针万用表一样，也有欧姆挡，但由于两者测量原理不同，数字万用表欧姆挡无法判断二极管的正、负极（因为测量正、反向电阻时阻值都显示无穷大符号"1"），不过数字万用表有一个二极管专用测量挡，可以用该挡来判断二极管的极性。

(a) 阻值小　　　　　　　　　　　　(b) 阻值大

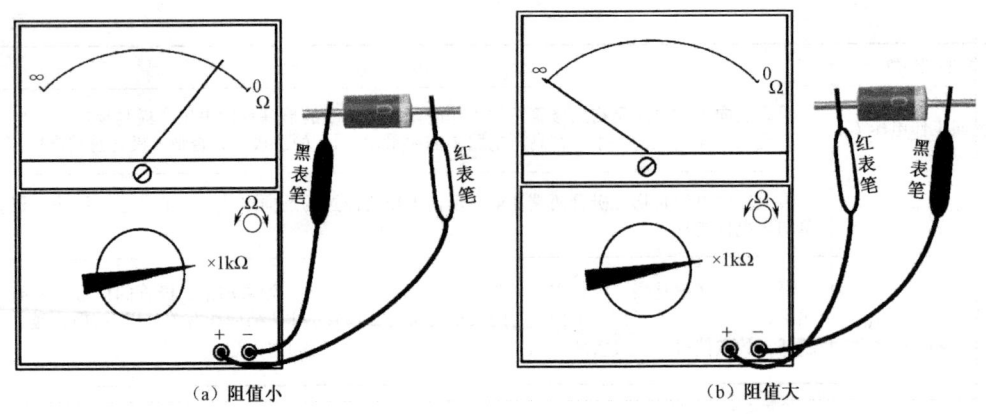

图 5-7　用指针万用表判断二极管的极性

用数字万用表判断二极管极性的过程如图 5-8 所示。

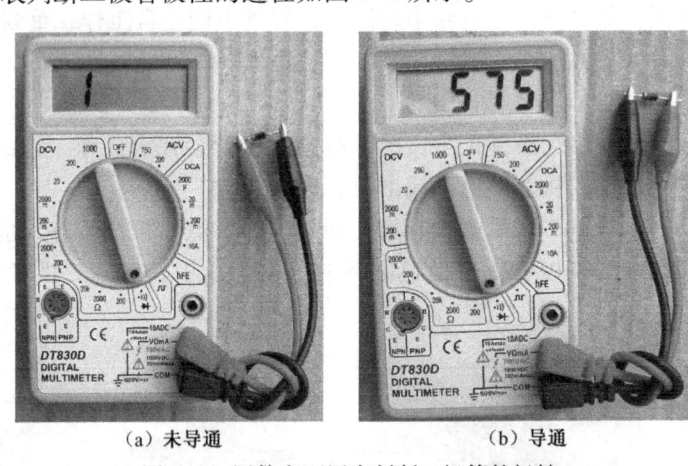

(a) 未导通　　　　　　　　　　　　(b) 导通

图 5-8　用数字万用表判断二极管的极性

在检测判断时，数字万用表拨至"⇥"挡（二极管测量专用挡），然后红、黑表笔分别接被测二极管的两极，正反各测一次，测量会出现一次显示"1"，如图 5-8（a）所示，另一次显示 100~800 之间的数字，如图 5-8（b）所示，以显示 100~800 之间数字的那次测量为准，红表笔接的为二极管的正极，黑表笔接的为二极管的负极。在图中，显示"1"表示二极管未导通，显示"575"表示二极管已导通，并且二极管当前的导通电压为 575mV（即 0.575V）。

5.1.7　检测

二极管常见故障有开路、短路和性能不良。

在检测二极管时，万用表拨 R×1k 挡，测量二极管正、反向电阻，测量方法与极性判断相同，如图 5-7 所示。正常锗材料二极管正向阻值在 1kΩ 左右，反向阻值在 500kΩ 以上；正常硅材料二极管正向电阻在 1~10kΩ，反向电阻为无穷大（注：不同型号万用表测量值略有差距）。也就是说，正常的二极管应正向电阻小，反向电阻很大。

若测得二极管正、反电阻均为 0，说明二极管短路。

若测得二极管正、反向电阻均为无穷大，说明二极管开路。

若测得正、反向电阻差距小（即正向电阻偏大，反向电阻偏小），说明二极管性能不良。

5.1.8 二极管型号命名方法

国产二极管的型号命名分为以下五个部分，其含义参见表 5-3。

第一部分用数字"2"表示主称为二极管。

第二部分用字母表示二极管的材料与极性。

第三部分用字母表示二极管的类别。

第四部分用数字表示序号。

第五部分用字母表示二极管的规格号。

表 5-3　国产二极管的型号命名及含义

第一部分：主称		第二部分：材料与极性		第三部分：类别		第四部分：序号	第五部分：规格号
数字	含义	字母	含义	字母	含义		
2	二极管	A	N 型锗材料	P	小信号管（普通管）	用数字表示同一类别产品序号	用字母表示产品规格、档次
				W	电压调整管和电压基准管（稳压管）		
				L	整流堆		
		B	P 型锗材料	N	阻尼管		
				Z	整流管		
				U	光电管		
		C	N 型硅材料	K	开关管		
				B 或 C	变容管		
				V	混频检波管		
		D	P 型硅材料	JD	激光管		
				S	隧道管		
				CM	磁敏管		
		E	化合物材料	H	恒流管		
				Y	体效应管		
				EF	发光二极管		

举例：

2AP9（N 型锗材料普通二极管）
2——二极管
A——N 型锗材料
P——普通型
9——序号

2CW56（N 型硅材料稳压二极管）
2——二极管
C——N 型硅材料
W——稳压管
56——序号

5.2 特殊二极管

5.2.1 稳压二极管

1. 外形与符号

稳压二极管又称齐纳二极管或反向击穿二极管，它在电路中起稳压作用。稳压二极管的实物外形和图形符号如图 5-9 所示。

2. 工作原理

在电路中，稳压二极管可以稳定电压。要让稳压二极管起稳压作用，须将它反接在电路中（即稳压二极管的负极接电路中的高电位，正极接低电位），稳压二极管在电路中正接时的性质与普通二极管相同。下面以图 5-10 所示的电路来说明稳压二极管的稳压原理。

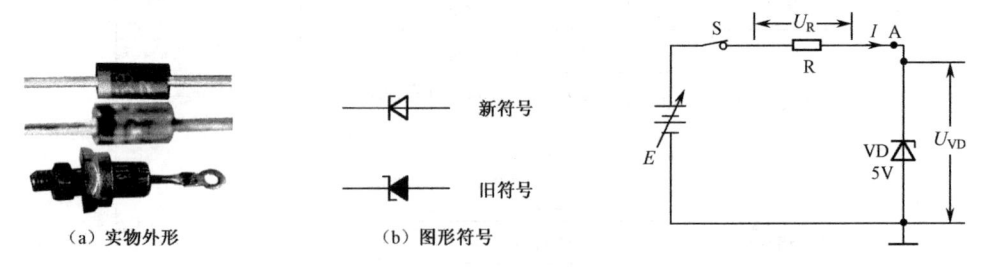

图 5-9　稳压二极管　　　　图 5-10　稳压二极管的稳压原理图

图 5-10 中稳压二极管 VD 的稳压值为 5V，若电源电压低于 5V，当闭合开关 S 时，VD 反向不能导通，无电流流过限流电阻 R，$U_R = I \cdot R = 0$，当电源电压途经 R 时，R 上没有压降，故 A 点电压与电源电压相等，VD 两端的电压 U_{VD} 与电源电压也相等，如 $E = 4V$ 时，U_{VD} 也为 4V，电源电压在 5V 范围内变化时，U_{VD} 也随之变化。也就是说，当加到稳压二极管两端电压低于它的稳压值时，稳压二极管处于截止状态，无稳压功能。

若电源电压超过稳压二极管稳压值，如 $E = 8V$，当闭合开关 S 时，8V 电压通过电阻 R 送到 A 点，该电压超过稳压二极管的稳压值，VD 马上反向导通，有电流流过电阻 R 和稳压管 VD，电流在流过电阻 R 时，R 产生 3V 的压降（即 $U_R = 3V$），稳压管 VD 两端的电压 $U_{VD} = 5V$。

若调节电源 E 使电压由 8V 上升到 10V 时，由于电压的升高，流过 R 和 VD 的电流都会增大，因流过 R 的电流增大，R 上的电压 U_R 也随之增大（由 3V 上升到 5V），而稳压二极管 VD 上的电压维持 5V 不变。

稳压二极管的稳压原理可概括为：当外加电压低于稳压二极管稳压值时，稳压二极管不能导通，无稳压功能；当外加电压高于稳压二极管稳压值时，稳压二极管反向击穿，两端电压保持不变，其大小等于稳压值。（注：为了保护稳压二极管并使它有良好的稳压效果，需要给稳压二极管串接限流电阻）。

3. 应用

稳压二极管在应用时，在电路中通常有两种连接形式。稳压二极管的两种连接形式见表 5-4。

表 5-4 稳压二极管的两种连接形式

形式	电 路 图	说 明
形式一		在应用形式一电路中，输出电压 U_o 取自稳压二极管 VD 两端，故 $U_o = U_{VD}$，当电源电压上升时，由于稳压二极管的稳压作用，U_{VD} 稳定不变，输出电压 U_o 也不变。也就是说在电源电压变化的情况下，稳压二极管两端电压仍保持不变，该稳定不变的电压可供给其他电路，使电路能稳定正常工作
形式二		在应用形式二电路中，输出电压取自限流电阻 R 两端，当电源电压上升时，稳压二极管两端电压 U_{VD} 不变，限流电阻 R 两端电压上升，故输出电压 U_o 也上升。稳压二极管按这种接法是不能为电路提供稳定电压的

4. 主要参数

稳压二极管的主要参数见表 5-5。

表 5-5 稳压二极管的主要参数

主要参数	说 明
稳定电压	稳定电压是指稳压二极管工作在反向击穿时两端的电压值。同一型号的稳压二极管，稳定电压可能为某一固定值，也可能在一定的数值范围内，例如，2CW15 的稳定电压是 7~8.8V，说明它的稳定电压可能是 7V，可能是 8V，还可能是 8.8V 等
最大稳定电流	最大稳定电流是指稳压二极管正常工作时允许通过的最大反向电流。稳压管在工作时，实际工作电流要小于该电流，否则会因为长时间工作而损坏
最大耗散功率	最大耗散功率是指稳压二极管通过反向电流时允许消耗的最大功率，它等于稳定电压和最大稳定电流的乘积。在使用中，如果稳压二极管消耗的功率超过该功率就容易损坏

5. 检测

稳压二极管的检测包括极性判断、好坏检测和稳定电压检测。稳压二极管具有普通二极管的单向导电性，故极性检测与普通二极管相同，这里仅介绍稳压二极管的好坏检测和稳定电压检测。稳压二极管的检测见表 5-6。

表 5-6 稳压二极管的检测

目的	测量说明	测量图
好坏检测	万用表拨至 R×100 挡或 R×1k 挡,测量稳压二极管正、反向电阻。 正常的稳压二极管正向电阻小,反向电阻无穷大。 若测得的正、反向电阻均为 0,说明稳压二极管短路。 若测得的正、反向电阻均为无穷大,说明稳压二极管开路。 若测得的正、反向电阻差距不大,说明稳压二极管性能不良。 注:对于稳压值小于 9V 的稳压二极管,用万用表 R×10k 挡(此挡位万用表内接 9V 电池)测反向电阻时,稳压二极管会被反向击穿,此时测出的反向阻值较小,这属于正常	测量正向电阻 测量反向电阻
稳压电压检测	检测稳压二极管稳压电压可按下面两个步骤进行: 第一步:按右图所示将稳压二极管与电容、电阻和耐压大于 300V 的二极管接好,再与 220V 市电连接。 第二步:将万用表拨至直流 50V 挡,红、黑表笔分别接被测稳压二极管的负、正极,然后在表盘上读出测得的电压值,该值即为稳压二极管的稳定电压值。图中测得稳压二极管的稳压值为 15V	

5.2.2 变容二极管

1. 外形与符号

变容二极管在电路中可以相当于电容,并且容量可调。变容二极管的实物外形和图形符号如图 5-11 所示。

2. 工作原理

变容二极管与普通二极管一样,加正向电压时导通,加反向电压时截止。在变容二极管两端加反向电压时,除了截止外,还可以相当于电容。变容二极管的性质说明如图 5-12 所示。

（a）实物外形　　　　　　　　　　　（b）图形符号

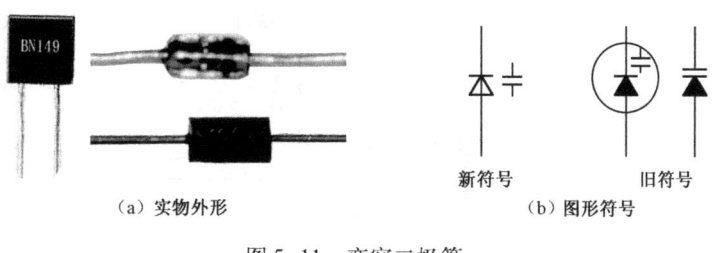

图 5-11　变容二极管

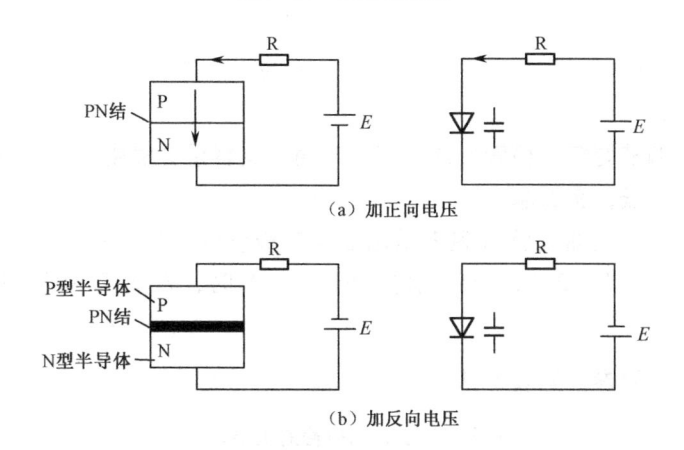

（a）加正向电压

（b）加反向电压

图 5-12　变容二极管的性质说明

（1）加正向电压

当变容二极管两端加正向电压时，内部的 PN 结变薄，如图 5-12（a）所示，当正向电压达到导通电压时，PN 结消失，对电流的阻碍消失，变容二极管像普通二极管一样正向导通。

（2）加反向电压

当变容二极管两端加反向电压时，内部的 PN 结变厚，如图 5-12（b）所示，PN 结阻止电流通过，故变容二极管处于截止状态，反向电压越高，PN 越厚。PN 结阻止电流通过，相当于绝缘介质，而 P 型半导体和 N 型半导体分别相当于两个极板，也就是说处于截止状态的变容二极管内部会形成电容的结构，这种电容称为结电容。普通二极管的 P 型半导体和 N 型半导体都比较小，形成的结电容很小，可以忽略，而变容二极管在制造时特意增大 P 型半导体和 N 型半导体的面积，从而增大结电容。

也就是说，**当变容二极管两端加反向电压时，处于截止状态，内部会形成电容器的结构，此状态下的变容二极管可以看成是电容器。**

（3）容量变化规律

变容二极管加反向电压时可以相当于电容器，当反向电压改变时，其容量就会发生变化。下面以图 5-13 所示的电路和曲线来说明变容二极管容量调节规律。

在图 5-13（a）电路中，变容二极管 VD 加有反向电压，电位器 RP 用来调节反向电压的大小。当 RP 滑动端右移时，加到变容二极管负端的电压升高，即反向电压增大，VD 内部的 PN 结变厚，内部的 P、N 型半导体距离变远，形成的电容容量变小；当 RP 滑动端左移

(a) 电路图　　　　　　　(b) 特性曲线

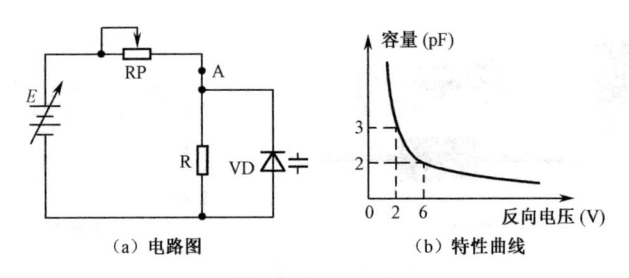

图 5-13　变容二极管的容量变化规律

时，变容二极管反向电压减小，VD 内部的 PN 结变薄，内部的 P、N 型半导体距离变近，形成的电容容量增大。

也就是说，**当调节变容二极管反向电压大小时，其容量会发生变化，反向电压越高，容量越小，反向电压越低，容量越大。**

图 5-13（b）所示的曲线就直观表示出变容二极管两端反向电压与容量变化规律，当反向电压为 2V 时，容量为 3pF，当反向电压增大到 6V 时，容量减小到 2pF。

3. 主要参数

变容二极管的主要参数见表 5-7。

表 5-7　变容二极管的主要参数

主要参数	说明
结电容	结电容指两端加一定反向电压时变容二极管 PN 结的容量
结电容变化范围	结电容变化范围是指变容二极管的反向电压从零开始变化到某一电压值时，其结电容的变化范围
最高反向电压	最高反向电压是指变容二极管正常工作时两端允许施加的最高反向电压值。使用时超过该值，变容二极管容易被击穿

4. 检测

变容二极管检测方法与普通二极管基本相同。检测时万用表拨至 R×10k 挡，测量变容二极管正、反向电阻，正常的变容二极管反向电阻为无穷大，正向电阻一般在 200kΩ 左右（不同型号该值略有差距）。

若测得正、反向电阻均很小或为 0，说明变容二极管漏电或短路。

若测得正、反向电阻均为无穷大，说明变容二极管开路。

5.2.3　双向触发二极管

1. 外形与符号

双向触发二极管简称双向二极管，它在电路中可以双向导通。双向触发二极管的实物外形和图形符号如图 5-14 所示。

2. 性质

普通二极管有单向导电性，而双向触发二极管具有双向导电性，但它的导通电压通常比

(a) 实物外形　　　　　　(b) 图形符号

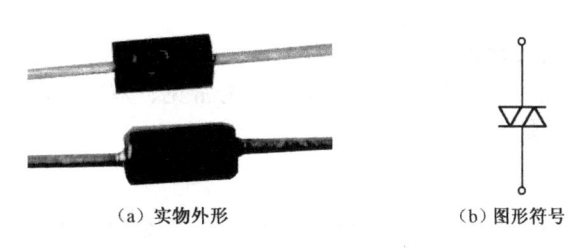

图 5-14　双向触发二极管

较高。下面通过图 5-15 所示电路来说明双向触发二极管性质。

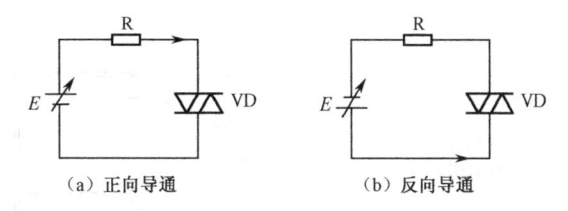

(a) 正向导通　　　　　　(b) 反向导通

图 5-15　双向触发二极管的性质说明

(1) 加正向电压

在图 5-15 (a) 电路中，将双向触发二极管 VD 与可调电源 E 连接起来。当电源电压较低时，VD 并不能导通，随着电源电压的逐渐调高，当调到某一值时（如 30V），VD 马上导通，有从上往下的电流通过双向触发二极管。

(2) 加反向电压

在图 5-15 (b) 电路中，将电源的极性调换后再与双向触发二极管 VD 连接起来。当电源电压较低时，VD 不能导通，随着电源电压的逐渐调高，当调到某一值时（如 30V），VD 马上导通，有从下向上的电流通过双向触发二极管。

综上所述，**不管加正向电压还是反向电压，只要电压达到一定值，双向触发二极管就能导通。**

(3) 特性曲线

双向触发二极管的性质可用图 5-16 所示的曲线来表示，坐标中的横轴表示双向触发二极管两端的电压，纵坐标表示流过双向触发二极管的电流。

从图 5-16 中可以看出，当触发二极管两端加正向电压时，如果两端电压低于 U_{B1} 电压，流过的电流很小，双向触发二极管不能导通，一旦两端的正向电压达到 U_{B1}（称为触发电压），马上导通，流过的电流增大，同时双向触发二极管两端的电压会下降（低于 U_{B1}）。

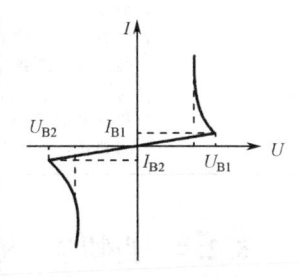

图 5-16　双向触发二极管特性曲线

同样地，当触发二极管两端加反向电压时，在两端电压低于 U_{B2} 电压时也不能导通，只有两端的正向电压达到 U_{B2} 时才能导通，导通后的双向触发二极管两端的电压会下降（低于 U_{B2}）。

从图 5-16 中还可以看出，双向触发二极管正、反向特性相同，具有对称性，故双向触发二极管极性没有正、负之分。

双向触发二极管的触发电压较高，30V 左右最为常见，双向触发二极管的触发电压一般有 20~60V、100~150V 和 200~250V 三个等级。

3. 检测

双向触发二极管的检测包括好坏检测和触发电压检测。双向触发二极管的检测见表 5-8。

表 5-8 双向触发二极管的检测

目的	测量说明	测量图
好坏检测	万用表拨至 R×1k 挡，测量双向触发二极管正、反向电阻。 若双向触发二极管正常，则正、反向电阻均为无穷大。 若测得的正、反向电阻很小或为 0，说明双向触发二极管漏电或短路，不能使用	
触发电压检测	检测双向触发二极管的触发电压可按下面三个步骤进行： 第一步：按右图所示将双向触发二极管与电容、电阻和耐压大于 300V 的二极管接好，再与 220V 市电连接。 第二步：将万用表拨至直流 50V 挡，将红、黑表笔分别接被测双向触发二极管的两极，然后观察表针位置，如果表针在表盘上摆动（时大时小），则表针所指最大电压即为触发二极管的触发电压。图中表针指的最大值为 30V，说明触发二极管的触发电压值约为 30V。 第三步：将双向触发二极管两极对调，再测两端电压，正常该电压值应与第二步测得的电压值相等或相近。两者差值越小，表明触发二极管对称性越好，即性能越好	

5.2.4 肖特基二极管

1. 外形与图形符号

肖特基二极管又称肖特基势垒二极管（SBD），其图形符号与普通二极管相同。常见的肖特基二极管实物外形如图 5-17（a）所示，三引脚的肖特基二极管内部由两个二极管组成，其连接有多种方式，如图 5-17（b）所示。

（a）外形　　　　　　　　　　　（b）内部连接方式

图 5-17　肖特基二极管

2. 特点、应用和检测

肖特基二极管是一种低功耗、大电流、超高速的半导体整流二极管，其工作电流可达几千安，而反向恢复时间可短至几纳秒。二极管的反向恢复时间越短，从截止转为导通的切换速度越快，普通整流二极管反向恢复时间长，无法在高速整流电路中正常工作。另外，肖特基二极管的正向导通电压较普通硅二极管低，约 0.4V 左右。

由于肖特基二极管导通、截止状态可高速切换，故主要用在高频电路中。由于面接触型的肖特基二极管工作电流大，故变频器、电机驱动器、逆变器和开关电源等设备中整流二极管、续流二极管和保护二极管常采用面接触型的肖特基二极管；对于点接触型的肖特基二极管，其工作电流稍小，常在高频电路中用作检波或小电流整流。

肖特基二极管的缺点是反向耐压低，一般在 100V 以下，因此不能用在高电压电路中。肖特基二极管与普通二极管一样具有单向导电性，其极性与好坏检测方法与普通二极管相同。

5.2.5　快恢复二极管

1. 外形与图形符号

快恢复二极管（FRD）、超快恢复二极管（SRD）的图形符号与普通二极管相同。常见的快恢复二极管实物外形如图 5-18（a）所示。三引脚的快恢复二极管内部由两个二极管组成，其连接有共阳和共阴两种方式，如图 5-18（b）所示。

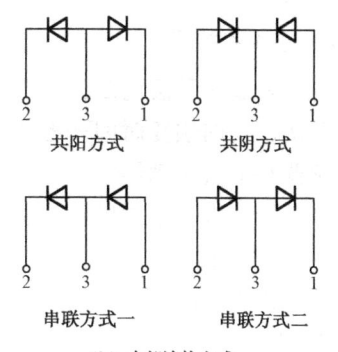

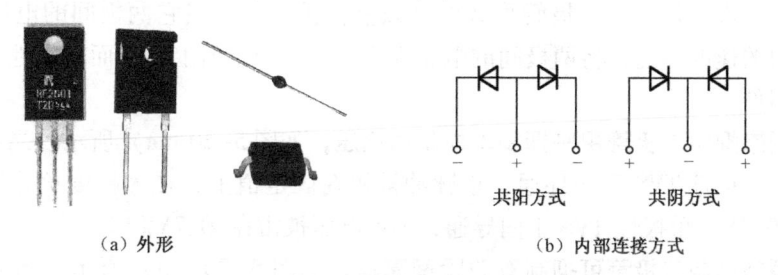

（a）外形　　　　　　　　　　　（b）内部连接方式

图 5-18　快恢复二极管

2. 特点、应用和检测

快恢复二极管是一种反向工作电压高、工作电流较大的高速半导体二极管,其反向击穿电压可达几千伏,反向恢复时间一般为几百纳秒。快恢复二极管广泛应用于开关电源、不间断电源、变频器和电机驱动器中,主要用作高频、高压和大电流整流或续流。

快恢复二极管的肖特基二极管区别主要有:

① 快恢复二极管的反向恢复时间为几百纳秒,肖特基二极管更快,可达几纳秒。

② 快恢复二极管的反向击穿电压高(可达几千伏),肖特基二极管的反向击穿电压低(一般在100V以下)。

③ 恢复二极管的功耗较大,而肖特基二极管功耗相对较小。

因此快恢复二极管主要用在高电压小电流的高频电路中,肖特基二极管主要用在低电压大电流的高频电路中。

快恢复二极管与普通二极管一样具有单向导电性,其极性与管子好坏的检测方法与普通二极管相同。

5.2.6 瞬态电压抑制二极管

1. 外形与图形符号

瞬态电压抑制二极管又称瞬态抑制二极管,简称 TVS。常见的瞬态抑制二极管实物外形如图 5-19(a)所示。**瞬态抑制二极管有单极性和双极性之分,其图形符号如图 5-19(b)所示。**

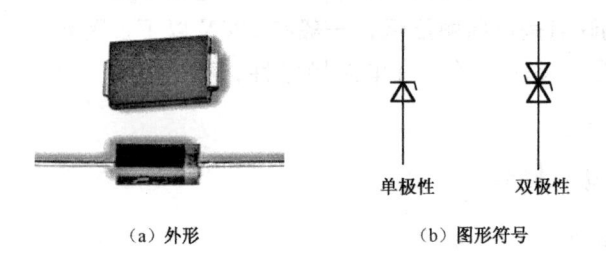

(a)外形　　　　　　　　　　(b)图形符号

图 5-19　瞬态抑制二极管

2. 性质

瞬态抑制二极管是一种二极管形式的高效能保护器件,当它两极间的电压超过一定值时,能以极快的速度导通,将两极间的电压固定在一个预定值上,从而有效地保护电子线路中的精密元器件。

单极性瞬态抑制二极管用来抑制单向瞬间高压,如图 5-20(a)所示,当大幅度正脉冲的尖峰来时,单极性 TVS 反向导通,正脉冲被钳在固定值上,在大幅度负脉冲来时,若 A 点电压低于-0.7V,单极性 TVS 正向导通,A 点电压被钳在-0.7V。

双极性瞬态抑制二极管可抑制双向瞬间高压,如图 5-20(b)所示,当大幅度正脉冲的尖峰来时,双极性 TVS 导通,正脉冲被钳在固定值上,当大幅度负脉冲的尖峰来时,双极性 TVS 导通,负脉冲被钳在固定值上。在实际电路中,双极性瞬态抑制二极管更为常用,如无特别说明，则瞬态抑制二极管均是指双极性。

（a）单极性瞬态抑制二极管　　　　　　（b）双极性瞬态抑制二极管

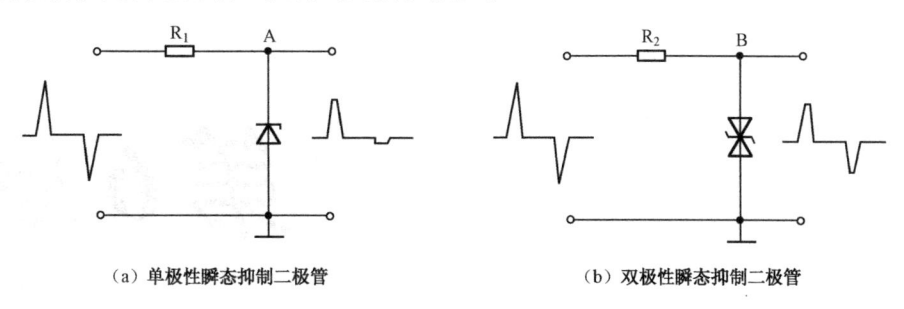

图 5-20　瞬态抑制二极管性质说明

3. 检测

单极性瞬态抑制二极管具有单向导电性，极性和管子好坏的检测方法与稳压二极管相同。

双极性瞬态抑制二极管两引脚无极性之分，用万用表 R×1kΩ 档检测时正、反向阻值应均为无穷大。双极性瞬态抑制二极管的击穿电压的检测如图 5-21 所示，二极管 VD 为整流二极管，白炽灯用做降压限流，在 220V 电压正半周时 VD 导通，对电容充得上正下负的电压，当电容两端电压上升到 TVS 的击穿电压时，TVS 击穿导通，两端电压不再升高，万用表测得电压近似为 TVS 的击穿电压。该方法适用于检测击穿电压小于 300V 的瞬态抑制二极管，因为 220V 电压对电容充电最高达 300 多伏。

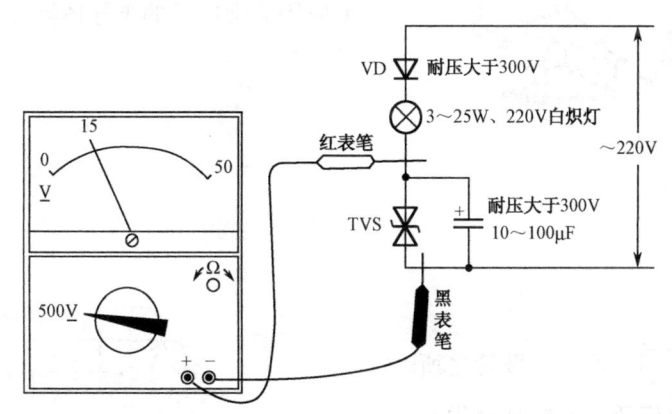

图 5-21　双极性瞬态抑制二极管的检测

第6章

三 极 管

问： 老师，听说三极管是一种应用非常广泛的半导体器件？

答： 是的，三极管之所以应用很广泛，主要是因为它具有放大功能，可以将幅度小的电信号放大成为大幅度信号。

6.1 三极管知识

6.1.1 基础知识

1. 外形与符号

三极管又称晶体三极管，是一种具有放大功能的半导体器件。图 6-1（a）是一些常见的三极管实物外形，三极管的图形符号如图 6-1（b）所示。

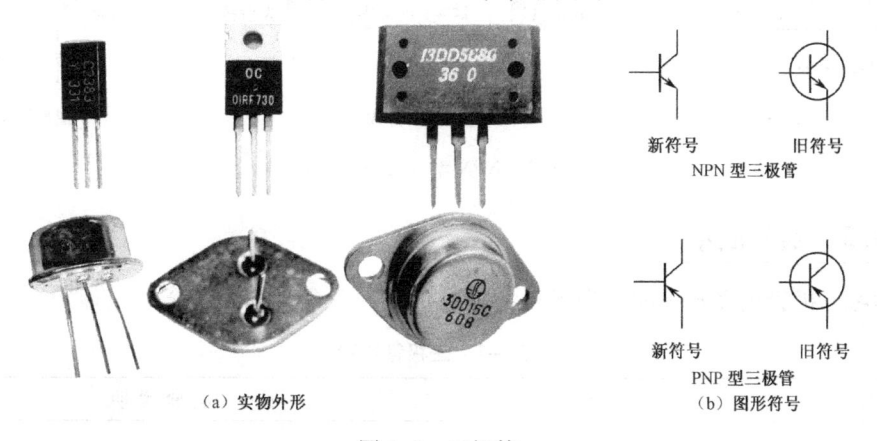

图 6-1 三极管

2. 构成

三极管有 **PNP** 型和 **NPN** 型两种。PNP 型三极管的构成如图 6-2 所示。

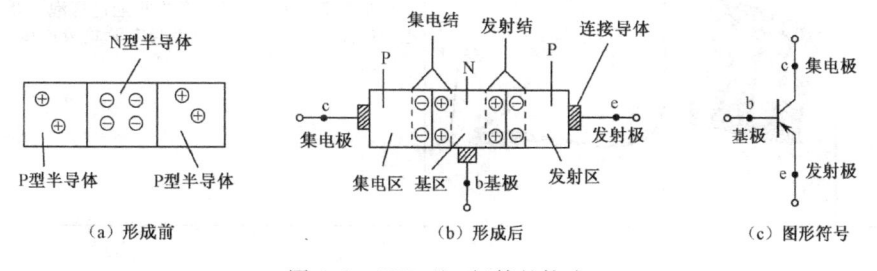

图 6-2 PNP 型三极管的构成

将两个 P 型半导体和一个 N 型半导体按图 6-2（a）所示的方式结合在一起，两个 P 型半导体中的正电荷会向中间的 N 型半导体中移动，N 型半导体中的负电荷会向两个 P 型半导体移动，结果在 P、N 型半导体的交界处形成 PN 结，如图 6-2（b）所示。

在两个 P 型半导体和一个 N 型半导体上通过连接导体各引出一个电极，然后封装起来就构成了三极管。三极管三个电极分别称为集电极（用 c 或 C 表示）、基极（用 b 或 B 表示）和发射极（用 e 或 E 表示）。PNP 型三极管的图形符号如图 6-2（c）所示。

三极管内部有两个 **PN** 结，其中基极和发射极之间的 **PN** 结称为发射结，基极与集电极之间的 **PN** 结称为集电结。两个 **PN** 结将三极管内部分作三个区，与发射极相连的极称为发射区，与基极相连的极称为基区，与集电极相连的极称为集电区。发射区的半导体掺入杂质多，故有大量的电荷，便于发射电荷；集电区掺入的杂质少且面积大，便于收集发射区送来的电荷；基区处于两者之间，发射区流向集电区的电荷要经过基区，故基区可控制发射区流向集电区电荷的数量，基区就像设在发射区与集电区之间的关卡。

NPN 型三极管的构成与 PNP 型三极管类似，它是由两个 N 型半导体和一个 P 型半导体构成的。具体如图 6-3 所示。

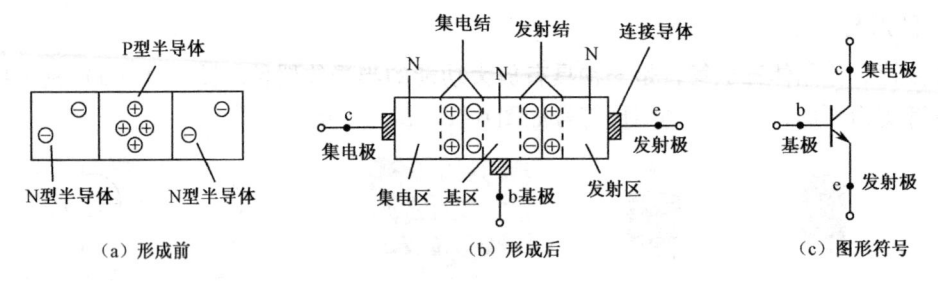

图 6-3　NPN 型三极管的构成

6.1.2　实验演示

在学习三极管更多知识前，先来看看表 6-1 中的三个实验。

表 6-1　三极管实验

实验编号	实 验 图	实 验 说 明
实验一	图 6-4（a）	在左图实验中，三极管集电极通过灯泡、开关与电源的正极连接，三极管的发射极与电源负极连接，基极悬空，然后按下开关，发现灯泡不亮
实验二	图 6-4（b）	在左图实验中，在三极管基极与电源正极之间串接电位器和电阻器，三极管集电极仍通过灯泡接电源的正极，发射极与电源负极连接，再按下开关，发现灯泡会亮

续表

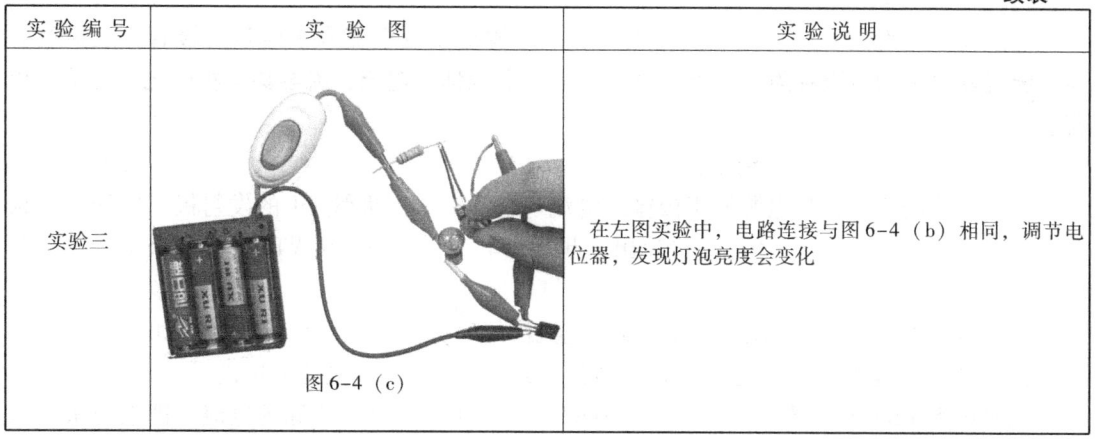

实验编号	实 验 图	实 验 说 明
实验三	图6-4（c）	在左图实验中，电路连接与图6-4（b）相同，调节电位器，发现灯泡亮度会变化

6.1.3 提出问题

看完表6-1中的实验，让我们带着如下几个问题，进入后续阶段的学习。

1. 画出图6-4（a）、(b)、(c) 实验电路的电路图。
2. 思考：①在图6-4（a）中，灯泡为什么不亮？②在图6-4（b）中，在三极管基极与电源之间接上电位器和电阻器后为什么会亮？③在图6-4（c）中，为什么调节电位器灯泡亮度会变化？

6.1.4 三极管的电流、电压规律

单独三极管是无法正常工作的，在电路中需要为三极管各极提供电压，让它内部有电流流过，这样的三极管才具有放大能力。为三极管各极提供电压的电路称为偏置电路。

1. PNP型三极管的电流、电压规律

图6-5（a）是PNP型三极管的偏置电路，从图6-5（b）可以清楚看出三极管内部电流情况。

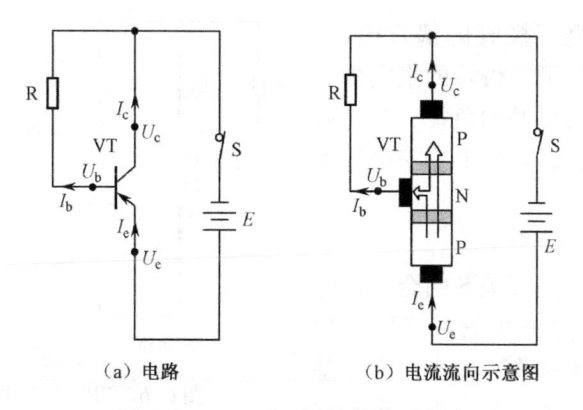

（a）电路　　　　（b）电流流向示意图

图6-5　PNP型三极管的偏置电路

（1）电流关系

在图6-5电路中，当闭合电源开关S后，电源输出的电流马上流过三极管，三极管导通。**流经发射极的电流称为I_e电流，流经基极的电流称I_b电流，流经集电极的电流称为I_c电流。**

I_e、I_b、I_c电流的途径分别是：

① I_e电流的途径：从电源的正极输出电流→电流流入三极管VT的发射极→电流在三极管内部分作两路：一路从VT的基极流出，此为I_b电流；另一路从VT1的集电极流出，此为I_c电流。

② I_b电流的途径：VT基极流出电流→电流流经电阻R→开关S→流到电源的负极。

③ I_c电流的途径：VT集电极流出的电流→经开关S→流到电源的负极。

从图6-5（b）可以看出，流入三极管的I_e电流在内部分成I_b和I_c电流，即发射极流入的I_e电流在内部分成I_b和I_c电流分别从基极和集电极流出。

不难看出，**PNP型三极管的I_e、I_b、I_c电流的关系是：$I_b + I_c = I_e$，并且I_c电流要远大于I_b电流。**

（2）电压关系

在图6-5电路中，PNP型三极管VT的发射极直接接电源的正极，集电极直接接电源的负极，基极通过电阻R接电源的负极。根据电路中电源正极电压最高、负极电压最低可判断出，三极管发射极电压U_e最高，集电极电压U_c最低，基极电压U_b处于两者之间。

PNP型三极管U_e、U_b、U_c电压之间的关系是：

$$U_e > U_b > U_c$$

$U_e > U_b$使发射区的电压较基区的电压高，两区之间的发射结（PN结）导通，这样发射区大量的电荷才能穿过发射结到达基区。三极管发射极与基极之间的电压（电位差）U_{eb}（$U_{eb} = U_e - U_b$）称为发射结正向电压。

$U_b > U_c$可以使集电区电压较基区电压低，这样才能使集电区有足够的吸引力（电压越低，对正电荷吸引力越大），将基区内大量电荷吸引穿过集电结而到达集电区。

2. NPN型三极管的电流、电压规律

图6-6为NPN型三极管的偏置电路。从图中可以看出，NPN型三极管的集电极接电源的正极，发射极接电源的负极，基极通过电阻接电源的正极，这与PNP型三极管连接正好相反。

（1）电流关系

在图6-6电路中，当开关S闭合后，电源输出的电流马上流过三极管，三极管导通。流经发射极的电流称为I_e电流，流经基极的电流称为I_b电流，流经集电极的电流称为I_c电流。

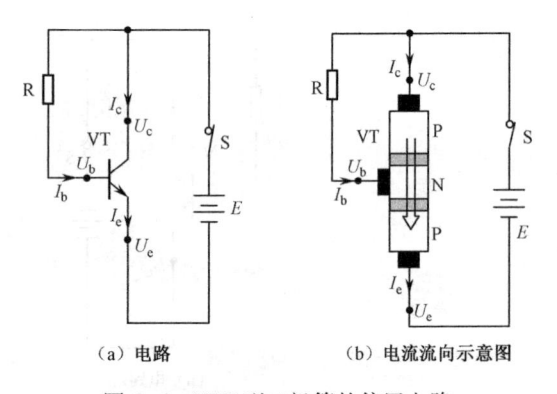

（a）电路　　（b）电流流向示意图

图6-6　NPN型三极管的偏置电路

I_e、I_b、I_c电流的途径分别是：

① I_b电流的途径：从电源的正极输出电流→开关 S→电阻 R→电流流入三极管 VT 的基极→基区。

② I_c电流的途径：从电源的正极输出电流→电流流入三极管 VT 的集电极→集电区→基区。

③ I_e电流的途径：三极管集电极和基极流入的 I_b、I_c 在基区汇合→发射区→电流从发射极输出→流到电源的负极。

不难看出，**NPN 型三极管** I_e、I_b、I_c 电流的关系是：$I_b + I_c = I_e$，并且 I_c 电流要远大于 I_b 电流。

（2）电压关系

在图 6-6 电路中，NPN 型三极管的集电极接电源的正极，发射极接电源的负极，基极通过电阻接电源的正极。故 **NPN 型三极管** U_e、U_b、U_c **电压之间的关系是：**

$$U_e < U_b < U_c$$

$U_c > U_b$ 可以使基区电压较集电区电压低，这样基区才能将集电区的电荷吸引穿过集电结而到达基区。

$U_b > U_e$ 可以使发射区的电压较基极的电压低，两区之间的发射结（PN 结）导通，基区的电荷才能穿过发射结到达发射区。

NPN 型三极管基极与发射极之间的电压 U_{be}（$U_{be} = U_b - U_e$）称为发射结正向电压。

6.1.5 三极管的放大原理

三极管在电路中主要起放大作用，下面以图 6-7 所示的电路来说明三极管的放大原理。

1. 放大原理

在三极管的三个极接上三个毫安表 mA1、mA2 和 mA3，分别用来测量 I_e、I_b、I_c 电流的大小。RP 电位器用来调节 I_b 的大小，如 RP 滑动端下移时阻值变小，RP 对三极管基极流出的 I_b 电流阻碍减小，I_b 增大。当调节 RP 改变 I_b 大小时，I_c、I_e 也会变化，表 6-2 列出了调节 RP 时毫安表测得的三组数据。

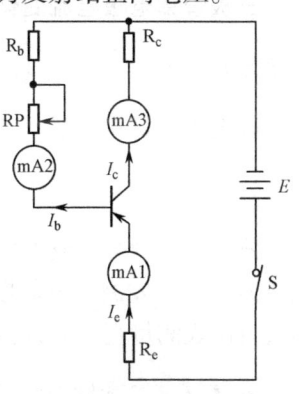

图 6-7 三极管的放大原理说明图

表 6-2 三组 I_e、I_b、I_c 电流数据

	第一组	第二组	第三组
基极电流（I_b）	0.01	0.018	0.028
集电极电流（I_c）	0.49	0.982	1.972
发射极电流（I_e）	0.5	1	2

从表 6-2 可以看出：

① 不论哪组测量数据都遵循 $I_b + I_c = I_e$。

② 当 I_b 电流变化时，I_c 电流也会变化，并且 I_b 有微小的变化，I_c 却有很大的变化。如 I_b 电流由 0.01 增大到 0.018mA，变化量为 0.008（0.018 − 0.01），I_c 电流则由 0.49 变化到

0.982，变化量为 0.492mA（0.982 −0.49），I_c 电流变化量是 I_b 电流变化量的 62 倍（0.492/0.008≈62）。

也就是说，当三极管的基极电流 I_b 有微小的变化时，集电极电流 I_c 会有很大的变化，I_c 电流的变化量是 I_b 电流变化量的很多倍，这就是三极管的放大原理。

2. 放大倍数

不同的三极管，其放大能力是不同的，为了衡量三极管放大能力的大小，需要用到三极管一个重要参数——放大倍数。三极管的放大倍数可分为直流放大倍数和交流放大倍数。

三极管集电极电流 I_c 与基极电流 I_b 的比值称为三极管的直流放大倍数（用 $\bar{\beta}$ 或 h_{FE} 表示），即

$$\bar{\beta} = \frac{集电极电流 I_c}{基极电流 I_b}$$

例如，在表 6-2 中，当 I_b = 0.018mA 时，I_c = 0.982mA，三极管直流放大倍数为

$$\bar{\beta} = \frac{0.982}{0.018} = 55$$

万用表可测量三极管的放大倍数，它测得放大倍数 h_{FE} 值实际上就是三极管直流放大倍数。

三极管集电极电流变化量 ΔI_c 与基极电流变化量 ΔI_b 的比值称为交流放大倍数（用 β 或 h_{fe} 表示），即

$$\beta = \frac{集电极电流变化量 \Delta I_c}{基极电流变化量 \Delta I_b}$$

以表 6-2 的第一、二组数据为例：

$$\beta = \frac{\Delta I_c}{\Delta I_b} = \frac{0.982 - 0.49}{0.018 - 0.01} = \frac{0.492}{0.008} = 62$$

测量三极管交流放大倍数至少需要知道两组数据，这样比较麻烦，而测量直流放大倍数比较简单（只要测一组数据即可），又因为直流放大倍数与交流放大倍数相近，所以通常只通过万用表测量直流放大倍数来判断三极管放大能力的大小。

6.1.6 三极管的三种状态

三极管的状态有三种：截止、放大和饱和。下面通过图 6-8 所示的电路来说明三极管这三种状态。

1. 三种状态下的电流特点

当开关 S 处于断开状态时，三极管 VT 的基极供电切断，无 I_b 电流流入，三极管内部无法导通，I_c 电流无法流入三极管，三极管发射极也就没有 I_e 电流流出。

三极管无 I_b、I_c、I_e 电流流过的状态（即 I_b、I_c、I_e 都为 0）称为截止状态。

当开关 S 闭合后，三极管 VT 的基极有 I_b 电流流入，三极管内部导通，I_c 电流从集电极流入三极管，在内部 I_b、I_c 电流汇合后形成 I_e 电流从发射

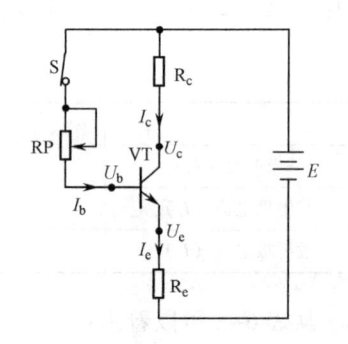

图 6-8 三极管的三种状态说明图

极流出。此时调节电位器 RP，I_b 电流变化，I_c 电流也会随之变化，如当 RP 滑动端下移时，其阻值减小，I_b 电流增大，I_c 也增大，两者满足 $I_c = \beta I_b$ 的关系。

三极管有 I_b、I_c、I_e 电流流过且满足 $I_c = \beta I_b$ 的状态称为放大状态。

当开关 S 处于闭合状态时，如果将电位器 RP 的阻值不断调小，三极管 VT 的基极电流 I_b 就会不断增大，I_c 电流也随之不断增大，当 I_b、I_c 电流增大到一定程度时，I_b 再增大，I_c 不会随之再增大，而是保持不变，此时 $I_c < \beta I_b$。

三极管有很大的 I_b、I_c、I_e 电流流过且满足 $I_c < \beta I_b$ 的状态称为饱和状态。

综上所述，当三极管处于截止状态时，无 I_b、I_c、I_e 电流通过；当三极管处于放大状态时，有 I_b、I_c、I_e 电流通过，并且 I_b 变化时 I_c 也会变化（即 I_b 电流可以控制 I_c 电流），三极管具有放大功能；当三极管处于饱和状态时，有很大的 I_b、I_c、I_e 电流通过，I_b 变化时 I_c 不会变化（即 I_b 电流无法控制 I_c 电流）。

2. 三种状态下 PN 结的特点和各极电压关系

三极管内部有集电结和发射结，在不同状态下这两个 PN 结的特点是不同的。由于 PN 结的结构与二极管相同，在分析时为了方便，可将三极管的两个 PN 结画成二极管的符号。图 6-9 为 NPN 型和 PNP 型三极管的 PN 结示意图。

当三极管处于不同的状态时，集电结和发射结也有相对应的特点。**不论 NPN 型或 PNP 型三极管，在三种状态下的发射结和集电结特点都有：**

（a）NPN 型三极管　　　（b）PNP 型三极管

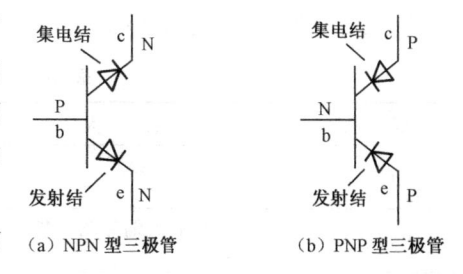

图 6-9　三极管的 PN 结示意图

① **处于放大状态时，发射结正偏导通，集电结反偏。**
② **处于饱和状态时，发射结正偏导通，集电结也正偏。**
③ **处于截止状态时，发射结反偏或正偏但不导通，集电结反偏。**

正偏是指 PN 结的 P 端电压高于 N 端电压，正偏导通除了要满足 PN 结的 P 端电压大于 N 端电压外，还要求电压达到门电压，这样才能让 PN 结导通。反偏是指 PN 结的 N 端电压高于 P 端电压。

不管哪种类型的三极管，只要记住三极管某种状态下两个 PN 结的特点，就可以很容易推断出三极管在该状态下的电压关系；反之，也可以根据三极管各极电压关系推断出该三极管处于什么状态。

例如，在图 6-10（a）电路中，NPN 型三极管 VT 的 $U_c = 4V$、$U_b = 2.5V$、$U_e = 1.8V$，该电压使发射结正偏导通，集电结反偏，三极管处于放大状态。

又如在图 6-10（b）电路中，NPN 型三极管 VT 的 $U_c = 4.7V$、$U_b = 5V$、$U_e = 4.3V$，该电压使发射结正偏导通，集电结也正偏，三极管处于饱和状态。

再如在图 6-10（c）电路中，PNP 型三极管 VT 的 $U_e = 6V$、$U_b = 6V$、$U_c = 0V$，该电压使发射结零偏不导通，集电结反偏，三极管处于截止状态。从该电路的电流情况也可以判断出三极管是截止的，假设 VT 可以导通，从电源正极输出的 I_e 电流经 R_e 从发射极流入，在内部分成 I_b、I_c 电流，I_b 电流从基极流出后就无法继续流动（不能通过 RP 返回到电源的正极，

115

因为电流只能从高电位往低电位流动),所以 VT 的 I_b 电流实际上是不存在的,无 I_b 电流,也就无 I_c 电流,故 VT 处于截止状态。

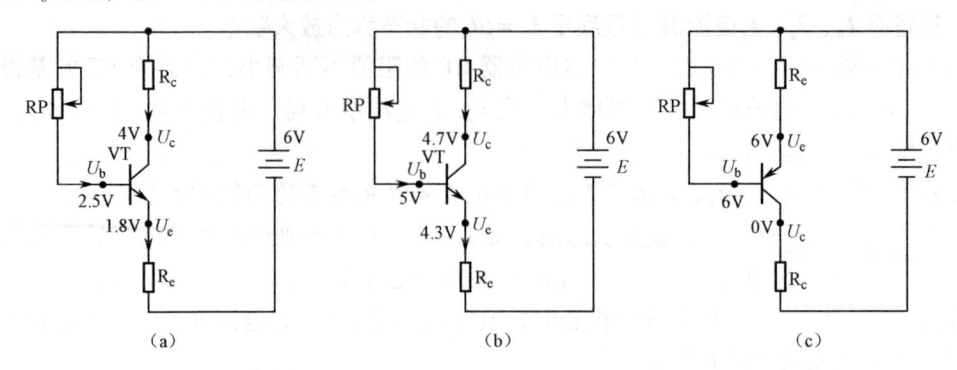

图 6-10　根据 PN 结的情况推断三极管的状态

三极管三种状态的各种特点见表 6-3。

表 6-3　三极管三种状态的特点

特　点	放　大	饱　和	截　止
电流关系	I_b、I_c、I_e 大小正常,且 $I_c = \beta I_b$	I_b、I_c、I_e 很大,且 $I_c < \beta I_b$	I_b、I_c、I_e 都为 0
PN 结特点	发射结正偏导通,集电结反偏	发射结正偏导通,集电结正偏	发射结反偏或正偏不导通,集电结反偏
电压关系	对于 NPN 型三极管,$U_c > U_b > U_e$ 对于 PNP 型三极管,$U_e > U_b > U_c$	对于 NPN 型三极管 $U_b > U_c > U_e$,对于 PNP 型三极管,$U_e > U_c > U_b$	对于 NPN 型三极管,$U_c > U_b$,$U_b < U_e$ 或 U_{be} 小于门电压 对于 PNP 型三极管,$U_c < U_b$,$U_b > U_e$ 或 U_{eb} 小于门电压

3. 三种状态的应用说明

三极管可以工作在三种状态,处于不同状态时可以实现不同的功能。**当三极管处于放大状态时,可以对信号进行放大,当三极管处于饱和截止状态时,可以当成电子开关使用。**

(1) 放大状态的应用

在图 6-11 (a) 电路中,电阻 R_1 的阻值很大,流进三极管基极的电流 I_b 较小,从集电极流入的 I_c 电流也不是很大,I_b 电流变化时 I_c 也会随之变化,故三极管处于放大状态。

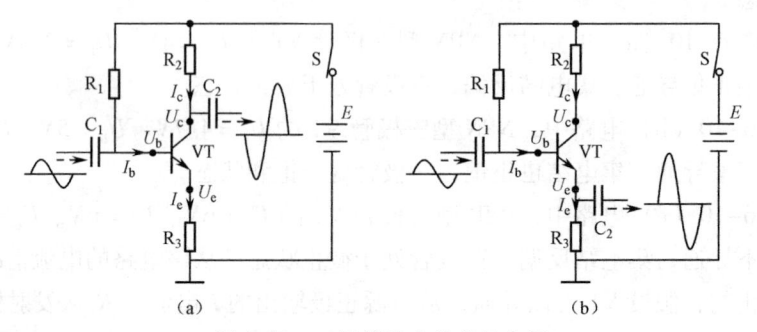

图 6-11　三极管放大状态的应用

在图 6-11（a）中，当闭合开关 S 后，有 I_b 电流通过 R_1 流入三极管 VT 的基极，马上有 I_c 电流流入 VT 的集电极，从 VT 的发射极流出 I_e 电流，三极管有正常大小的 I_b、I_c、I_e 流过，处于放大状态。这时如果将一个微弱的交流信号经 C_1 送到三极管的基极，三极管就会对它进行放大，然后从集电极输出幅度大的信号，该信号经 C_2 送往后级电路。

要注意的是，当交流信号从基极输入、从集电极输出时，三极管除了对信号放大外，还会对信号进行倒相再从集电极输出。而交流信号从基极输入、从发射极输出时，三极管对信号会进行放大但不会倒相，如图 6-11（b）所示。

（2）饱和与截止状态的应用

三极管饱和与截止状态的应用如图 6-12 所示。

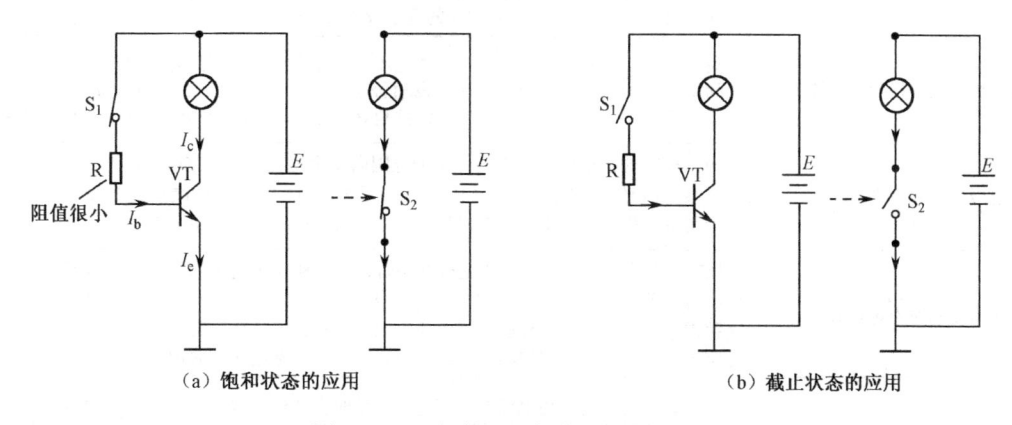

图 6-12　三极管饱和与截止状态的应用

在图 6-12（a）中，当闭合开关 S_1 后，有 I_b 电流通过 R 流入三极管 VT 的基极，马上有 I_c 电流流入 VT 的集电极，从发射极输出 I_e 电流，由于 R 的阻值很小，故 VT 基极电压很高，I_b 电流很大，I_c 电流也很大，并且 $I_c < \beta I_b$，三极管处于饱和状态。三极管进入饱和状态后，从集电极流入、发射极流出的电流很大，三极管集射极之间就相当于一个闭合的开关 S_2。

在图 6-12（b）中，当开关 S_1 断开后，三极管基极无电压，基极无 I_b 电流流入，集电极无 I_c 电流流入，发射极也就没有 I_e 电流流出，三极管处于截止状态。三极管进入截止状态后，集电极电流无法流入、发射极无电流流出，三极管集射极之间就相当于一个断开的开关 S_2。

三极管处于饱和与截止状态时，集射极之间分别相当于开关闭合与断开，由于三极管具有这种性质，故在电路中可以当作电子开关（依靠电压来控制通断）使用，当三极管基极加较高的电压时，集射极之间导通，当基极不加电压时，集射极之间断路。

6.1.7　主要参数

三极管的主要参数见表 6-4。

表6-4 三极管的主要参数

主 要 参 数	说　　明
电流放大倍数	三极管的电流放大倍数有直流电流放大倍数和交流电流放大倍数。三极管集电极电流 I_c 与基极电流 I_b 的比值称为三极管的直流电流放大倍数（用 $\bar{\beta}$ 或 h_{FE} 表示），即 $$\bar{\beta} = \frac{集电极电流\ I_c}{基极电流\ I_b}$$ 三极管集电极电流变化量 ΔI_c 与基极电流变化量 ΔI_b 的比值称为交流电流放大倍数（用 β 或 h_{FE} 表示），即 $$\beta = \frac{集电极电流变化量\ \Delta I_c}{基极电流变化量\ \Delta I_b}$$ 前面两个电流放大系数的含义虽然不同，但两者近似相等，故在以后应用时一般不加区分。三极管的 β 值过小，电流放大作用小，β 值过大，三极管的稳定性差，在实际使用时，一般选用 β 在 40~80 的管子较为合适
集电极-发射极反向电流 I_{CEO}	集电极-发射极反向电流又称穿透电流，它是指在基极开路时，给集电极与发射极之间加一定的电压，由集电极流往发射极的电流。穿透电流的大小受温度的影响较大，三极管的穿透电流越小，热稳定性越好，通常锗管的穿透电流较硅管的要大些
集电极最大允许电流 I_{CM}	当三极管的集电极电流 I_C 在一定的范围内变化时，其 β 值基本保持不变，但当 I_C 增大到某一值时，β 值会下降。使电流放大系数 β 明显减小（约减小到 2/3β）的 I_C 电流称为集电极最大允许电流。三极管用作放大时，I_C 电流不能超过 I_{CM}
反向击穿电压 $U_{BR(CEO)}$	反向击穿电压 $U_{BR(CEO)}$ 是指基极开路时，允许加在集电极与发射极的最高电压。在使用时，若三极管集-射极之间的电压 U_{CE} > $U_{BR(CEO)}$，集电极电流 I_C 将急剧增大，这种现象称为击穿。击穿的三极管属于永久损坏，故选用三极管时要注意其反向击穿电压不能低于电路电源电压，一般三极管的反向击穿电压应是电源电压的两倍
集电极最大允许功耗 P_{CM}	三极管在工作时，集电极电流流过集电结时会产生热量，而使三极管温度升高。在规定的散热条件下，集电极电流 I_C 在流过三极管集电极时允许消耗的最大功率为集电极最大允许功耗 P_{CM}。当三极管的实际功耗超过 P_{CM} 时，温度会上升很高而烧坏。三极管散热良好时的 P_{CM} 较正常时要大。 集电极最大允许功耗 P_{CM} 可用下式计算： $$P_{CM} = I_C \cdot U_{CE}$$ 三极管的 I_C 电流过大或 U_{CE} 电压过高，都会导致功耗过大而超出 P_{CM}。三极管手册上列出的 P_{CM} 值是在常温下 25℃ 时测得的。硅管的集电结上限温度为 150℃ 左右，锗管为 70℃ 左右，使用时应注意不要超过此值，否则管子将损坏
特征频率 f_T	在工作时，三极管的放大倍数 β 会随着信号的频率升高而减小。使三极管的放大倍数 β 下降到 1 的频率称为三极管的特征频率。当信号频率 $f = f_T$ 时，三极管对该信号将失去电流放大功能，当信号频率大于 f_T 时，电路将不能正常工作

6.1.8 检测

三极管的检测包括类型检测、电极检测和好坏检测。

1. 类型检测

三极管类型有 NPN 型和 PNP 型，三极管的类型可用万用表欧姆挡进行检测。

（1）检测规律

NPN 型和 PNP 型三极管的内部都有两个 PN 结，故三极管可视为两个二极管的组合，万用表在测量三极管任意两个引脚之间时有 6 种情况，如图 6-13 所示。

从图 6-13 中不难得出这样的规律：当黑表笔接 P 端、红表笔接 N 端时，测得是 PN 结

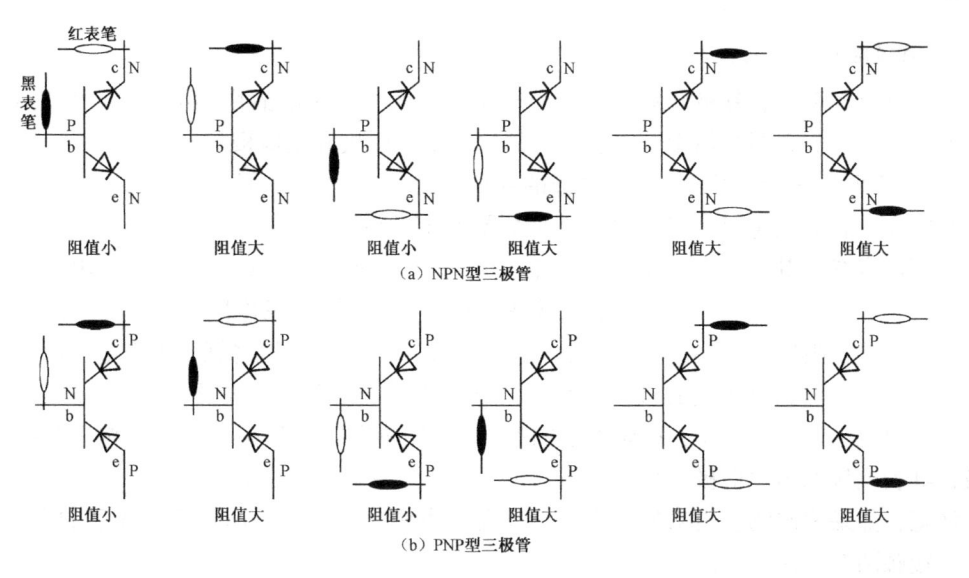

图 6-13 万用表测三极管任意两引脚的 6 种情况

的正向电阻,该阻值小;当黑表笔接 N 端,红表笔接 P 端时,测得是 PN 结的反向电阻,该阻值很大(接近无穷大);当黑、红表笔接得都为 P 端(或都为两个 N 端)时,测得阻值大(两个 PN 结不会导通)。

(2)类型检测

在检测三极管类型时,万用表拨至 R×100 挡或 R×1k 挡,测量三极管任意两脚之间的电阻,当测量出现一次阻值小时,黑表笔接的为 P 极,红表笔接的为 N 极,如图 6-14(a)所示;然后黑表笔不动(即让黑表笔仍接 P 极),将红表笔接到另外一个极,有两种可能:若测得阻值很大,红表笔接的极一定是 P 极,该三极管为 PNP 型,红表笔先前接的极为基极,如图 6-14(b)所示;若测得阻值小,则红表笔接的为 N 极,该三极管为 NPN 型,黑表笔所接为基极。

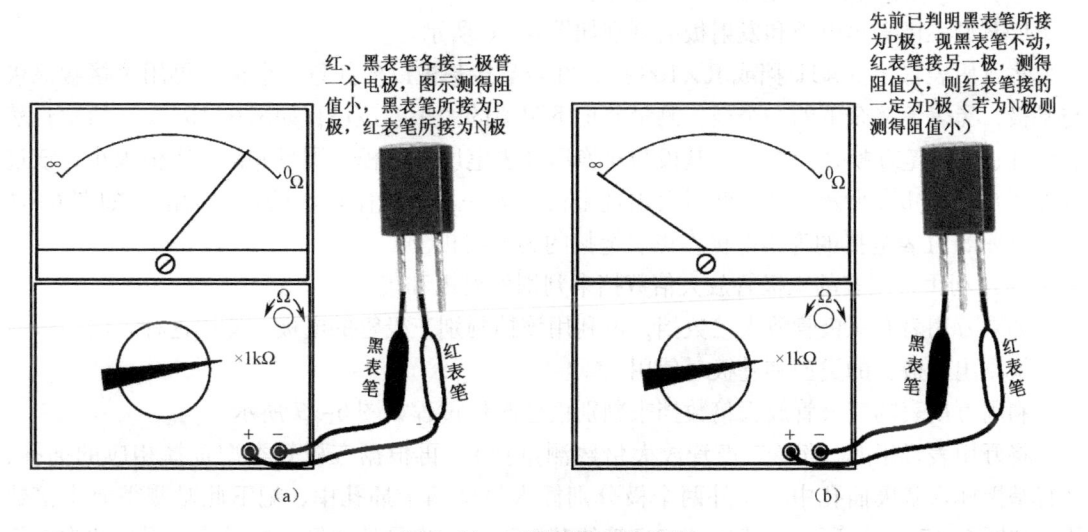

图 6-14 三极管类型的检测

2. 电极检测

三极管有发射极、基极和集电极三个电极，在使用时不能混用，由于在检测类型时已经找出基极，故下面介绍如何用万用表欧姆挡检测出发射极和集电极。

（1）NPN 型三极管集电极和发射极的判别

NPN 型三极管集电极和发射极的判别如图 6-15 所示。

将万用表置于 R×1k 挡或 R×100 挡，黑表笔接基极以外任意一个极，再用手接触该极与基极（手相当于一只电阻，相当于在该极与基极之间接一只电阻），红表笔接另外一个极，测量并记下阻值的大小，该过程如图 6-15（a）所示；然后将红、黑表笔互换，手再捏住基极与对换后黑表笔所接的极，测量并记下阻值大小，该过程如图 6-15（b）所示。两次测量会出现阻值一大一小，以阻值小的那次为准，如图 6-15（a）所示，黑表笔接的为集电极，红表笔接的为发射极。

注意：如果两次测量出来的阻值大小区别不明显，可先将手沾点水，让手的电阻减小，再用手接触两个电极进行测量。

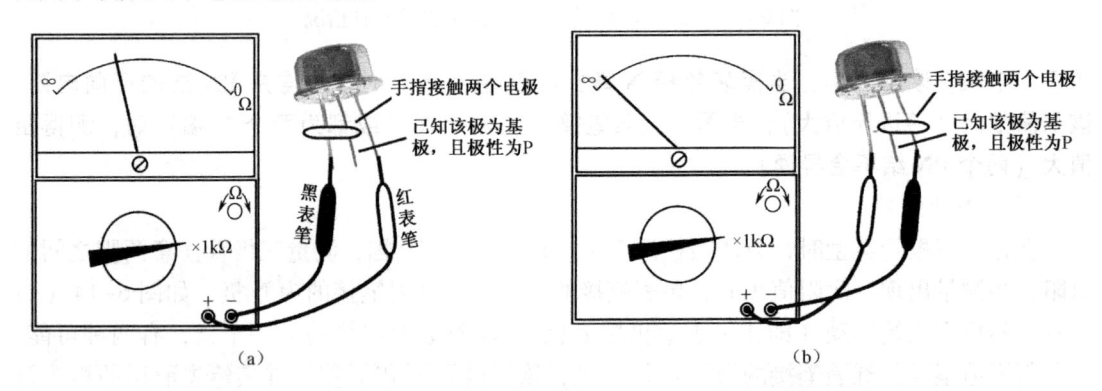

图 6-15　NPN 型三极管的发射极和集电极的判别

（2）PNP 型三极管集电极和发射极的判别

PNP 型三极管集电极和发射极的判别如图 6-16 所示。

将万用表置于 R×1k 挡或 R×100 挡，红表笔接基极以外任意一个极，再用手接触该极与基极，黑表笔接余下的一个极，测量并记下阻值的大小，该过程如图 6-16（a）所示；然后将红、黑表笔互换，手再接触基极与对换后红表笔所接的极，测量并记下阻值大小，该过程如图 6-16（b）所示。两次测量会出现阻值一大一小，以阻值小的那次为准，如图 6-16（a）所示，红表笔接的为集电极，黑表笔接的为发射极。

（3）利用万用表的三极管放大倍数挡来判别发射极和集电极

如果万用表有三极管放大倍数挡，可利用该挡判别三极管的电极，使用这种方法一般应在已检测出三极管的类型和基极时使用。

利用万用表的三极管放大倍数挡来判别极性测量过程如图 6-17 所示。

将万用表置于 h_{FE} 挡（三极管放大倍数测量挡），再根据三极管类型选择相应的插孔，并将基极插入基极插孔中，另外两个极分别插入另外两个插孔中，记下此时测得放大倍数值，如图 6-17（a）所示；然后让三极管的基极不动，将另外两极互换插孔，观察这次测得

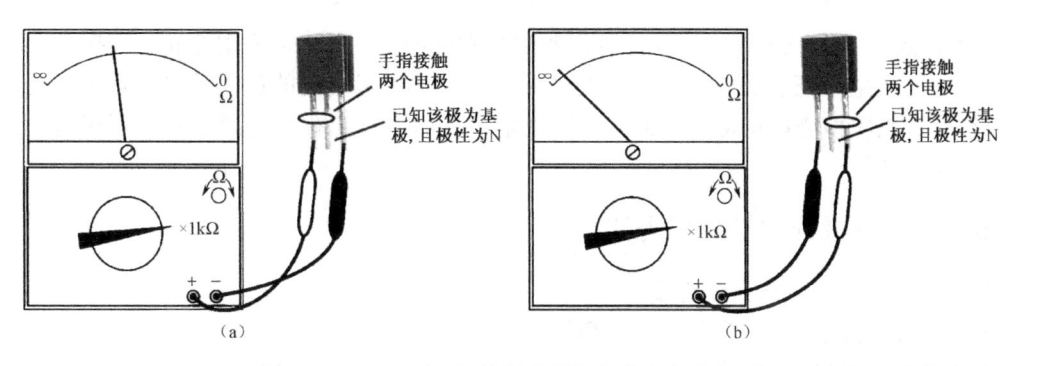

图 6-16　PNP 型三极管的发射极和集电极的判别

放大倍数，如图 6-17（b）。两次测得的放大倍数会出现一大一小，以放大倍数大的那次为准，如图 6-17（b）所示，c 极插孔对应的电极为集电极，e 极插孔对应的电极为发射极。

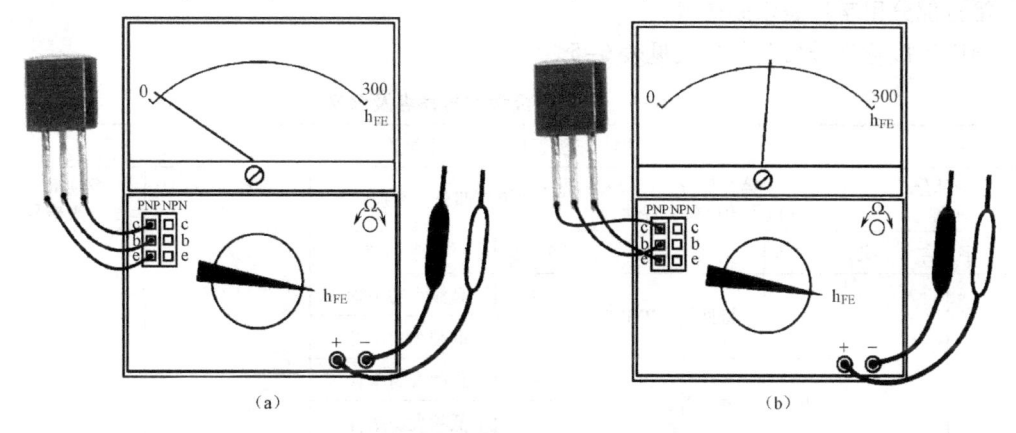

图 6-17　利用万用表的三极管放大倍数挡来判别发射极和集电极

3. 好坏检测

三极管好坏检测具体包括以下内容：

① 测量集电结和发射结的正、反向电阻。

三极管内部有两个 PN 结，任意一个 PN 结损坏，三极管就不能使用，所以三极管检测先要测量两个 PN 结是否正常。检测时万用表拨至 R×100 挡或 R×1k 挡，测量 PNP 型或 NPN 型三极管集电极和基极之间的正、反向电阻（即测量集电结的正、反向电阻），然后再测量发射极与基极之间的正、反向电阻（即测量发射结的正、反向电阻）。正常时，集电结和发射结正向电阻都比较小，为几百欧至几千欧，反向电阻都很大，为几百千欧至无穷大。

② 测量集电极与发射极之间的正、反向电阻。对于 PNP 管，红表笔接集电极，黑表笔接发射极测得为正向电阻，正常为十几千欧至几百千欧（用 R×1k 挡测得），互换表笔测得为反向电阻，与正向电阻阻值相近；对于 NPN 型三极管，黑表笔接集电极，红表笔接发射极，测得为正向电阻，互换表笔测得为反向电阻，正常时正、反向电阻阻值相近，为几百千欧至无穷大。

如果三极管任意一个 PN 结的正、反向电阻不正常，或发射极与集电极之间正、反向电阻不正常，说明三极管损坏。如发射结正、反向电阻阻值均为无穷大，说明发射结开路；集、射之间阻值为 0，说明集射极之间击穿短路。

综上所述，一个三极管的好坏检测需要进行六次测量：其中测发射结正、反向电阻各一次（两次），集电结正、反向电阻各一次（两次）和集射极之间的正、反向电阻各一次（两次）。只有这六次检测都正常才能说明三极管是正常的，只要有一次测量发现不正常，该三极管就不能使用。

6.1.9 三极管型号命名方法

国产三极管型号由五部分组成：

第一部分用数字"3"表示主称三极管。

第二部分用字母表示三极管的材料和极性。

第三部分用字母表示三极管的类别。

第四部分用数字表示同一类型产品的序号。

第五部分用字母表示规格号。

国产三极管型号命名及含义见表6-5。

表6-5 国产三极管型号命名及含义

国产三极管型号命名及含义							
第一部分：主称		第二部分：三极管的材料和特性		第三部分：类别		第四部分：序号	第五部分：规格号
数字	含义	字母	含义	字母	含义		
3	三极管	A	锗材料、PNP型	G	高频小功率管	用数字表示同一类型产品的序号	用字母A或B、C、D等表示同一型号的器件的档次等
				X	低频小功率管		
		B	锗材料、NPN型	A	高频大功率管		
				D	低频大功率管		
		C	硅材料、NPN型	T	闸流管		
				K	开关管		
		D	硅材料、NPN型	V	微波管		
				B	雪崩管		
		E	化合物材料	J	阶跃恢复管		
				U	光敏管（光电管）		
				J	结型场效应晶体管		

6.2 特殊三极管

6.2.1 带阻三极管

1. 外形与符号

带阻三极管是指基极和发射极接有电阻并封装为一体的三极管。带阻三极管常用在电路中作为电子开关。带阻三极管外形和符号如图6-18所示。

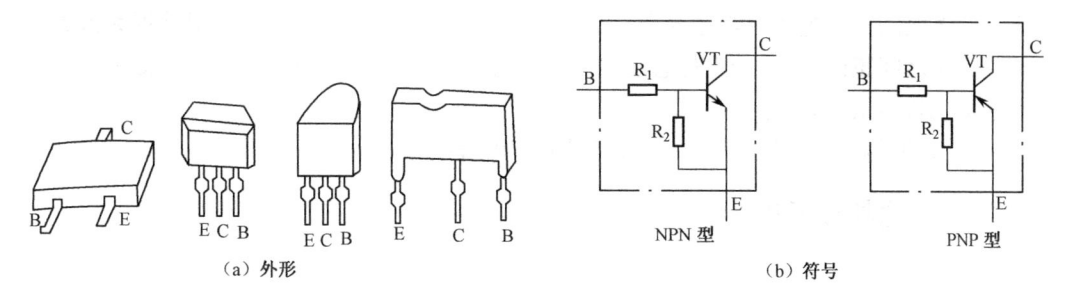

图 6-18 带阻三极管

2. 检测

带阻三极管检测与普通三极管基本类似,但由于内部接有电阻,故检测出来的阻值大小稍有不同。以图6-18(b)中的NPN型带阻三极管为例,检测时万用表选择R×1kΩ挡,测量B、E、C极任意之间的正反电阻,若带阻三极管正常,则有下面的规律:

B、E极之间正反向电阻都比较小(具体大小与R_1、R_2值有关),但B、E极之间的正向电阻(黑表笔接B极,红表笔接E极)会略小一点,因为测正向电阻时发射结会导通。

B、C极之间正向电阻(黑表笔接B极,红表笔接C极)小,反向电阻接近无穷大。

C、E极之间正、反向电阻都接近无穷大。

检测时如果与上述结果不符,则为带阻三极管损坏。

6.2.2 带阻尼三极管

1. 外形与符号

带阻尼三极管是指在集电极和发射极之间接有二极管并封装为一体的三极管。带阻尼三极管功率很大,常用在彩电和电脑显示器的扫描输出电路中。带阻尼三极管外形和符号如图6-19所示。

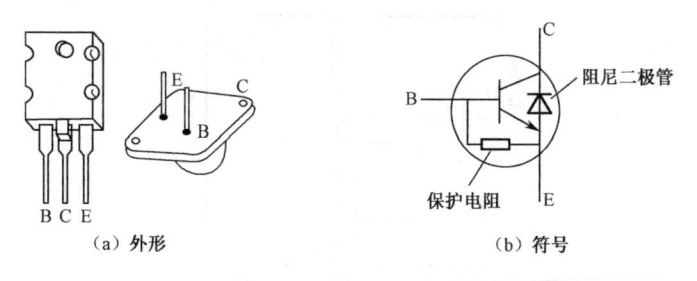

图 6-19 带阻尼三极管

2. 检测

在检测带阻尼三极管时,万用表选择R×1kΩ挡,测量B、E、C极任意之间的正、反向电阻,若带阻尼三极管正常,则有下面的规律:

B、E极之间正、反向电阻都比较小,但B、E极之间的正向电阻(黑表笔接B极,红表笔接 E 极) 会略小一点。

B、C 极之间正向电阻 (黑表笔接 B 极, 红表笔接 C 极) 小, 反向电阻接近无穷大。

C、E 极之间正向电阻 (黑表笔接 C 极, 红表笔接 E 极) 接近无穷大, 反向电阻很小 (因为阻尼二极管会导通)。

检测时如果与上述结果不符, 则为带阻尼三极管损坏。

6.2.3 达林顿三极管

1. 外形与符号

达林顿三极管又称复合三极管, 它是由两只或两只以上三极管组成并封装为一体的三极管。达林顿三极管外形如图 6-20 (a) 所示, 图 6-20 (b) 是两种常见的达林顿三极管符号。

(a) 达林顿三极管外形　　(b) 达林顿三极管符号

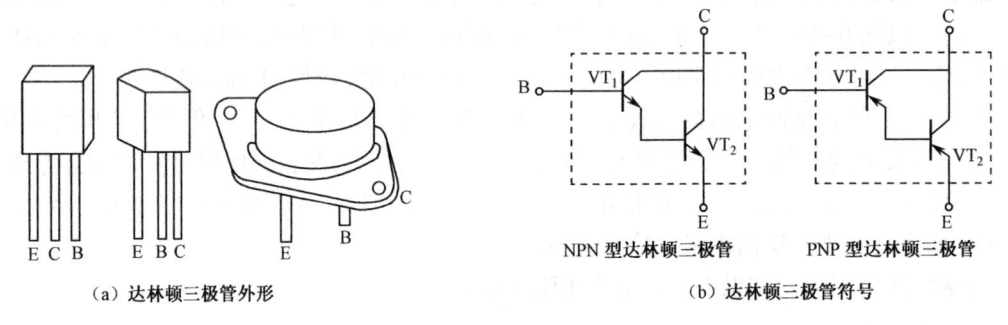

图 6-20　达林顿三极管

2. 工作原理

与普通三极管一样, 达林顿三极管也需要给各极提供电压, 让各极有电流流过, 才能正常工作。达林顿三极管具有放大倍数高、热稳定性好和简化放大电路等优点。图 6-21 是一种典型的达林顿三极管偏置电路。

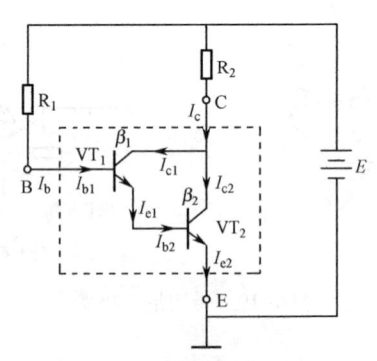

图 6-21　达林顿三极管偏置电路

接通电源后, 达林顿三极管 C、B、E 极得到供电, 内部的 VT_1、VT_2 均导通, VT1 的 I_{b1}、I_{c1}、I_{e1} 电流和 VT_2 的 I_{b2}、I_{c2}、I_{e2} 电流途径见图中箭头所示。达林顿三极管的放大倍数 β

与 VT$_1$、VT$_2$ 的放大倍数 β_1、β_2 有如下关系：

$$\beta = \frac{I_c}{I_b} = \frac{I_{c1} + I_{c2}}{I_{b1}} = \frac{\beta_1 \cdot I_{b1} + \beta_2 \cdot I_{b2}}{I_{b1}}$$

$$= \frac{\beta_1 \cdot I_{b1} + \beta_2 \cdot I_{e1}}{I_{b1}}$$

$$= \frac{\beta_1 \cdot I_{b1} + \beta_2(I_{b1} + \beta_1 \cdot I_{b1})}{I_{b1}}$$

$$= \frac{\beta_1 \cdot I_{b1} + \beta_2 \cdot I_{b1} + \beta_2\beta_1 \cdot I_{b1}}{I_{b1}}$$

$$= \beta_1 + \beta_2 + \beta_2\beta_1$$

$$\approx \beta_2\beta_1$$

即达林顿三极管的放大倍数为

$$\beta = \beta_1 \cdot \beta_2 \cdot \cdots \cdot \beta_n$$

3. 检测

以检测图 6-20（b）所示的 NPN 型达林顿三极管为例，在检测时，万用表选择 R×10kΩ 挡，测量 B、E、C 极任意之间的正反向电阻，若达林顿三极管正常，则有下面的规律：

B、E 极之间正向电阻（黑表笔接 B 极，红表笔接 E 极）小，反向电阻接近无穷大。

B、C 极之间正向电阻（黑表笔接 B 极，红表笔接 C 极）小，反向电阻接近无穷大。

C、E 极之间正、反向电阻都接近无穷大。

检测时如果与上述结果不符，则为达林顿三极管损坏。

第 7 章

晶 闸 管

问：老师，晶闸管有什么功能？

答：晶闸管是一种半导体器件，在电路中主要用作电子开关使用。

晶闸管种类很多，其中单向晶闸管和双向晶闸管使用最为广泛。

7.1 单向晶闸管

7.1.1 基础知识

单向晶闸管又称为可控硅，它有三个电极，分别是阳极（A）、阴极（K）和门极（G）。图 7-1（a）是一些常见的单向晶闸管的实物外形，图 7-1（b）为单向晶闸管的图形符号。

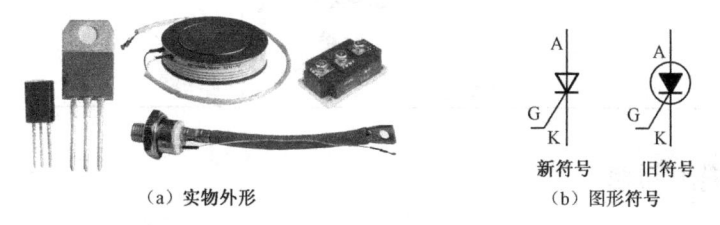

（a）实物外形　　（b）图形符号

图 7-1　单向晶闸管

7.1.2 实验演示

在学习单向晶闸管更多知识前，先来看看表 7-1 中的三个实验。

表 7-1　单向晶闸管实验

实验编号	实 验 图	实 验 说 明
实验一	图 7-2（a）	在左图实验中，将单向晶闸管的 K 极与电源负极连接，A 极接灯泡一个电极，G 极悬空，然后按下开关，发现灯泡不亮
实验二	图 7-2（b）	在左图实验中，单向晶闸管的 K 极和 A 极在电路中的连接方式与实验一相同，再将一个电源的负极接 K 极，正极通过一只电阻器接 G 极，按下开关，发现灯泡变亮

续表

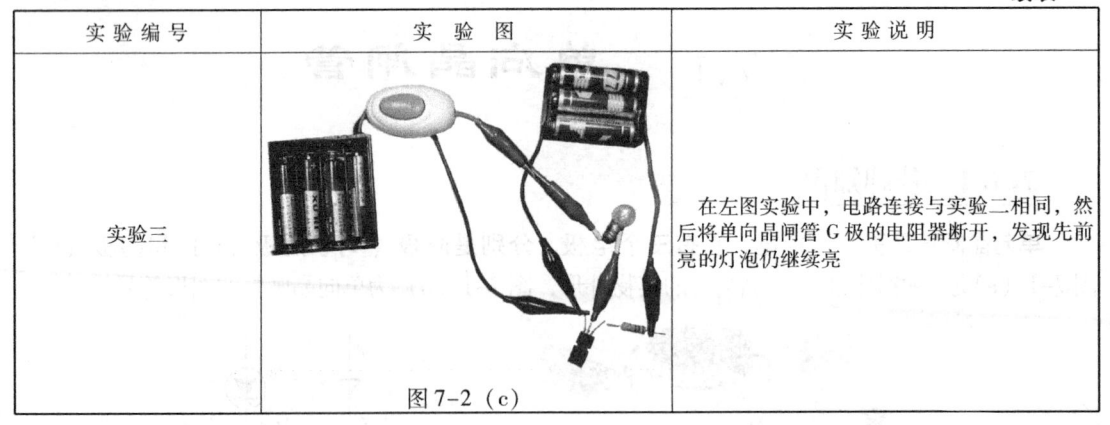

实验编号	实 验 图	实验说明
实验三	图7-2（c）	在左图实验中，电路连接与实验二相同，然后将单向晶闸管G极的电阻器断开，发现先前亮的灯泡仍继续亮

7.1.3 提出问题

看完表7-1中的实验，让我们带着如下几个问题，进入后续阶段的学习。

1. 画出图7-2（a）、(b)、(c) 实验电路的电路图。

2. 思考：①在图7-2（a）中，灯泡为什么不亮？②在图7-2（b）中，为什么在单向晶闸管的G、K极之间加一正向电压时，灯泡会亮？③在图7-2（c）中，为什么断开单向晶闸管的G极电压后灯泡不会熄灭？

7.1.4 性质

单向晶闸管在电路中主要用作电子开关，下面以图7-3所示的电路来说明单向晶闸管的性质。

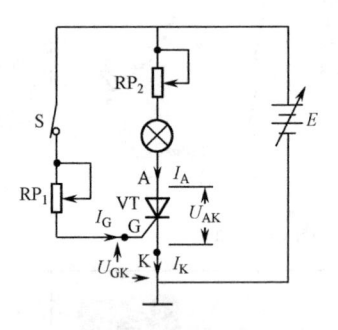

图7-3 单向晶闸管的性质

在图7-3中，当闭合开关S时，电源正极电压通过开关S、电位器RP_1加到单向晶闸管VT的G极，有电流I_G流入VT的G极，VT的A、K极之间马上被触发导通，电源正极输出的电流经RP_2、灯泡流入VT的A极，该I_A电流与G极流入的电流I_G汇合形成I_K电流从K极输出，回到电源的负极。I_A电流远大于I_G电流，很大的电流I_A流过灯泡，灯泡亮。

给单向晶闸管G极提供电压，让I_G电流流入G极，单向晶闸管A、K极之间马上导通，这种现象称为单向晶闸管的触发导通。

单向晶闸管导通后，如果调节RP_1的大小，流入单向晶闸管G极的I_G电流会改变，但流入 A 极的电流 I_A 大小基本不变,灯泡亮度不会发生变化,如果断开 S,切断单向晶闸管的 I_G 电流,单向晶闸管 A、K 极之间仍处于导通状态,I_A 电流继续流过单向晶闸管,灯泡仍亮。

也就是说,当单向晶闸管导通后,撤去 G 极电压或改变 G 极电流均无法使单向晶闸管 A、K 极之间关断。

要使导通的单向晶闸管截止(A、K 极之间关断),可在撤去 G 极电压的前提下采用两种方法:一是将 RP_2 的阻值调大,减小 I_A 电流,当 I_A 电流减小到某一值(维持电流)时,单向晶闸管会马上截止;二是将单向晶闸管 A、K 极之间的电压减小到 0 或将 A、K 极之间的电压反向,单向晶闸管也会阻断,如将 I_A 电流调到 0 或调换电源正负极。

综上所述,单向晶闸管有以下性质:

① 无论 A、K 极之间加什么电压,只要 G、K 极之间没有加正向电压,单向晶闸管就无法导通。

② 只有 A、K 极之间加正向电压,并且 G、K 极之间也加一定的正向电压,单向晶闸管才能导通。

③ 单向晶闸管导通后,撤掉 G、K 极之间的正向电压后单向晶闸管仍继续导通;要让导通的单向晶闸管截止,可采用两种方法:一是让流入单向晶闸管 A 极的电流减小到小于某一值 I_H(维持电流);二是让 A、K 极之间的正向电压 U_{AK} 减小到 0 或加反向电压。

7.1.5 主要参数

单向晶闸管的主要参数见表 7-2。

表 7-2 单向晶闸管的主要参数

主要参数	说 明
正向断态重复峰值电压 U_{DRM}	正向断态重复峰值电压是指在 G 极开路和单向晶闸管阻断的条件下,允许重复加到 A、K 极之间的最大正向峰值电压。一般所说电压为多少伏的单向晶闸管指的就是该值
反向重复峰值电压 U_{RRM}	反向重复峰值电压是指在 G 极开路,允许加到单向晶闸管 A、K 极之间的最大反向峰值电压。一般 U_{RRM} 与 U_{DRM} 接近或相等
控制极触发电压 U_{GT}	在室温条件下,A、K 极之间加 6V 电压时,使单向晶闸管从截止转为导通所需最小控制极直流电压
控制极触发电流 I_{GT}	在室温条件下,A、K 极之间加 6V 电压时,使单向晶闸管从截止变为导通所需的控制极最小直流电流
通态平均电流 I_T	通态平均电流又称额定态平均电流,是指在环境温度不大于 40℃和标准的散热条件下,可以连续通过 50Hz 正弦波电流的平均值
维持电流 I_H	维持电流是指在 G 极开路时,维持单向晶闸管继续导通的最小正向电流

7.1.6 检测

单向晶闸管的检测包括极性检测、好坏检测和触发能力的检测。单向晶闸管的检测见表 7-3。

表 7-3 单向晶闸管的检测

目 的	检 测 说 明	测 量 图
极性检测	单向晶闸管有 A、G、K 三个电极，三者不能混用，在使用单向晶闸管前要先检测出各个电极。单向晶闸管的 G、K 极之间有一个 PN 结，它具有单向导电性（即正向电阻小、反向电阻大），而 A、K 极与 A、G 极之间的正反向电阻都是很大的。根据这个原则，可采用下面的方法来判别单向晶闸管的电极： 万用表拨至 R×100Ω 挡或 R×1kΩ 挡，测量任意两个电极之间的阻值，当测量出现阻值小时，以这次测量为准，如右图所示，黑表笔接的电极为 G 极，红表笔接的电极为 K 极，剩下的一个电极为 A 极。	
好坏检测	正常的单向晶闸管除了 G、K 极之间的正向电阻小、反向电阻大外，其他各极之间的正、反向电阻均接近无穷大。在检测单向晶闸管时，将万用表拨至 R×1kΩ 挡，测量单向晶闸管任意两极之间的正、反向电阻。 若出现两次或两次以上阻值小，说明单向晶闸管内部有短路。 若 G、K 极之间的正、反向电阻均为无穷大，说明单向晶闸管 G、K 极之间开路。 若测量时只出现一次阻值小，并不能确定单向晶闸管一定正常（如 G、K 极之间正常，A、G 极之间出现开路），在这种情况下，需要进一步测量单向晶闸管的触发能力	
触发能力检测	检测单向晶闸管的触发能力实际上就是检测 G 极控制 A、K 极之间导通的能力。单向晶闸管触发能力检测过程如右图所示，测量过程说明如下： 将万用表拨至 R×1Ω 挡，测量单向晶闸管 A、K 极之间的正向电阻（黑表笔接 A 极，红表笔接 K 极），A、K 极之间的阻值正常接近无穷大，然后用一根导线将 A、G 极之间短路，为 G 极提供触发电压，如果单向晶闸管良好，A、K 极之间应导通，A、K 极之间的阻值马上变小，再将导线移开，让 G 极失去触发电压，此时单向晶闸管还应处于导通状态，A、K 极之间阻值仍应很小。 在上面的检测中，若导线短路 A、G 极前后，A、K 极之间的阻值变化不大，说明 G 极失去触发能力，单向晶闸管损坏；若移开导线后，单向晶闸管 A、K 极之间阻值又变大，则为单向晶闸管开路（注：即使单向晶闸管正常，如果使用万用表高阻挡测量，由于在高阻挡时万用表提供给单向晶闸管的维持电流比较小，有可能不足以维持单向晶闸管继续导通，也会出现移开导线后 A、K 极之间阻值变大，为了避免检测判断失误，应采用 R×1Ω 挡或 R×10Ω 挡测量）	

7.1.7 晶闸管型号命名方法

国产晶闸管的型号命名主要由下面四部分组成：

第一部分用字母"K"表示主称为晶闸管。

第二部分用字母表示晶闸管的类别。

第三部分用数字表示晶闸管的额定通态电流值。

第四部分用数字表示重复峰值电压级数。

国产晶闸管型号命名及含义见表 7-4。

表 7-4　国产晶闸管型号命名及含义

第一部分：主称		第二部分：类别		第三部分：额定通态电流		第四部分：重复峰值电压级数	
字母	含义	字母	含义	数字	含义	数字	含义
K	晶闸管（可控硅）	P	普通反向阻断型	1	1A	1	100V
				5	5A	2	200V
				10	10A	3	300V
				20	20A	4	400V
		K	快速反向阻断型	30	30A	5	500V
				50	50A	6	600V
				100	100A	7	700V
				200	200A	8	800V
		S	双向型	300	300A	9	900V
				400	400A	10	1000V
				500	500A	12	1200V
						14	1400V

例如：

KP1-2（1A 200V 普通反向阻断型晶闸管）	KS5-4（5A 400V 双向晶闸管）
K——晶闸管	K——晶闸管
P——普通反向阻断型	S——双向型
1——通态电流 1A	5——通态电流 5A
2——重复峰值电压 200V	4——重复峰值电压 400V

7.2 双向晶闸管

7.2.1 符号与结构

双向晶闸管的图形符号与结构如图 7-4 所示，双向晶闸管有三个电极：主电极 T1、主电极 T2 和控制极 G。

7.2.2 工作原理

单向晶闸管只能单向导通，而双向晶闸管可以双向导通。下面以图 7-5 来说明双向晶闸管的工作原理。

① 当 T_2、T_1 极之间加正向电压（即 $U_{T2} > U_{T1}$）时，如图 7-5（a）所示。在这种情况下，若 G 极无电压，则 T_2、T_1 极之间不导通；若在 G、T_1 极之间加正向电

压（即 $U_G > U_{T1}$），T_2、T_1 极之间马上导通，电流由 T_2 极流入，从 T_1 极流出，此时撤去 G 极电压，T_2、T_1 极之间仍处于导通状态。

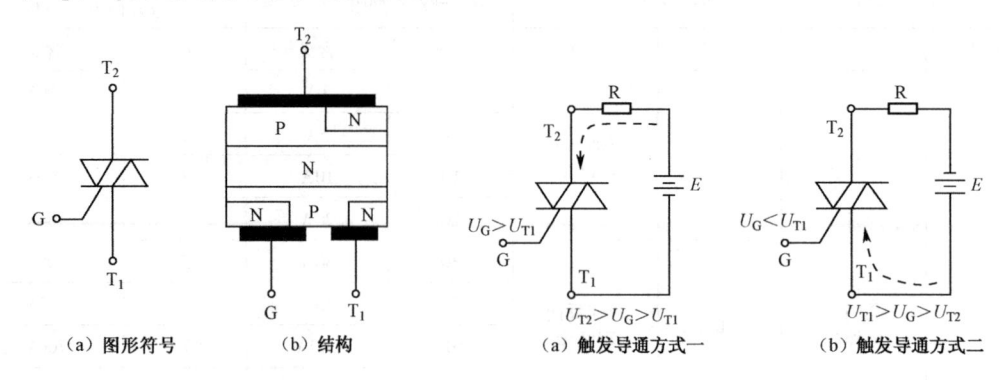

图 7-4　双向晶闸管

图 7-5　双向晶闸管的两种触发导通方式

也就是说，当 $U_{T2} > U_G > U_{T1}$ 时，双向晶闸管导通，电流由 T_2 极流向 T_1 极，撤去 G 极电压后，晶闸管继续处于导通状态。

② 当 T_2、T_1 极之间加反向电压（即 $U_{T2} < U_{T1}$）时，如图 7-5（b）所示。

在这种情况下，若 G 极无电压，则 T_2、T_1 极之间不导通；若在 G、T_1 极之间加反向电压（即 $U_G < U_{T1}$），T_2、T_1 极之间马上导通，电流由 T_1 极流入，从 T_2 极流出，此时撤去 G 极电压，T_2、T_1 极之间仍处于导通状态。

也就是说，当 $U_{T1} > U_G > U_{T2}$ 时，双向晶闸管导通，电流由 T_1 极流向 T_2 极，撤去 G 极电压后，晶闸管继续处于导通状态。

双向晶闸管导通后，撤去 G 极电压，会继续处于导通状态，在这种情况下，要使双向晶闸管由导通状态进入截止状态，可采用以下任意一种方法：

① 让流过主电极 T_1、T_2 的电流减小至维持电流以下。

② 让主电极 T_1、T_2 之间电压为 0 或改变两极间电压的极性。

7.2.3　检测

双向晶闸管检测包括电极检测、好坏检测和触发能力检测。

1. 电极检测

双向晶闸管电极检测分两步：

第一步：找出 T_2 极。从图 7-4 所示的双向晶闸管内部结构可以看出，T_1、G 极之间为 P 型半导体，而 P 型半导体的电阻很小，约几十欧姆，而 T_2 极距离 G 极和 T_1 极都较远，故它们之间的正反向阻值都接近无穷大。在检测时，万用表拨至 R×1 Ω 挡，测量任意两个电极之间的正反向电阻，当测得某两个极之间的正反向电阻均很小（约几十欧姆），则这两个极为 T_1 和 G 极，另一个电极为 T_2 极。

第二步：判断 T_1 极和 G 极。找出双向晶闸管的 T_2 极后，才能判断 T_1 极和 G 极。在测量时，万用表拨至 R×10 Ω 挡，先假定一个电极为 T_1 极，另一个电极为 G 极，将黑表笔接假定的 T_1 极，红表笔接 T_2 极，测量的阻值应为无穷大。接着用红表笔尖把 T_2 极与 G 极短路，如图 7-6 所示，给 G 极加上负触发信号，阻值应为几十欧左右，说明管子已经导通，再将红表笔尖与 G 极脱开（但仍接 T_2），如果阻值变化不大，仍很小，表明管子在触发之后仍能维持导通状态，先前的假设正确，即黑表笔接的电极为 T_1 极，红表笔接的为 T_2 极（先前已判明），另一个电极为 G 极。如果红表笔尖与 G 极脱开后，阻值马上由小变为无穷大，说明先前假设错误，即先前假定的 T_1 极实为 G 极，假定的 G 极实为 T_1 极。

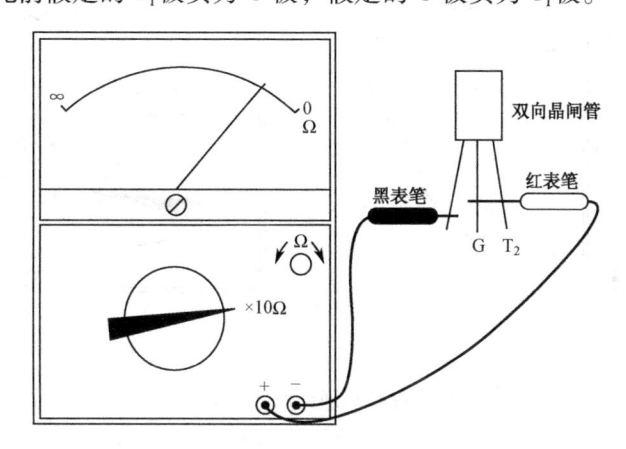

图 7-6　检测双向晶闸管的 T_1 极和 G 极

2. 好坏检测

正常的双向晶闸管除了 T_1、G 极之间的正反向电阻较小外，T_1、T_2 极和 T_2、G 极之间的正反向电阻均接近无穷大。双向晶闸管好坏检测分两步：

第一步：测量双向晶闸管 T_1、G 极之间的电阻。将万用表拨至 R×10 Ω 挡，测量晶闸管 T_1、G 极之间的正反向电阻，正常时正反向电阻都很小，约几十欧姆；若正反向电阻均为 0，则 T_1、G 极之间短路；若正反向电阻均为无穷大，则 T_1、G 极之间开路。

第二步：测量 T_2、G 极和 T_2、T_1 极之间的正反向电阻。将万用表拨至 R×1k Ω 挡，测量晶闸管 T_2、G 极和 T_2、T_1 极之间的正反向电阻，正常时它们之间的电阻均接近无穷大，若某两极之间出现阻值小，表明它们之间有短路。

如果检测时发现 T_1、G 极之间的正反向电阻小，T_1、T_2 极和 T_2、G 极之间的正反向电阻均接近无穷大，不能说明双向晶闸管一定正常，还应检测它的触发能力。

3. 触发能力检测

双向晶闸管触发能力检测分两步：

第一步：万用表拨至 R×10 Ω 挡，红表笔接 T_1 极，黑表笔接 T_2 极，测量的阻值应为无穷大，再用导线将 T_1 极与 G 极短路，如图 7-7（a）所示，给 G 极加上触发信号，若晶闸管触发能力正常，晶闸管马上导通，T_1、T_2 极之间的阻值应为几十欧左右，移开导线后，晶闸管仍维持导通状态。

第二步：万用表拨至 R×10 Ω 挡，黑表笔接 T_1 极，红表笔接 T_2 极，测量的阻值应为无穷大，再用导线将 T_2 极与 G 极短路，如图 7-7（b）所示，给 G 极加上触发信号，若晶闸管触发能力正常，晶闸管马上导通，T_1、T_2 极之间的阻值应为几十欧左右，移开导线后，晶闸管维持导通状态。

对双向晶闸管进行两步测量后，若测量结果都表现正常，说明晶闸管触发能力正常，否则晶闸管损坏或性能不良。

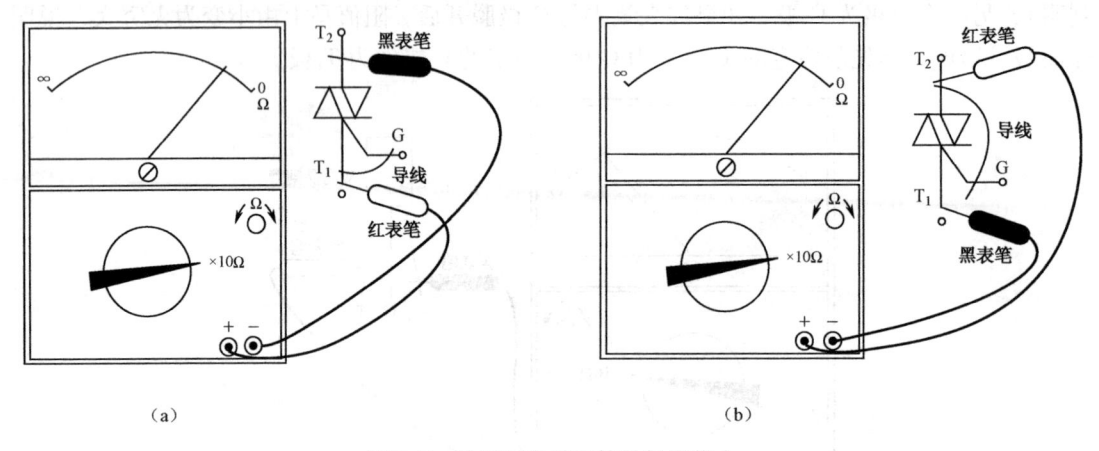

（a） （b）

图 7-7 检测双向晶闸管的触发能力

第8章

场效应管与 IGBT

问： 老师，听说场效应管的性质与三极管相似，是这样的吗？

答： 是的，场效应管与三极管一样，都可以放大信号，也可当做电子开关使用，两者的主要区别在于：三极管用于放大信号电流，而场效应管用于放大信号电压。

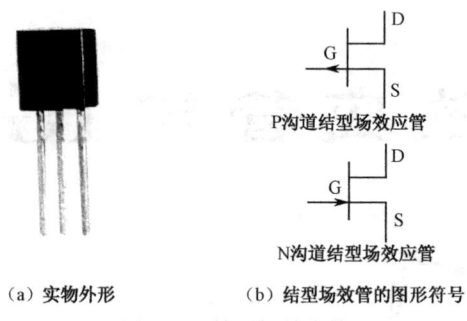

8.1 结型场效应管

8.1.1 基础知识

结型场效应管与三极管一样，具有放大能力。结型场效应管有漏极（D）、栅极（G）和源极（S）。图 8-1（a）是一些常见的结型场效应管的实物外形，图 8-1（b）为场应管的图形符号。

(a) 实物外形　　　　(b) 结型场效管的图形符号

图 8-1　结型场效应管

8.1.2 实验演示

在学习结型场效应管更多知识前，先来看看表 8-1 中的两个实验。

表 8-1　结型场效应管实验

实验编号	实 验 图	实 验 说 明
实验一	图 8-2（a）	在左图实验中，将 N 沟道结型场效应管的 D 极与指示灯连接，S 极与电源负极连接，G 极悬空，然后按下开关，发现指示灯会亮
实验二	图 8-2（b）	在左图实验中，N 沟道结型场效应管的 D 极、S 极与电路连接与实验一相同，再将另一个电源负极接结型场效应管的 G 极，正极接 S 极，发现指示灯熄灭

8.1.3 提出问题

看完表 8-1 中的实验，让我们带着如下几个问题，进入后续阶段的学习。

1. 画出图 8-2（a）、（b）实验电路的电路图。
2. 思考：①在图 8-2（a）中，指示灯为什么会亮？②在图 8-2（b）中，为什么在结型场效应管 G、S 极之间加反向电压指示灯会熄灭？

8.1.4 结构与工作原理

1. 结构

与三极管一样，结型场效应管也是由 P 型半导体和 N 型半导体组成。两种沟道的结型场效应管结构如图 8-3 所示。

（a）N 沟道　　（b）P 沟道　　（c）D、S 极之间加有电压

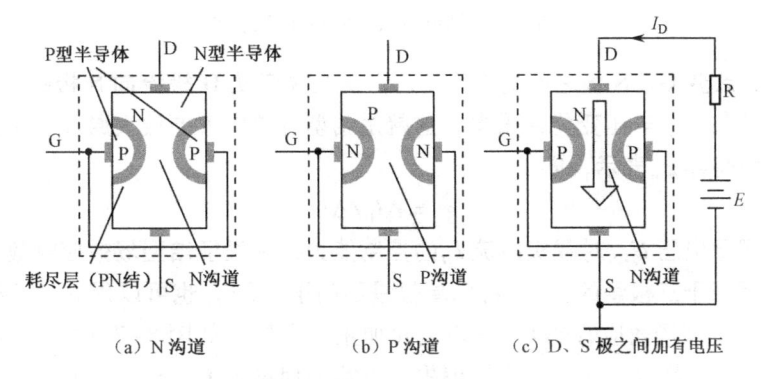

图 8-3　结型场效应管的结构

图 8-3（a）为 N 沟道结型场效应管的结构图，从图中可以看出，结型场效应管内部有两块 P 型半导体，它们通过导线相连起来，再引出一个电极，该电极称栅极 G，两块 P 型半导体以外的部分均为 N 型半导体，在 P 型半导体与 N 型半导体交界处形成两个耗尽层（即 PN 结），耗尽层中间区域为沟道，由于沟道由 N 型半导体构成，所以称为 N 沟道，漏极 D 与源极 S 分别接在沟道两端。

图 8-3（b）为 P 沟道结型场效应管的结构图，P 沟道结型场效应管内部有两块 N 型半导体，栅极 G 与它们连接，两块 N 型半导体与邻近的 P 型半导体在交界处形成两个耗尽层，耗尽层中间区域为 P 沟道。

如果在结型场效应管 D、S 极之间加电压，如图 8-3（c）所示，电源正极输出的电流就会由结型场效应管 D 极流入，在内部通过沟道从 S 极流出，回到电源的负极。结型场效应管流过电流的大小与沟道的宽窄有关，沟道越宽，能通过的电流越大。

2. 工作原理

结型场效应管在电路中主要用作放大信号电压。下面通过图 8-4 来说明结型场效应管的工作原理。

在图 8-4 虚线框内为 N 沟道结型场效应管结构图。当在 D、S 极之间加上正向电压 U_{DS}，会有电流从 D 极流向 S 极，若再在 G、S 极之间加上反向电压 U_{GS}（P 型半导体接低电位，N

型半导体接高电位）时，结型场效应管内部的两个耗尽层变厚，沟道变窄，由 D 极流向 S 极的电流 I_D 就会变小，反向电压越高，沟道越窄，I_D 电流越小。

（a）G、S 极之间加反向电压　　　　　（b）G、S 极之间加正向电压

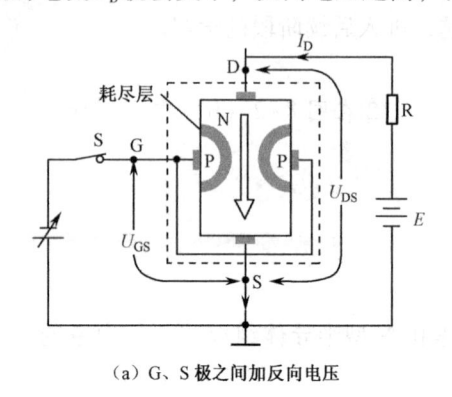

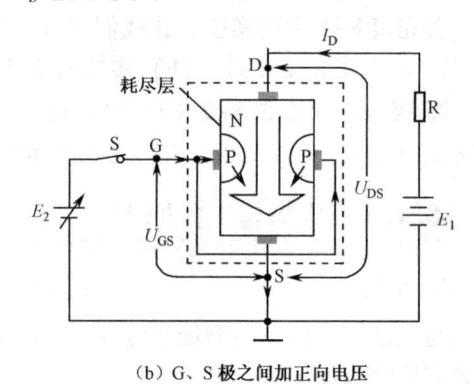

图 8-4　结型场效应管的工作原理

由此可见，改变 G、S 极之间的电压 U_{GS}，就能改变从 D 极流向 S 极的电流 I_D 的大小，并且 I_D 电流变化较 U_{GS} 电压变化大得多，这就是结型场效应管的放大原理。结型场效应管的放大能力大小用跨导 g_m 表示，即

$$g_m = \Delta I_D / \Delta U$$

g_m 反映了栅源电压 U_{GS} 对漏极电流 I_D 的控制能力，是表征结型场效应管放大能力的一个重要的参数（相当于三极管的 β），g_m 的单位是西门子（S），也可以用 A/V 表示。

若给 N 沟道结型场效应管的 G、S 极之间加正向电压，如图 8-7（b）所示，结型场效应管内部两个耗尽层都会导通，耗尽层消失，不管如何增大 G、S 间的正向电压，沟道宽度都不变，I_D 电流也不变化。也就是说，当给 N 沟道结型场效应管 G、S 极之间加正向电压时，无法控制 I_D 电流变化。

在正常工作时，N 沟道结型场效应管 G、S 极之间应加反向电压，即 $U_G < U_S$，$U_{GS} = U_G - U_S$ 为负压；P 沟道结型场效应管 G、S 极之间应加正向电压，即 $U_G > U_S$，$U_{GS} = U_G - U_S$ 为正压。

8.1.5　主要参数

结型场效应管的主要参数见表 8-2。

表 8-2　结型场效应管的主要参数

主要参数	说　　明
跨导 g_m	跨导是指当 U_{DS} 为某一定值时，I_D 电流的变化量与 U_{GS} 电压变化量的比值，即 $g_m = \Delta I_D / \Delta U$ 跨导反映了栅-源电压对漏极电流的控制能力
夹断电压 U_P	夹断电压是指当 U_{DS} 为某一定值，让 I_D 电流减小到近似为 0 时的 U_{GS} 电压值
饱和漏极电流 I_{DSS}	饱和漏极电流是指当 $U_{GS}=0$ 且 $U_{DS} > U_P$ 时的漏极电流
最大漏-源电压 U_{DS}	最大漏-源电压是指漏极与源极之间的最大反向击穿电压，即当 I_D 急剧增大时的 U_{DS} 值

8.1.6 检测

结型场效应管的检测包括类型及极性检测、放大能力检测和好坏检测。

1. 类型与电极的检测

结型场效应管的源极和漏极在制造工艺上是对称的,故两极可互换使用,并不影响正常工作,所以一般不判别漏极和源极(漏源之间的正反向电阻相等,均为几十至几千欧姆),只判断栅极和沟道的类型。

在判断栅极和沟道的类型前,首先要了解几点:

① 与 D、S 极连接的半导体类型总是相同的(要么都是 P 型,或者都是 N 型),如图 8-3 所示,D、S 极之间的正反向电阻相等并且比较小。

② G 极连接的半导体类型与 D、S 极连接的半导体类型总是不同的,如 G 极连接的为 P 型时,D、S 极连接的肯定是 N 型。

③ G 极与 D、S 极之间有 PN 结,PN 结的正向电阻小、反向电阻大。

结型场效应管栅极与沟道的类型判别方法是:万用表拨 R×100 挡,测量结型场效应管任意两极之间的电阻,正反各测量一次,两次测量阻值有以下情况:

若两次测得阻值相同或相近,则这两极是 D、S 极,剩下的极为栅极,然后红表笔不动,黑表笔接触已判断出的 G 极。如果阻值很大,此测得为 PN 结的反向电阻,黑表笔接的应为 N,红表笔接的为 P,由于前面测量已确定黑表笔接的是 G 极,而现测量又确定 G 极为 N,故沟道应为 P,所以该管子为 P 沟道结型场效应管;如果测得阻值小,则为 N 沟道结型场效应管。

若两次测量阻值一大一小,以阻值小的那次为准,红表笔不动,黑表笔接另一个极。如果阻值仍小,并且与黑表笔换极前测得的阻值相等或相近,则红表笔接的为栅极,该管子为 N 沟道结型场效应管;如果测得的阻值与黑表笔换极前测得的阻值有较大差距,则黑表笔换极前接的极为栅极,该管子为 P 沟道结型场效应管。

2. 放大能力的检测

万用表没有专门测量结型场效应管跨导的挡位,所以无法准确检测结型场效应管放大能力,但可用万用表大致估计放大能力大小。结型场效应管放大能力估测方法如图 8-5 所示。

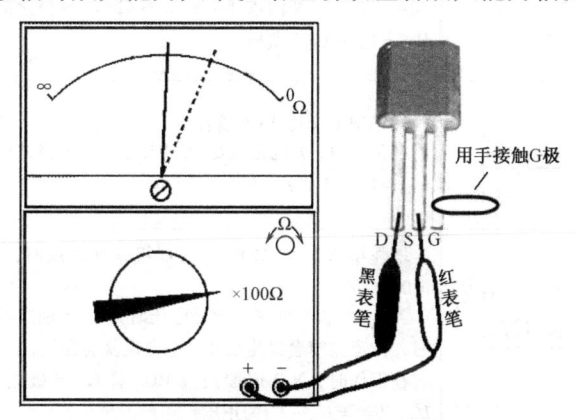

图 8-5 结型场效应管放大能力的估测方法

万用表拨至 R×100Ω 挡，红表笔接源极 S，黑表笔接漏极 D，由于测量阻值时万用表内接 1.5V 电池，这样相当于给结型场效应管 D、S 极加上一个正向电压，然后用手接触栅极 G，将人体的感应电压作为输入信号加到栅极上。由于结型场效应管放大作用，表针会摆动（I_D 电流变化引起），表针摆动幅度越大（不论向左或向右摆动均正常），表明结型场效应管放大能力越大，若表针不动说明已经损坏。

3. 好坏检测

结型场效应管的好坏检测包括漏源极之间的正反向电阻、栅漏极之间的正反电阻和栅源之间的正反向电阻。这些检测共有六步，只有每步检测都通过才能确定结型场效应管是正常的。

在检测漏源之间的正、反向电阻时，万用表置于 R×10Ω 挡或 R×100Ω 挡，测量漏源之间的正反向电阻，正常阻值应相等或相近，且在几十至几千欧（不同型号有所不同）。若超出这个阻值范围，则可能是漏源之间短路、开路或性能不良。

在检测栅漏极或栅源极之间的正、反向电阻时，万用表置于 R×1kΩ 挡，测量栅漏或栅源之间的正、反向电阻，正常时正向电阻小，反向电阻无穷大或接近无穷大。若不符合，则可能是栅漏极或栅源之间短路、开路或性能不良。

8.1.7 种类

场效应管种类很多，除了前面介绍的结型场效应管（JFET）外，常见的还有**绝缘栅型场效应管**，又称 **MOS 管**，MOS 管又分为耗尽型和增强型，每种类型又分 P 沟道和 N 沟道。常见的绝缘栅型场效应管的图形符号及特点见表 8-3。

表 8-3 常见绝缘栅型场效应管的图形符号及特点

种 类	符 号	特 点
耗尽型 N 沟道 MOS 管		耗尽型 N 沟道 MOS 管在 G 极未加电压时，内部就有沟道存在，只要 D、S 极之间加电压就有 I_D 电流流过沟道。 当 G、S 极之间加上负电压 U_{GS} 时，如果 U_{GS} 电压变化，沟道宽窄会发生变化，I_D 电流就会变化。 在工作时，N 沟道耗尽型 MOS 管 G、S 极之间应加负电压，即 $U_G < U_S$，$U_{GS} = U_G - U_S$ 为负压
耗尽型 P 沟道 MOS 管		耗尽型 P 沟道 MOS 管在 G 极未加电压时，内部也有沟道存在。 在工作时，P 沟道耗尽型 MOS 管 G、S 极之间应加正电压，即 $U_G > U_S$，$U_{GS} = U_G - U_S$ 为正压
增强型 N 沟道 MOS 管		增强型 N 沟道 MOS 管在 G 极未加电压时，D、S 极之间没有沟道，$I_D = 0$。 当 G、S 极之间加上合适电压时，D、S 极之间有沟道形成，U_{GS} 电压变化时，沟道宽窄会发生变化，I_D 电流就会变化。 在工作时，N 沟道增强型 MOS 管 G、S 极之间应加正向电压，即 $U_G > U_S$，$U_{GS} = U_G - U_S$ 为正压

续表

种 类	符 号	特 点
增强型 P 沟道 MOS 管	G ─┤ D / S	增强型 P 沟道 MOS 管在 G 极未加电压时，D、S 极之间没有沟道。在工作时，P 沟道增强型 MOS 管 G、S 极之间应加反向电压，即 $U_G < U_S$，$U_{GS} = U_G - U_S$ 为负压

8.1.8 场效应管型号命名方法

场效应管型号命名现行有两种方法：

第一种方法与三极管相同。第一位"3"表示电极数；第二位字母代表材料，"D"是 P 型硅 N 沟道，"C"是 N 型硅 P 沟道；第三位字母"J"代表结型场效应管，"O"代表绝缘栅型场效应管。例如 3DJ6D 是结型 N 沟道场效应三极管，3DO6C 是绝缘栅型 N 沟道场效应三极管。

第二种命名方法是 CS××#，CS 代表场效应管，××以数字代表型号的序号，#用字母代表同一型号中的不同规格。例如 CS14A、CS45G 等。

8.2 绝缘栅型场效应管（MOS 管）

绝缘栅型场效应管（MOSFET）简称 MOS 管，绝缘栅型场效应管分为耗尽型和增强型，每种类型又分为 P 沟道和 N 沟道。

8.2.1 增强型 MOS 管

1. 外形与符号

增强型 MOS 管分为 N 沟道 MOS 管和 P 沟道 MOS 管，增强型 MOS 管外形与符号如图 8-6 所示。

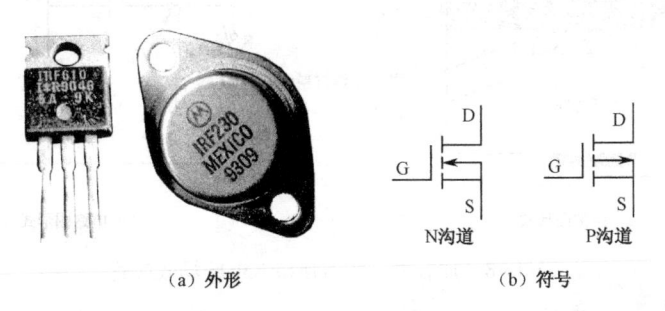

(a) 外形　　　　(b) 符号

图 8-6　增强型 MOS 管

2. 结构与原理

增强型 MOS 管有 N 沟道和 P 沟道之分，分别称为增强型 NMOS 管和增强型 PMOS 管，其结构与工作原理基本相似，在实际中增强型 NMOS 管更为常用。下面以增强型 NMOS 管为例来说明增强型 MOS 管的结构与工作原理。

(1) 结构

增强型 NMOS 管的结构与等效符号如图 8-7 所示。

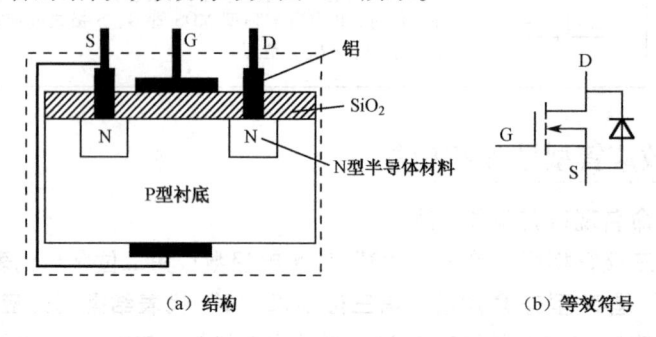

(a) 结构　　　　(b) 等效符号

图 8-7　N 沟道增强型绝缘栅型场效应管

增强型 NMOS 管是以 P 型硅片作为基片（又称衬底），在基片上制作两个含很多杂质的 N 型材料，再在上面制作一层很薄的二氧化硅（SiO₂）绝缘层，在两个 N 型材料上引出两个铝电极，分别称为漏极（D）和源极（S），在两极中间的二氧化硅绝缘层上制作一层铝制导电层，从该导电层上引出电极称为 G 极。**P 型衬底与 D 极连接的 N 型半导体会形成二极管结构（称为寄生二极管）**，由于 P 型衬底通常与 S 极连接在一起，所以增强型 NMOS 管又可用图 8-7（b）所示的符号表示。

(2) 工作原理

增强型 NMOS 场应管需要加合适的电压才能工作。加有电压的增强型 NMOS 场效应管如图 8-8 所示，图 8-8（a）为结构图形式，图 8-8（b）为电路图形式。

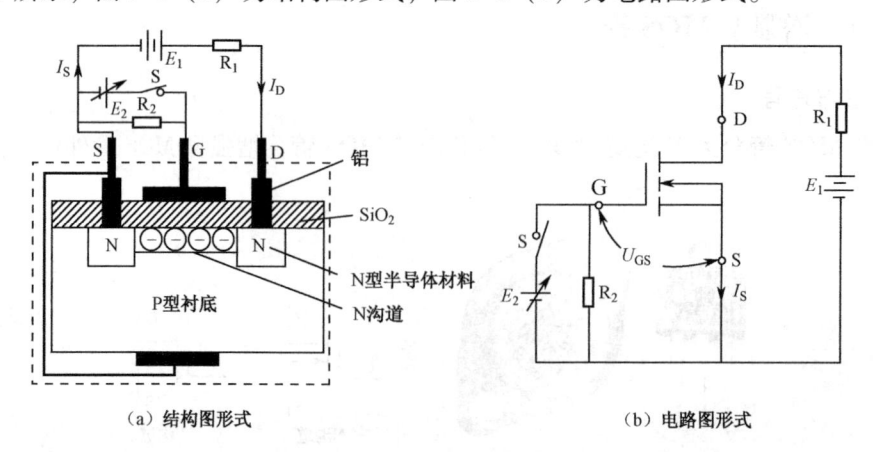

(a) 结构图形式　　　　(b) 电路图形式

图 8-8　加有电压的增强型 NMOS 场效应管

如图 8-8（a）所示，电源 E_1 通过 R_1 接场效应管 D、S 极，电源 E_2 通过开关 S 接场效应管的 G、S 极。在开关 S 断开时，场效应管的 G 极无电压，D、S 极所接的两个 N 区之间没有导电沟道，所以两个 N 区之间不能导通，I_D 电流为 0；如果将开关 S 闭合，场效应管的 G 极获得正电压，与 G 极连接的铝电极有正电荷，它产生的电场穿过 SiO₂ 层，将 P 衬底很多电子吸引靠近 SiO₂ 层，从而在两个 N 区之间出现导电沟道，由于此时 D、S 极之间加上正向电压，就有 I_D 电流从 D 极流入，再经导电沟道从 S 极流出。

如果改变 E_2 电压的大小，也即是改变 G、S 极之间的电压 U_{GS}，与 G 极相通的铝层产生的电场大小就会变化，SiO_2 下面的电子数量就会变化，两个 N 区之间沟道宽度就会变化，流过的 I_D 电流大小就会变化。U_{GS} 电压越高，沟道就会越宽，I_D 电流就会越大。

由此可见，改变 G、S 极之间的电压 U_{GS}，D、S 极之间的内部沟道宽窄就会发生变化，从 D 极流向 S 极的 I_D 电流大小也就发生变化，并且 I_D 电流变化较 U_{GS} 电压变化大得多，这就是场效应管的放大原理（即电压控制电流变化原理）。为了表示场效应管的放大能力，引入一个参数——跨导 g_m，g_m 用下面公式计算：

$$g_m = \frac{\Delta I_D}{\Delta U_{GS}}$$

g_m 反映了栅源电压 U_{GS} 对漏极电流 I_D 的控制能力，是表述场效应管放大能力的一个重要的参数（相当于三极管的 β），g_m 的单位是西门子（S），也可以用 A/V 表示。

增强型绝缘栅型场效应管具有的特点：在 G、S 极之间未加电压（即 $U_{GS}=0$）时，D、S 极之间没有沟道，$I_D=0$；当 G、S 极之间加上合适电压（大于开启电压 U_T）时，D、S 极之间有沟道形成，U_{GS} 电压变化时，沟道宽窄会发生变化，I_D 电流也会变化。

对于 N 沟道增强型绝缘栅型场效应管，G、S 极之间应加正电压（即 $U_G > U_S$，$U_{GS} = U_G - U_S$ 为正压），D、S 极之间才会形成沟道；对于 P 沟道增强型绝缘栅型场效应管，G、S 极之间须加负电压（即 $U_G < U_S$，$U_{GS} = U_G - U_S$ 为负压），D、S 极之间才有沟道形成。

3. 检测

（1）电极检测

正常的增强型 NMOS 管的 G 极与 D、S 极之间均无法导通，它们之间的正反向电阻均为无穷大。在 G 极无电压时，增强型 NMOS 管 D、S 极之间无沟道形成，故 D、S 极之间也无法导通，但由于 D、S 极之间存在一个反向寄生二极管，如图 8-7 所示，所以 D、S 极反向电阻较小。

在检测增强型 NMOS 管的电极时，万用表选择 R×1kΩ 挡，测量 MOS 管各脚之间的正反向电阻，当出现一次阻值小时（测得为寄生二极管正向电阻），红表笔接的引脚为 D 极，黑表笔接的引脚为 S 极，余下的引脚为 G 极，测量方法如图 8-9 所示。

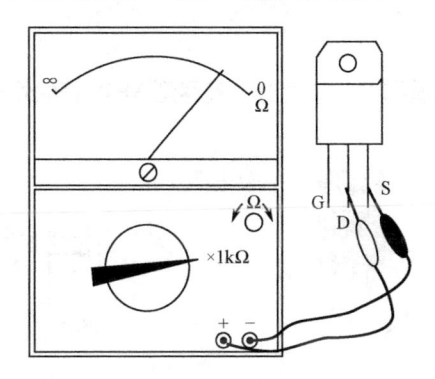

图 8-9 检测增强型 NMOS 管的电极

（2）好坏检测

增强型 NMOS 管的好坏检测可按下面的步骤进行：

第一步：用万用表 R×1kΩ 挡检测 MOS 管各引脚之间的正反向电阻，正常只会出现一次阻值小。若出现两次或两次以上阻值小，可确定 MOS 管一定损坏；若只出现一次阻值小，还不能确定 MOS 管一定正常，需要进行第二步测量。

第二步：先用导线将 MOS 管的 G、S 极短接，释放 G 极上的电荷（G 极与其他两极间的绝缘电阻很大，感应或测量充得的电荷很难释放，故 G 极易积累较多的电荷而带有很高的电压），再将万用表拨至 R×10kΩ 挡（该挡内接 9V 电源），红表笔接 MOS 管的 S 极，黑表笔接 D 极，此时表针指示的阻值为无穷大或接近无穷大，然后用导线瞬间将 D、G 极短接，这样万用表内电池的正电压经黑表笔和导线加给 G 极，如果 MOS 管正常，在 G 极有正电压时会形成沟道，表针指示的阻值马上由大变小，如图 8-10（a）所示，再用导线将 G、S 极短路，释放 G 极上的电荷来消除 G 极电压，如果 MOS 管正常，内部沟道会消失，表针指示的阻值马上由小变为无穷大，如图 8-10（b）所示。

以上两步检测时，如果有一次测量不正常，则为 NMOS 管损坏或性能不良。

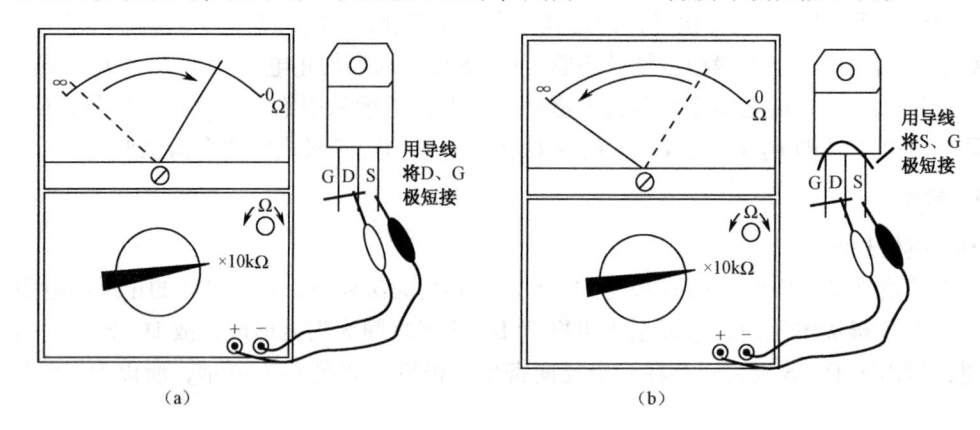

（a）　　　　　　　　　　（b）

图 8-10　检测增强型 NMOS 管的好坏

8.2.2　耗尽型 MOS 管

1. 图形符号

耗尽型 MOS 管也有 N 沟道和 P 沟道之分。耗尽型 MOS 管的外形与图形符号如图 8-11 所示。

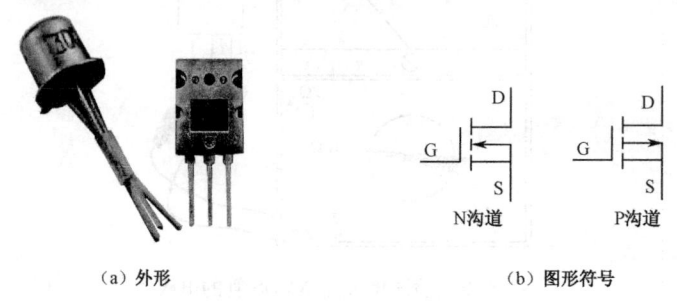

（a）外形　　　　　　　　　　（b）图形符号

图 8-11　耗尽型 MOS 管

2. 结构与原理

P 沟道和 N 沟道的耗尽型场效应管工作原理基本相同，下面以 N 沟道耗尽型 MOS 管（简称耗尽型 NMOS 管）为例来说明耗尽型 MOS 管的结构与原理。耗尽型 NMOS 管的结构与等效符号如图 8-12 所示。

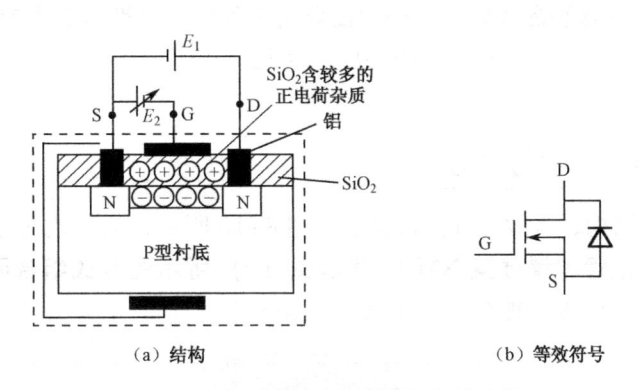

（a）结构　　　　　　　（b）等效符号

图 8-12　N 沟道耗尽型绝缘栅场效应管

N 沟道耗尽型绝缘栅场效应管是以 P 型硅片作为基片（又称衬底），在基片上再制作两个含很多杂质的 N 型材料，再在上面制作一层很薄的二氧化硅（SiO_2）绝缘层，在两个 N 型材料上引出两个铝电极，分别称为漏极（D）和源极（S），在两极中间的二氧化硅绝缘层上制作一层铝制导电层，从该导电层上引出电极称为 G 极。

与增强型绝缘栅场效应管不同的是，在耗尽型绝缘栅场效应管内的二氧化硅中掺入大量的杂质，其中含有大量的正电荷，它将衬底中大量的电子吸引靠近 SiO_2 层，从而在两个 N 区之间出现导电沟道。

当场效应管 D、S 极之间加上电源 E_1 时，由于 D、S 极所接的两个 N 区之间有导电沟道存在，所以有 I_D 电流流过沟道；如果再在 G、S 极之间加上电源 E_2，E_2 的正极除了接 S 极外，还与下面的 P 衬底相连，E_2 的负极则与 G 极的铝层相通，铝层负电荷电场穿过 SiO_2 层，排斥 SiO_2 层下方的电子，从而使导电沟道变窄，流过导电沟道的 I_D 电流减小。

如果改变 E_2 电压的大小，与 G 极相通的铝层产生的电场大小就会变化，SiO_2 下面的电子数量就会变化，两个 N 区之间沟道宽度就会变化，流过的 I_D 电流大小就会变化。例如，E_2 电压增大，G 极负电压更低，沟道就会变窄，I_D 电流就会减小。

耗尽型绝缘栅场效应管具有的特点：在 G、S 极之间未加电压（即 $U_{GS}=0$）时，D、S 极之间就有沟道存在，I_D 不为 0；当 G、S 极之间加上负电压 U_{GS} 时，如果 U_{GS} 电压变化，沟道宽窄会发生变化，I_D 电流就会变化。

在工作时，N 沟道耗尽型绝缘栅场效应管 G、S 极之间应加负电压，即 $U_G < U_S$，$U_{GS} = U_G - U_S$ 为负压；P 沟道耗尽型绝缘栅场效应管 G、S 极之间应加正电压，即 $U_G > U_S$，$U_{GS} = U_G - U_S$ 为正压。

8.3 IGBT（绝缘栅双极型晶体管）

IGBT 即绝缘栅双极型晶体管，是一种由场效应管和三极管组合成的复合元件，它综合了三极管和 MOS 管的优点，故有很好的特性，因此广泛应用在各种中小功率的电力电子设备中。

8.3.1 外形、结构与符号

IGBT 的外形、结构、等效图和图形符号如图 8-13 所示，从等效图可以看出，**IGBT 相当于一个 PNP 型三极管和增强型 NMOS 管以图（c）所示的方式组合而成**。IGBT 有三个极：C 极（集电极）、G 极（栅极）和 E 极（发射极）。

（a）外形

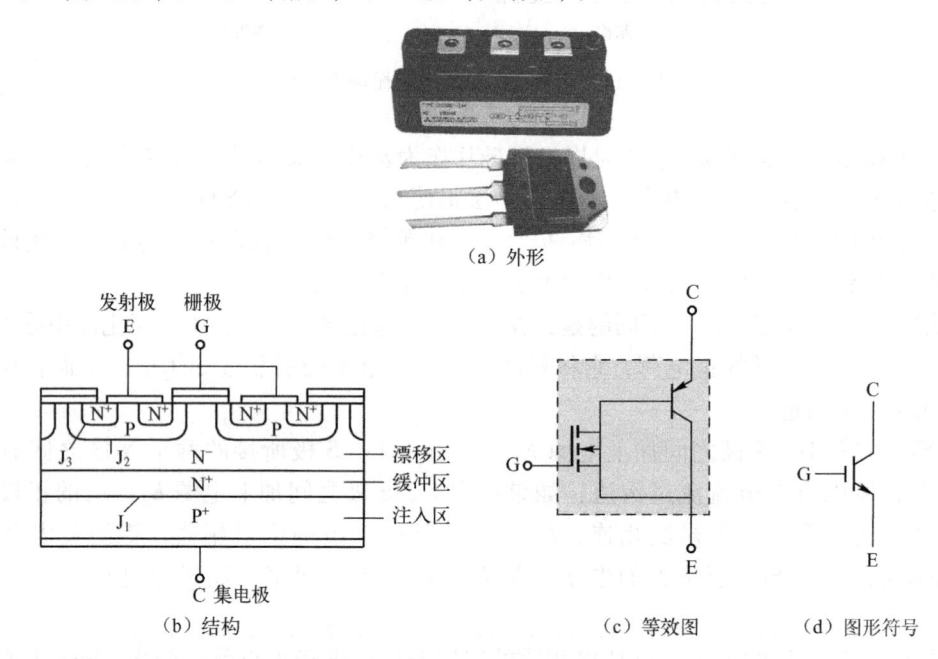

（b）结构　　　　（c）等效图　　　　（d）图形符号

图 8-13　绝缘栅双极型晶体管 IGBT

8.3.2 工作原理

图 8-13 中的 IGBT 由 PNP 型三极管和 N 沟道 MOS 管组合而成，这种 IGBT 称作 N-IGBT，用图 8-13（d）图形符号表示，相应的还有 P 沟道 IGBT，称作 P-IGBT，将图 8-13（d）图形符号中的箭头改为由 E 极指向 G 极即为 P-IGBT 的图形符号。

由于电力电子设备中主要采用 N-IGBT，下面以图 8-14 所示电路来说明 N-IGBT 工作原理。

电源 E_2 通过开关 S 为 IGBT 提供 U_{GE} 电压，电源 E_1 经 R_1 为 IGBT 提供 U_{CE} 电压。当开关 S 闭合时，IGBT 的 G、E 极之间获得电压 U_{GE}，只要 U_{GE} 电压大于开启电压（约 2~6V），

IGBT 内部的 NMOS 管就有导电沟道形成，MOS 管 D、S 极之间导通，为三极管 I_b 电流提供通路，三极管导通，有电流 I_C 从 IGBT 的 C 极流入，经三极管发射极后分成 I_1 和 I_2 两路电流，I_1 电流流经 MOS 管的 D、S 极，I_2 电流从三极管的集电极流出，I_1、I_2 电流汇合成 I_E 电流从 IGBT 的 E 极流出，即 IGBT 处于导通状态。当开关 S 断开后，U_{GE} 电压为 0，MOS 管导电沟道夹断（消失），I_1、I_2 都为 0，I_C、I_E 电流也为 0，即 IGBT 处于截止状态。

调节电源 E_2 可以改变 U_{GE} 电压的大小，IGBT 内部的 MOS 管的导电沟道宽度会随之变化，I_1 电流大小会发生变化，由于 I_1 电流实际上是三极管的 I_b 电流，I_1 细小的变化会引起 I_2 电流（I_2 为三极管的 I_c 电流）的急剧变化。例如当 U_{GE} 增大时，MOS 管的导通沟道变宽，I_1 电流增大，I_2 电流也增大，即 IGBT 的 C 极流入、E 极流出的电流增大。

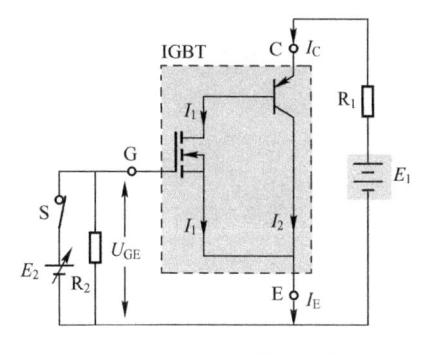

图 8-14 N-IGBT 工作原理说明图

8.3.3 检测

IGBT 检测包括极性检测和好坏检测，检测方法与增强型 NMOS 管相似。

1. 极性检测

正常的 IGBT 的 G 极与 C、E 极之间不能导通，正反向电阻均为无穷大。在 G 极无电压时，IGBT 的 C、E 极之间不能正向导通，但由于 C、E 极之间存在一个反向寄生二极管，所以 C、E 极正向电阻无穷大，反向电阻较小。

在检测 IGBT 时，万用表选择 R×1kΩ 挡，测量 IGBT 各脚之间的正反向电阻，当出现一次阻值小时，红表笔接的引脚为 C 极，黑表笔接的引脚为 E 极，余下的引脚为 G 极。

2. 好坏检测

IGBT 的好坏检测可按下面的步骤进行：

第一步：用万用表 R×1kΩ 挡检测 IGBT 各引脚的之间的正反向电阻，正常只会出现一次阻值小。若出现两次或两次以上阻值小，可确定 IGBT 一定损坏；若只出现一次阻值小，还不能确定 IGBT 一定正常，需要进行第二步测量。

第二步：用导线将 IGBT 的 G、S 极短接，释放 G 极上的电荷，再将万用表拨至 R×10kΩ，红表笔接 IGBT 的 E 极，黑表笔接 C 极，此时表针指示的阻值为无穷大或接近无穷大，然后用导线瞬间将 C、G 极短接，让万用表内部电池经黑表笔和导线给 G 极充电，让 G 极获得电压，如果 IGBT 正常，内部会形成沟道，表针指示的阻值马上由大变小，再用导线将 G、E 极短路，释放 G 极上的电荷来消除 G 极电压，如果 IGBT 正常，内部沟道会消失，表针指示的阻值马上由小变为无穷大。

以上两步检测时，如果有一次测量不正常，则为 IGBT 损坏或性能不良。

第 9 章

光电器件

问： 老师，什么是光电器件呢？

答： 光电器件包括电—光转换器件和光—电转换器件。

电—光转换器件能将电信号转换成光，如发光二极管。

光—电转换器件能将光转换成电信号，如光敏二极管、光敏三极管。

9.1 发光二极管

9.1.1 外形与符号

发光二极管是一种电—光转换器件，能将电信号转换成光。图 9-1（a）是一些常见的发光二极管的实物外形，图 9-1（b）为发光二极管的图形符号。

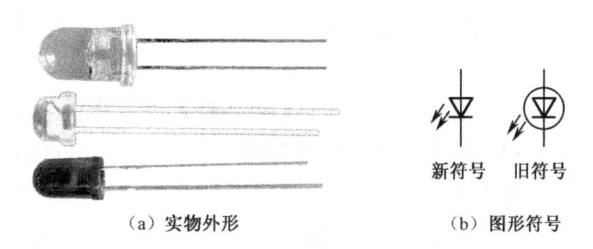

（a）实物外形　　　　　（b）图形符号

图 9-1　发光二极管

9.1.2 实验演示

在学习发光二极管更多知识前，先来看看表 9-1 中的两个实验。

表 9-1　发光二极管实验

实验编号	实 验 图	实 验 说 明
实验一	图 9-2（a）	在左图实验中，将发光二极管负极与电源负极连接，正极接电阻器的一个引脚，然后按下开关，发现发光二极管亮
实验二	图 9-2（b）	在左图实验中，将发光二极管正、负极调换，即发光二极管正极与电源负极连接，负极与电阻器连接，再按下开关，发现发光二极管不亮

9.1.3 提出问题

看完表9-1中的实验,让我们带着如下几个问题,进入后续阶段的学习。

问题1:画出图9-2(a)、(b) 实验电路的电路图。

问题2:思考①在图9-2(a) 中,为什么电路中的发光二极管会亮?②在图9-2(b) 中,为什么将发光二极管正、负极调换后会不亮?

9.1.4 性质

发光二极管在电路中需要正接才能工作。下面以图9-3所示的电路来说明发光二极管的性质。

在图9-3中,可调电源 E 通过电阻 R 将电压加到发光二极管 VD 两端,电源正极对应 VD 的正极,负极对应 VD 的负极。将电源 E 的电压由 0 开始慢慢调高,发光二极管两端电压 U_{VD} 也随之升高,在电压较低时发光二极管并不导通,只有 U_{VD} 达到一定值时,VD 才导通,此时的 U_{VD} 电压称为发光二极管的导通电压。发光二极管导通后有电流流过,就开始发光,流过的电流越大,发出光线越强。

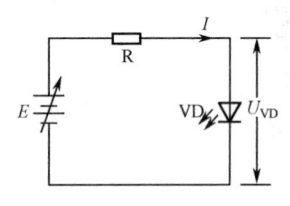

图9-3 发光二极管的性质说明图

不同颜色的发光二极管,其导通电压不同,红外线发光二极管最低,略高于**1V**,红光二极管为**1.5~2V**,黄光二极管约**2V**左右,绿光二极管**2.5~2.9V**,高亮度蓝光、白光二极管导通电压一般达到**3V**以上。

发光二极管正常工作时的电流较小,小功率的发光二极管工作电流一般在 5~30mA,若流过发光二极管的电流过大,容易被烧坏。发光二极管的反向耐压也较低,一般在 10V 以下。

9.1.5 检测

发光二极管的检测包括极性检测和好坏检测。

1. 极性检测

对于未使用过的发光二极管,引脚长的为正极,引脚短的为负极。发光二极管与普通二极管一样具有单向导电性,即正向电阻小,反向电阻大。根据这一点可以用万用表检测发光二极管的极性。

由于发光二极管的导通电压一般在 1.5V 以上,而万用表选择 R×1Ω~R×1kΩ 挡时,内部使用 1.5V 电池,它所提供的电压无法使发光二极管正向导通,故检测发光二极管极性时,万用表选择 R×10kΩ 挡,红、黑表笔分别接发光二极管两个电极,正、反各测量一次,两次测量阻值会出现一大一小,以阻值小的那次为准,黑表笔接的为正极,红表笔接的为负极。

2. 好坏检测

在检测发光二极管好坏时,万用表选择 R×10kΩ 挡,测量两引脚之间的正、反向电阻。

若发光二极管正常,正向电阻小,反向电阻大(接近无穷大)。

若正、反向电阻均为无穷大,则发光二极管开路。

若正、反向电阻均为0,则发光二极管短路。

若反向电阻偏小,则发光二极管反向漏电。

9.1.6 双色发光二极管

1. 外形与符号

双色发光二极管可以发出多种颜色的光线。双色发光二极管有两引脚和三引脚之分,常见的双色发光二极管实物外形如图9-4(a)所示,图9-4(b)为双色发光二极管的图形符号。

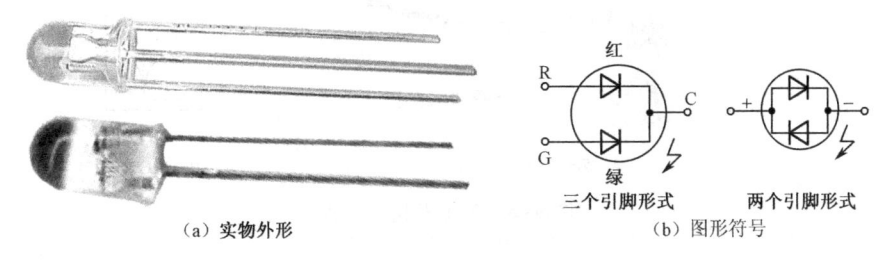

(a)实物外形 (b)图形符号

图9-4 双色发光二极管

2. 工作原理

双色发光二极管是将两种颜色的发光二极管制作封装在一起构成的,常见的有红绿双色发光二极管。双色发光二极管内部两个二极管的连接方式有两种:一是共阳或共阴形式(即正极或负极连接成公共端),二是正负连接形式(即一只二极管正极与另一只二极管负极连接)。共阳或共阴式双色二极管有三个引脚,正负连接式双色二极管有两个引脚。

下面以图9-5所示的电路来说明双色发光二极管工作原理。

(a)三个引脚的双色发光二极管应用电路 (b)两个引脚的双色发光二极管应用电路

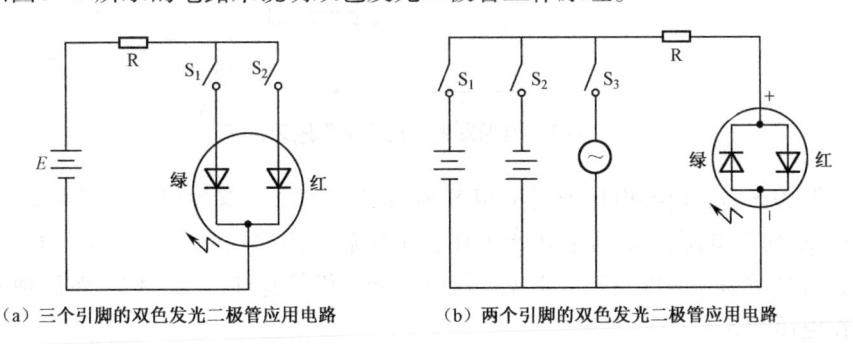

图9-5 双色发光二极管工作原理

图9-5(a)为三个引脚的双色发光二极管应用电路。当闭合开关S_1时,有电流流过双色发光二极管内部的绿管,双色发光二极管发出绿色光,当闭合开关S_2时,电流通过内部红管,双色发光二极管发出红光,若两个开关都闭合,红、绿管都亮,双色二极管发出混合色光——黄光。

图 9-5（b）为两个引脚的双色发光二极管应用电路。当闭合开关 S_1 时，有电流流过红管，双色发光二极管发出红色光；当闭合开关 S_2 时，电流通过内部绿管，双色发光二极管发出绿光；当闭合开关 S_3 时，由于交流电源极性周期性变化，它产生的电流交替流过红、绿管，红、绿管都亮，双色二极管发出的光线呈红、绿混合色——黄色。

9.1.7 闪烁发光二极管

1. 外形与结构

闪烁发光二极管在通电后会时亮时暗闪烁发光。图 9-6（a）为常见的闪烁发光二极管，图 9-6（b）为闪烁发光二极管的结构。

(a) 实物外形   (b) 结构

图 9-6 闪烁发光二极管

2. 工作原理

闪烁发光二极管是将集成电路（IC）和发光二极管制作并封装在一起。下面以图 9-7 所示的电路来说明闪烁发光二极管的工作原理。

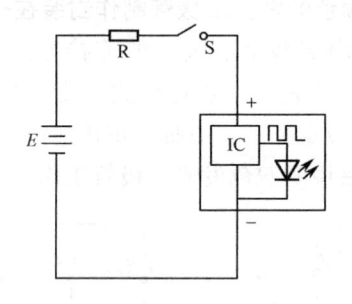

图 9-7 闪烁发光二极管工作原理说明

当闭合开关 S 后，电源电压通过电阻 R 和开关 S 加到闪烁发光二极管两端，该电压提供给内部的 IC 作为电源，IC 马上开始工作，工作后输出时高时低的电压（即脉冲信号），发光二极管时亮时暗，闪烁发光。常见的闪烁发光二极管有红、绿、橙、黄四种颜色，它们的正常工作电压为 3～5.5V。

3. 检测

闪烁发光二极管电极有正、负之分，在电路中不能接错。闪烁发光二极管的电极判别可采用万用表 R×1kΩ 挡。

在检测闪烁发光二极管时，万用表拨至 R×1kΩ 挡，红、黑表笔分别接两个电极，正、反各测量一次，其中一次测量表针会往右摆动到一定的位置，然后在该位置轻微地摆动

（内部的 IC 在万用表提供的 1.5V 电压下开始微弱地工作），如图 9-8 所示，以这次测量为准，黑表笔接的为正极，红表接的为负极。

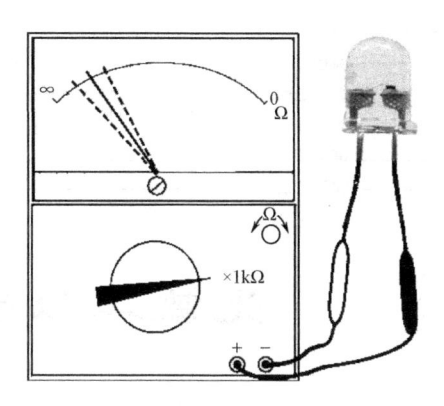

图 9-8　闪烁发光二极管的正、负极检测

9.1.8　发光二极管型号命名方法

国产发光二极管的型号命名分为六个部分：
第一部分用字母 **FG** 表示发光二极管。
第二部分用数字表示发光二极管材料。
第三部分用数字表示发光二极管的发光颜色。
第四部分用数字表示发光二极管的封装形式。
第五部分用数字表示发光二极管的外形。
第六部分用数字表示产品序号。
国产发光二极管的型号命名及含义见表 9-2。

表 9-2　国产发光二极管的型号命名及含义

第一部分：主称		第二部分：材料		第三部分：发光颜色		第四部分：封装形式		第五部分：外形		第六部分：产品序号
字母	含义	数字	含义	数字	含义	数字	含义	数字	含义	
FG	发光二极管			0	红外			0	圆形	用数字表示产品序号
^	^	1	磷化镓（GaP）	1	红色	1	无色透明	1	方形	^
^	^	2	磷砷化镓（GaAsP）	2	橙色	2	无色散射	2	符号形	^
^	^	3	砷铝化镓（GaAlAs）	3	黄色	3	有色透明	3	三角形	^
^	^			4	绿色	4	有色散射透明	4	长方形	^
^	^			5	蓝色			5	组合形	^
^	^			6	变色			6	特殊形	^
^	^			7	紫蓝色					^
^	^			8	紫色					^
^	^			9	紫外或白色					^

例如：

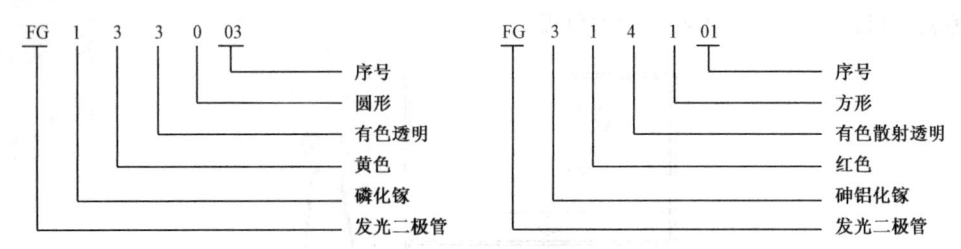

```
FG 1 3 3 0 03 ——序号
              ——圆形
              ——有色透明
              ——黄色
              ——磷化镓
              ——发光二极管

FG 3 1 4 1 01 ——序号
              ——方形
              ——有色散射透明
              ——红色
              ——砷铝化镓
              ——发光二极管
```

9.2 光敏二极管

9.2.1 基础知识

光敏二极管又称光电二极管，它是一种光—电转换器件，能将光转换成电信号。图9-9（a）是一些常见的光敏二极管的实物外形，图9-9（b）为光敏二极管的图形符号。

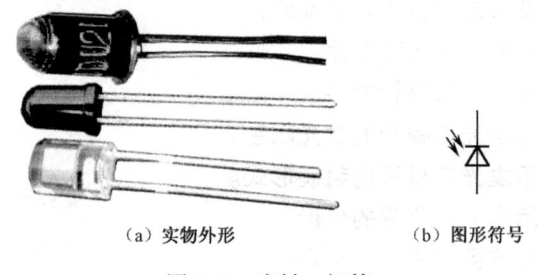

(a) 实物外形　　　　(b) 图形符号

图9-9　光敏二极管

9.2.2 实验演示

在学习光敏二极管更多知识前，先来看看表9-3中的两个实验。

表9-3　光敏二极管实验

实验编号	实 验 图	实 验 说 明
实验一	指示灯　光敏二极管　图9-10（a）	在左图实验中，将光敏二极管正极与电源负极连接，正极接指示灯，然后按下开关，发现指示灯亮

续表

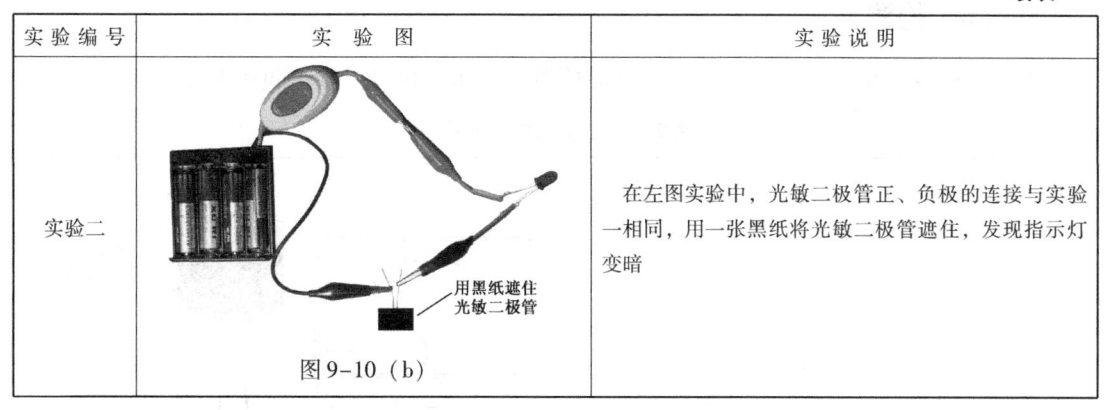

实验编号	实 验 图	实 验 说 明
实验二	图9-10（b）	在左图实验中，光敏二极管正、负极的连接与实验一相同，用一张黑纸将光敏二极管遮住，发现指示灯变暗

9.2.3 提出问题

看完表9-3中的实验，让我们带着如下几个问题，进入后续阶段的学习。

问题1：画出图9-10（a）、(b) 实验电路的电路图。

问题2：思考①在图9-10（a）中，为什么指示灯会亮？②在图9-10（b）中，为什么将光敏二极管遮住后指示灯会变暗？

9.2.4 性质

光敏二极管在电路中需要反向连接才能正常工作。 下面以图9-11所示的电路来说明光敏二极管的性质。

在图9-11中，当无光线照射时，光敏二极管VD_1不导通，无电流流过发光二极管VD_2，VD_2不亮。如果用光线照射VD_1，VD_1导通，电源输出的电流通过VD_1流经发光二极管VD_2，VD_2亮，照射光敏二极管的光线越强，光敏二极管导通程度越深，自身的电阻变得越小，经它流到发光二极管的电流越大，发光二极管发出的光线越亮。

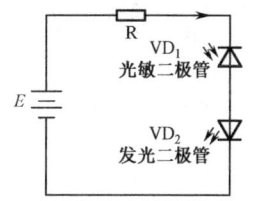

图9-11 光敏二极管的性质说明

9.2.5 主要参数

光敏二极管的主要参数见表9-4。

表9-4 光敏二极管的主要参数

主要参数	说　　明
最高工作电压	最高工作电压是指无光线照射，光敏二极管反向电流不超过1mA时所加的最高反向电压值
光电流	光电流是指光敏二极管在受到一定的光线照射并加有一定的反向电压时的反向电流。对于光敏二极管来说，该值越大越好
暗电流	暗电流是指光敏二极管无光线照射并加有一定的反向电压时的反向电流。该值越小越好
响应时间	响应时间是指光敏二极管将光转换成电信号所需的时间
光灵敏度	光灵敏度是指光敏二极管对光线的敏感程度。它是指在接受到1 μW光线照射时产生的电流大小，光灵敏度的单位是μA/W

9.2.6 检测

光敏二极管的检测包括极性检测和好坏检测。光敏二极管的检测见表9-5。

表9-5 光敏二极管的检测

目的	说 明	例 图
极性检测	与普通二极管一样，光敏二极管也有正、负极。对于未使用过的光敏二极管，引脚长的为正极（P），引脚短的为负极。在无光线照射时，光敏二极管也具有正向电阻小、反向电阻大的特点。根据这一点可以用万用表检测光敏二极管的极性。 在检测光敏二极管极性时，万用表选择R×1kΩ挡，用黑色物体遮住光敏二极管，然后红、黑表笔分别接光敏二极管两个电极，正、反各测量一次，两次测量阻值会出现一大一小，如图9-12所示，以阻值小的那次为准，如图9-12（a）所示，黑表笔接的为正极，红表笔接的为负极	图9-12（a） 图9-12（b）
好坏检测	光敏二极管的检测包括遮光检测和受光检测。 　　在进行遮光检测时，用黑纸或黑布遮住光敏二极管，然后检测两电极之间的正、反向电阻，正常应正向电阻小，反向电阻大，具体检测可参见图9-12。 　　在进行受光检测时，万用表仍选择R×1kΩ挡，用光源照射光敏二极管的受光面，如图9-12（c）所示，再测量两电极之间的正、反向电阻。若光敏二极管正常，光照射时得到的反向电阻明显变小，而正向电阻变化不大。 　　若正、反向电阻均为无穷大，则光敏二极管开路。 　　若正、反向电阻均为0，则光敏二极管短路。 　　若遮光和受光测量时的反向电阻大小无变化，则光敏二极管失效	图9-12（c）

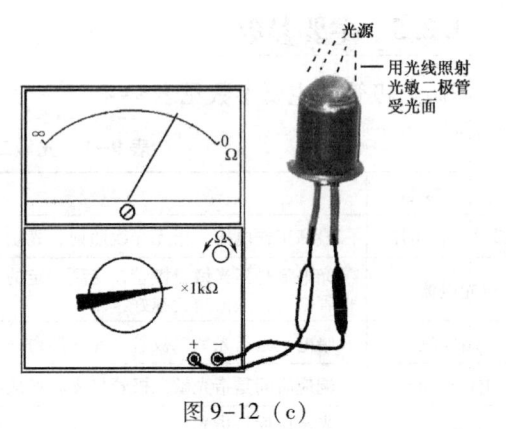

9.2.7 光敏三极管

1. 外形与符号

光敏三极管是一种对光线敏感且具有放大能力的三极管。 光敏三极管大多只有两个引脚，少数有三个引脚。图9-13（a）是一些常见的光敏三极管的实物外形，图9-13（b）为光敏三极管的图形符号。

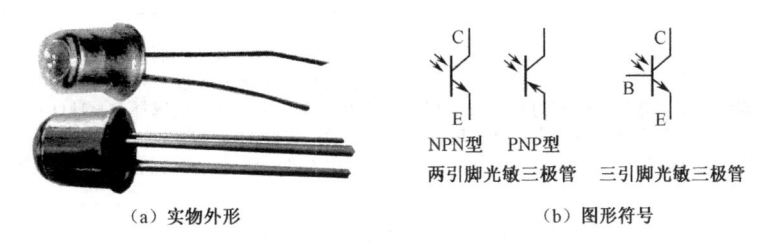

（a）实物外形　　　　（b）图形符号

图9-13　光敏三极管

2. 性质

光敏三极管与光敏二极管区别在于，光敏三极管除了具有光敏性外，还具有放大能力。两引脚的光敏三极管的基极是一个受光面，没有引脚，三引脚的光敏三极管基极既作受光面，又引出电极。下面通过图9-14所示的电路来说明光敏三极管的性质。

（a）两引脚光敏三极管　　　　（b）三引脚光敏三极管

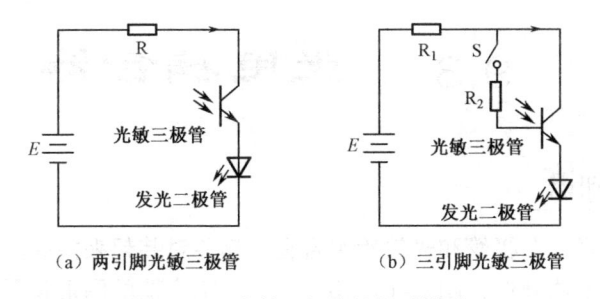

图9-14　光敏三极管的性质说明

在图9-14（a）中，两引脚光敏三极管与发光二极管串接在一起。在无光照射时，光敏三极管不导通，发光二极管不亮。当光线照光敏三极管受光面（基极）时，受光面将入射光转换成I_b电流，该电流控制光敏三极管c、e极之间导通，有I_c电流流过，光线越强，I_b电流越大，I_c越大，发光二极管越亮。

图9-14（b）中，三引脚光敏三极管与发光二极管串接在一起。光敏三极管c、e间导通可由三种方式控制：一是用光线照射受光面；二是给基极直接通入I_b电流；三是既通I_b电流又用光线照射。

由于光敏三极管具有放大能力，比较适合用在光线微弱的环境中，它能将微弱光线产生的小电流进行放大，控制光敏三极管导通效果比较明显，而光敏二极管对光线的敏感度较差，常用在光线较强的环境中。

3. 检测

光敏三极管的检测见表 9-6。

表 9-6 光敏三极管的检测

检测项目	说　明
光敏二极管和光敏三极管的判别	光敏二极管与光敏三极管外形基本相同，其判定方法是：遮住受光窗口，万用表选择 R×1kΩ 挡，测量两管引脚间正、反向电阻，均为无穷大的为光敏三极管，正、反向阻值一大一小者为光敏二极管
光敏三极管电极判别	光敏三极管有 C 极和 E 极，可根据外形判断电极。引脚长的为 E 极、引脚短的为 C 极；对于有标志（如色点）管子，靠近标志处的引脚为 E 极，另一引脚为 C 极。 光敏三极管的 C 极和 E 极也可用万用表检测。万用表选择 R×1kΩ 挡，将光敏三极管对着自然光或灯光，红、黑表笔测量光敏三极管的两引脚之间的正、反向电阻，两次测量中阻值会出现一大一小，以阻值小的那次为准，黑表笔接的为 C 极，红表笔接的为 E 极
光敏三极管好坏检测	光敏三极管好坏检测包括无光检测和受光检测。 在进行无光检测时，用黑布或黑纸遮住光敏三极管受光面，万用表选择 R×1kΩ 挡，测量两管引脚间正、反向电阻，正常应均为无穷大。 在进行受光检测时，万用表仍选择 R×1kΩ 挡，黑表笔接 C 极，红表笔接 E 极，让光线照射光敏三极管受光面，正常光敏三极管阻值应变小。在无光和受光检测时阻值变化越大，表明光敏三极管灵敏度越高。 若无光检测和受光检测的结果与上述不符，则为光敏三极管损坏或性能变差

9.3 光电耦合器

9.3.1 基础知识

光电耦合器是由发光二极管和光敏管组合在一起并封装起来构成。图 9-15（a）是一些常见的光电耦合器的实物外形，图 9-15（b）为光电耦合器的图形符号。

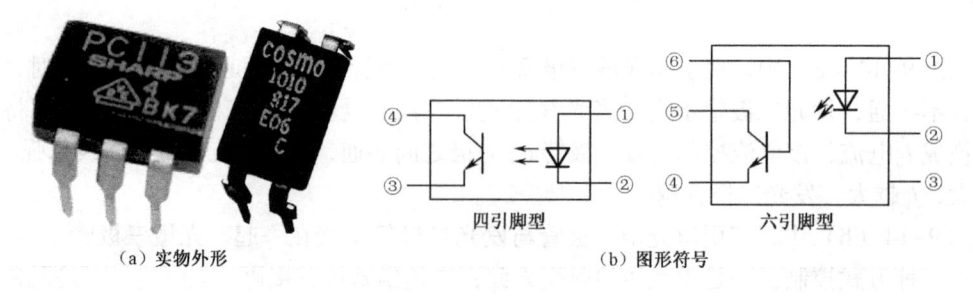

(a) 实物外形　　(b) 图形符号

图 9-15　光电耦合器

9.3.2 实验演示

在学习光电耦合器更多知识前，先来看看表 9-7 中的两个实验。

表 9-7　光电耦合器实验

实验编号	实验图	实验说明
实验一	图 9-16（a）	在左图实验中，将光电耦合器的光敏管 E 极与电源负极连接，C 极与指示灯连接，光电耦合器的发光二极管两个引脚悬空，然后按下开关，发现灯泡不亮
实验二	图 9-16（b）	在左图实验中，光电耦合器的光敏管与电路连接保持不变，将另一个电源负极与光电耦合器的发光二极管的负极连接，正极通过一只电阻器与发光二极管正极连接，发现灯泡会亮

9.3.3　提出问题

看完表 9-7 中的实验，让我们带着如下几个问题，进入后续阶段的学习。

1. 画出图 9-16（a）、(b) 实验电路的电路图。
2. 思考：①在图 9-16（a）中，指示灯为什么不亮？②在图 9-16（b）中，为什么给光电耦合器的发光二极管加上电压时，指示灯会变亮？

9.3.4　工作原理

光电耦合器内部集成了发光二极管和光敏管。下面以图 9-17 所示的电路来说明光电耦合器的工作原理。

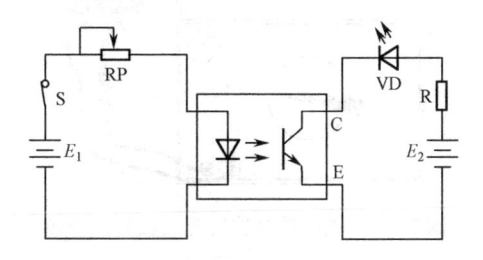

图 9-17　光电耦合器工作原理说明

在图 9-17 中，当闭合开关 S 时，电源 E_1 经开关 S 和电位器 RP 为光电耦合器内部的发光管提供电压，有电流流过发光管，发光管发出光线，光线照射到内部的光敏管，光敏管导通，电源 E_2 输出的电流经电阻 R、发光二极管 VD 流入光电耦合器的 C 极，然后从 E 极流出

回到 E_2 的负极，有电流流过发光二极管 VD，VD 发光。

调节电位器 RP 可以改变发光二极管 VD 的光线亮度。当 RP 滑动端右移时，其阻值变小，流入光电耦合器内发光管的电流大，发光管光线强，光敏管导通程度深，光敏管 C、E 极之间电阻变小，电源 E_2 的回路总电阻变小，流经发光二极管 VD 的电流大，VD 变得更亮。

若断开开关 S，无电流流过光电耦合器内的发光管，发光管不亮，光敏管无光照射不能导通，电源 E_2 回路切断，发光二极管 VD 无电流通过而熄灭。

9.3.5 检测

光电耦合器的检测包括电极检测和好坏检测。

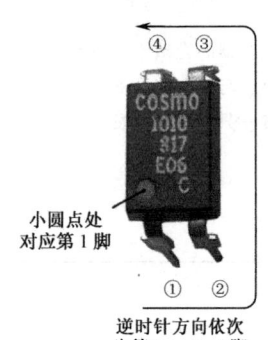

1. 电极检测

光电耦合器内部有发光二极管和光敏管，根据引出脚数量不同，可分为四引脚型和六引脚型。光电耦合器引脚识别如图 9-18 所示，光电耦合器上小圆点处对应第 1 脚，按逆时针方向依次为第 2、3、4 脚。对于四引脚光电耦合器，通常①、②脚接内部发光二极管，③、④脚接内部光敏管，如图 9-15（b）所示；对于六引脚型光电耦合器，通常①、②脚接内部发光二极管，③脚空脚，④、⑤、⑥脚接内部光敏管。

光电耦合器的电极也可以用万用表判别。下面以检测四引脚型光电耦合器为例来说明。

图 9-18 光电耦合器引脚识别

在检测光电耦合器时，先检测出的发光二极管引脚。万用表选择 R×1kΩ 挡，测量光电耦合器任意两脚之间的电阻，当出现阻值小时，如图 9-19 所示，黑表笔接的为发光二极管的正极，红表笔接的为负极，剩余两极为光敏管的引脚。

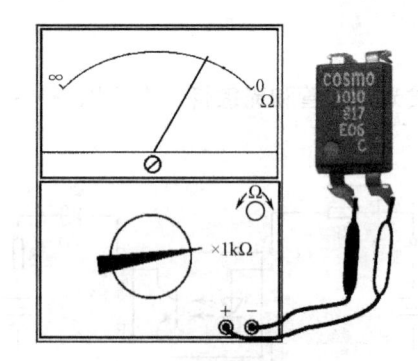

图 9-19 光电耦合器发光二极管的检测

找出光电耦合器的发光二极管引脚后，再判别光敏管的 C、E 极引脚。在判别光敏管 C、E 引脚时，可采用两只万用表，如图 9-20 所示，其中一只万用表拨至 R×100Ω 挡，黑表笔接发光二极管的正极，红表笔接负极，这样做是利用万用表内部电池为发光二极管供电，使之发光；另一只万用表拨至 R×1kΩ 挡，红、黑表笔接光电耦合器光敏管引脚，正、反各测量一次，测量会出现阻值一大一小，以阻值小的测量为准，黑表笔接的为光敏管的 C 极，红表笔接的为光敏管的 E 极。

如果只有一只万用表，可用一节 1.5V 电池串联一个 100Ω 的电阻，来代替万用表为光电耦合器的发光二极管供电。

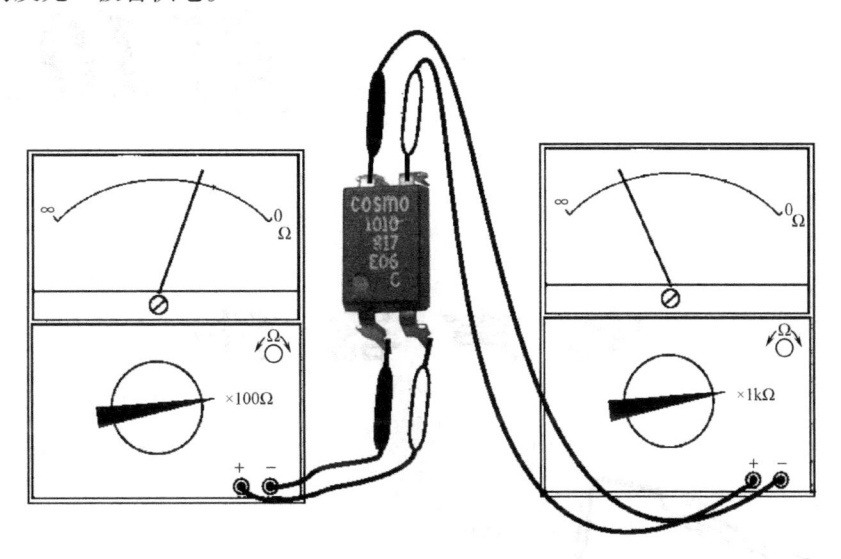

图 9-20　光电耦合器的光敏管 C、E 极的判别

2. 好坏检测

在检测光电耦合器好坏时，要进行三项检测：①检测发光二极管好坏；②检测光敏管好坏；③检测发光二极管与光敏管的绝缘电阻。

在检测发光二极管好坏时，万用表选择 R×1kΩ 挡，测量发光二极管两引脚之间的正、反向电阻。若发光二极管正常，正向电阻小、反向电阻无穷大，否则发光二极管损坏。

在检测光敏管好坏时，万用表仍选择 R×1kΩ 挡，测量光敏管两引脚之间的正、反向电阻。若光敏管正常，正、反向电阻均为无穷大，否则光敏管损坏。

在检测发光二极管与光敏管绝缘电阻时，万用表选择 R×10kΩ 挡，一支表笔接发光二极管任意一个引脚，另一支表笔接光敏管任意一个引脚，测量两者之间的电阻，正、反各测量一次。若光电耦合器正常，两次测得发光二极管与光敏管之间的绝缘电阻应均为无穷大。

检测光电耦合器时，只有上面三项测量都正常，才能说明光电耦合器正常，任意一项测量不正常，光电耦合器都不能使用。

第10章

电声器件

问：老师，什么是电声器件呢？

答：电声器件包括电—声转换器件和声—电转换器件。

电—声转换器件的功能是将电信号转换成声音，如扬声器、耳机和蜂鸣器等。

声—电转换器件的功能是将声音转换成电信号，如话筒等。

10.1 扬声器

10.1.1 外形与符号

扬声器又称喇叭，是一种最常用的电—声转换器件，其功能将电信号转换成声音。扬声器实物外形和图形符号如图10-1所示。

(a) 实物外形　　　　(b) 图形符号

图 10-1　扬声器

10.1.2 种类与工作原理

1. 种类

扬声器可按以下方式进行分类：

按换能方式可分为动圈式（即电动式）、电容式（即静电式）、电磁式（即舌簧式）和压电式（即晶体式）等。

按频率范围可分为低音扬声器、中音扬声器、高音扬声器。

按扬声器形状可分为纸盆式、号筒式和球顶式等。

2. 工作原理

扬声器的种类很多，工作原理大同小异，这里仅介绍应用最为广泛的动圈式扬声器工作原理。动圈式扬声器的结构如图10-2所示。

从图10-2中可以看出，动圈式扬声器主要由永久磁铁、线圈（或称为音圈）和与线圈做在一起的纸盆等构成。当电信号通过引出线流进线圈时，线圈产生磁场。由

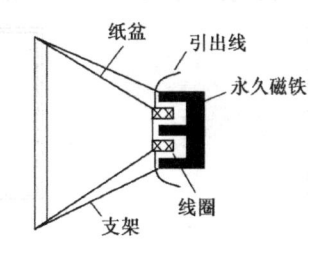

图 10-2　动圈式扬声器的结构

于流进线圈的电流是变化的，故线圈产生的磁场也是变化的，线圈变化的磁场与磁铁的磁场相互作用，线圈和磁铁不断排斥和吸引，质量轻的线圈产生运动（时而远离磁铁，时而靠近磁铁），线圈的运动带动与它相连的纸盆振动，纸盆就发出声音，从而实现了电—声转换。

10.1.3 主要参数

扬声器的主要参数见表 10-1。

表 10-1 扬声器的主要参数

主要参数	说　明
额定功率	额定功率又称标称功率，是指扬声器在无明显失真的情况下，能长时间正常工作时的输入电功率。扬声器实际能承受的最大功率要大于额定功率（1~3倍）。为了获得较好的音质，应让扬声器实际输入功率小于额定功率
额定阻抗	额定阻抗又称标称阻抗，是指扬声器工作在额定功率下所呈现的交流阻抗值。扬声器的额定阻抗有 4Ω、8Ω、16Ω 和 32Ω 等。当扬声器与功放电路连接时，扬声器的阻抗只有与功放电路的输出阻抗相等，才能工作在最佳状态
频率特性	频率特性是指扬声器输出的声音大小随输入音频信号频率变化而变化的特性。不同频率特性的扬声器适合用在不同的电路中，例如低频特性好的扬声器在还原低音时声音大、效果好。根据频率特性不同，扬声器可分为高音扬声器（几千赫兹到20kHz）、中音扬声器（1~3kHz）和低音扬声器（几百赫兹到几十赫兹）。扬声器的频率特性与结构有关，一般体积小的扬声器高频特性较好
灵敏度	灵敏度是指给扬声器输入规定大小和频率的电信号时，在一定的距离处扬声器产生的声压（即声音大小）。在输入相同频率和大小的信号时，灵敏度越高的扬声器发出的声音越大
指向性	指向性是指扬声器发声时在不同空间位置辐射的声压分布特性。扬声器的指向性越强，就意味着发出的声音越集中。扬声器的指向性与纸盆有关，纸盆越大，指向性越强；另外还与频率有关，频率越高，指向性越强

10.1.4 检测

扬声器的检测包括好坏检测和极性检测。

1. 好坏检测

在检测扬声器时，万用表选择 R×1Ω 挡，红、黑表笔分别接扬声器的两个接线端，测量扬声器内部线圈的电阻，如图 10-3 所示。

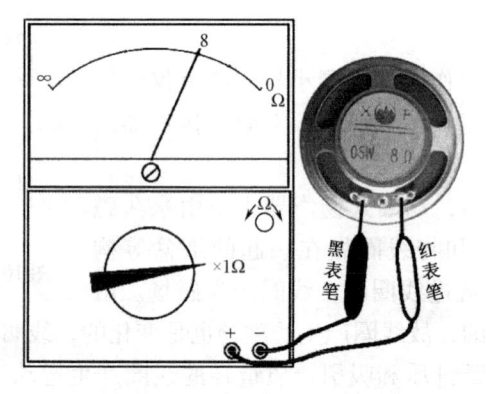

图 10-3 扬声器的好坏检测

如果扬声器正常，测得的阻值应与标称阻抗相同或相近，同时扬声器会发出轻微的"嚓嚓"声。图中扬声器上标注阻抗为 8Ω，万用表测出的阻值也应在 8Ω 左右。若测得阻值无穷大，则为扬声器线圈开路或接线端脱焊。若测得阻值为0，则为扬声器线圈短路。

2. 极性检测

单个扬声器接在电路中，可以不用考虑两个接线端的极性，但若将多个扬声器并联或串联起来使用，就需要考虑接线端的极性。这是因为相同的音频信号从不同极性的接线端流入扬声器时，扬声器纸盆振动方向会相反，这样扬声器发出的声音会抵消一部分，扬声器间相距越近，抵消越明显。

在检测扬声器极性时，万用表选择0.05mA挡，红、黑表笔分别接扬声器的两个接线端，如图10-4所示，然后用手轻压纸盆，会发现表针摆动一下又返回到0处。若表针向右摆动，则红表笔接的接线端为"+"，黑表笔接的接线端为"-"；若表针向左摆动，则红表笔接的接线端为"-"，黑表笔接的接线端为"+"。

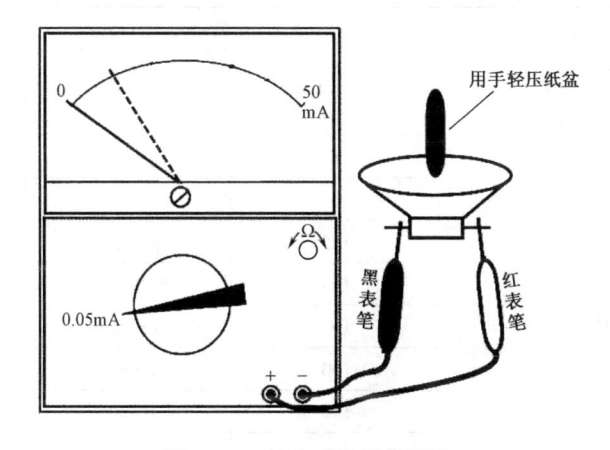

图10-4 扬声器的极性检测

用上述方法检测扬声器理论根据是：当手轻压纸盆时，纸盆带动线圈运动，线圈切割磁铁的磁力线而产生电流，电流从扬声器的"+"接线端流出。当红表笔接"+"端时，表针往右摆动；若红表笔接"-"端时，表针反偏（左摆）。

当多个扬声器并联使用时，要将各个扬声器的"+"端与"+"端连接在一起，"-"端与"-"端连接在一起，如图10-5所示。当多个扬声器串联使用时，要将后一个扬声器的"+"端与上一个扬声器的"-"端连接在一起。

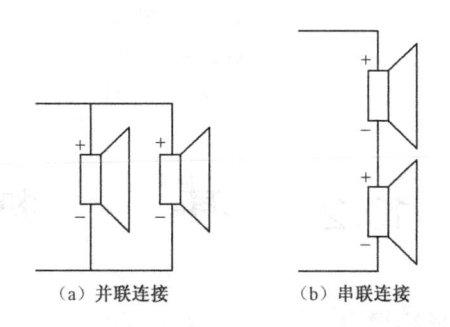

(a) 并联连接　　(b) 串联连接

图10-5 多个扬声器并、串联时正确的连接方法

10.1.5 扬声器型号命名方法

新型国产扬声器的型号命名由四部分组成：
第一部分用字母"Y"表示产品主称为扬声器。
第二部分用字母表示产品类型，"D"为电动式，"DG"为电动式高音，"HG"为号筒式高音。
第三部分用字母表示扬声器的重放频带，用数字表示扬声器口径（单位为mm）。
第四部分用数字或数字与字母混合表示扬声器的生产序号。
新型国产扬声器的型号命名及含义见表10-2。

表10-2 新型国产扬声器的型号命名及含义

第一部分：主称		第二部分：类型		第三部分：重放频带或口径		第四部分：序号
字母	含义	字母	含义	数字或字母	含义	
Y	扬声器	D DG HG	电动式 电动式高音 号筒式高音	D	低音	用数字或数字与字母混合表示扬声器的生产序号
				Z	中音	
				G	高音	
				QZ	球顶中音	
				QG	球顶高音	
				HG	号筒高音	
				130	130mm	
				140	140mm	
				166	166mm	
				176	176mm	
				200	200mm	
				206	206mm	

例如：

YD 200—1A（200mm 电动式扬声器）
Y——扬声器
D——电动式
200——口径为200mm
1A——序号

YD QG 1—6（电动式球顶高音扬声器）
Y——扬声器
D——电动式
QG——球顶高音
1~6——序号

10.2 耳　　机

10.2.1 外形与图形符号

耳机与扬声器一样，是一种电—声转换器件，其功能是将电信号转换成声音。耳机的实物外形和图形符号如图 10-6 所示。

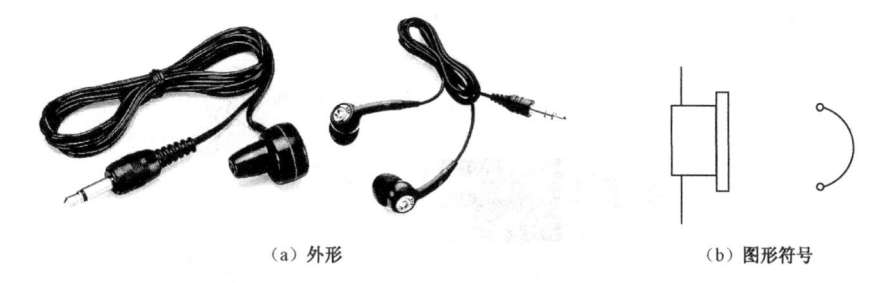

(a) 外形　　　　　　　　　　(b) 图形符号

图 10-6　耳机

10.2.2　种类与工作原理

耳机的种类很多，可分为动圈式、动铁式、压电式、静电式、气动式、等磁式和驻极体式七类，动圈式、动铁式和压电式耳机较为常见，其中动圈式耳机使用最为广泛。

动圈式耳机：是一种最常用的耳机，其工作原理与动圈式扬声器相同，可以看做是微型动圈式扬声器，其结构与工作原理可参见动圈式扬声器。动圈式耳机的优点是制作相对容易，且线性好、失真小、频响宽。

动铁式耳机：又称电磁式耳机，其结构如图 10-7 所示，一个铁片振动膜被永久磁铁吸引，在永久磁铁上绕有线圈，当线圈通入音频电流时会产生变化的磁场，它会增强或削弱永久磁铁的磁场，磁铁变化的磁场使铁片振动膜发生振动而发声。动铁式耳机优点是使用寿命长、效率高，缺点是失真大、频响窄，在早期较为常用。

压电式耳机：它是利用压电陶瓷的压电效应发声，压电陶瓷的结构如图 10-8 所示，在铜片和涂银层之间夹有压电陶瓷片，当给铜片和涂银层之间施加变化的电压时，压电陶瓷片会发生振动而发声。压电式耳机效率高、频率高，其缺点是失真大、驱动电压高、低频响应差，抗冲击力差。这种耳机的应用范围远不及动圈式耳机广泛。

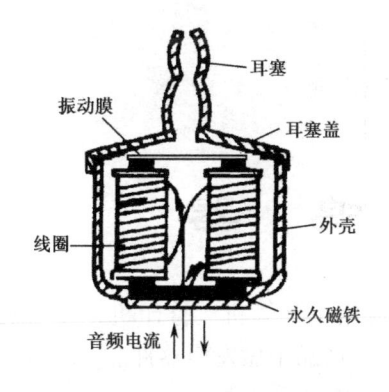

图 10-7　电磁式耳机的结构　　　　图 10-8　压电陶瓷片的结构

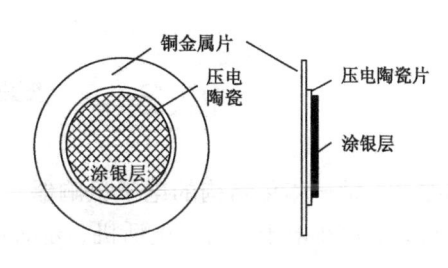

10.2.3　检测

图 10-9 是双声道耳机的接线示意图，从图中可以看出，耳机插头有 L、R、公共三个导

电环，由两个绝缘环隔开，三个导电环内部接出三根导线，一根导线引出后一分为二，三根导线变为四根后两两与左、右声道耳机线圈连接。

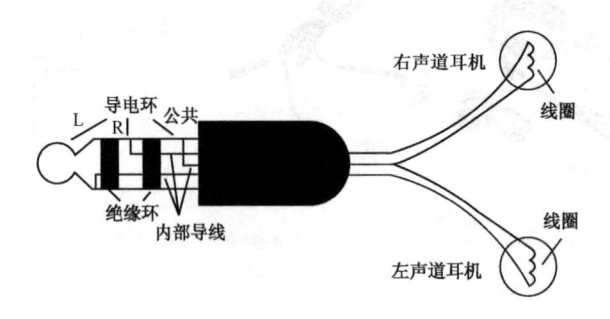

图 10-9　双声道耳机的接线示意图

在检测耳机时，万用表选择 R×1Ω 或 R×10Ω 挡，先将黑表笔接耳机插头的公共导电环，红表笔间断接触 L 导电环，听左声道耳机有无声音，正常耳机有"嚓嚓"声发出，红黑表笔接触两导环不动时，测得左声道耳机线圈阻值应为几欧姆到几百欧姆，如图 10-10 所示，如果阻值为 0 或无穷大，表明左声道耳机线圈短路或开路。然后黑表笔不动，红表笔间断接触 R 导电环，检测右声道耳机是否正常。

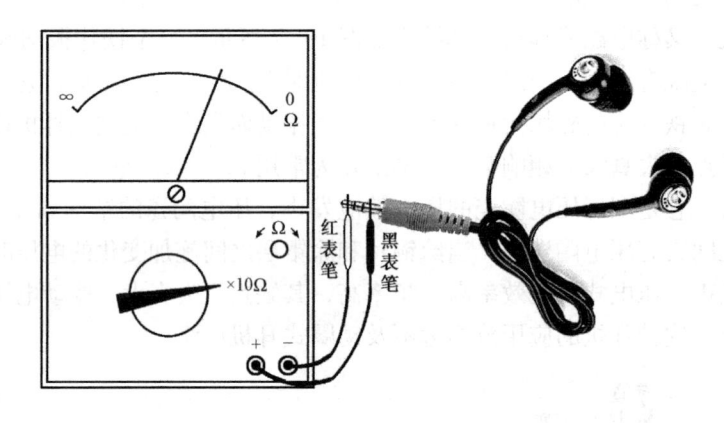

图 10-10　双声道耳机的检测

10.3　蜂鸣器

蜂鸣器是一种一体化结构的电子讯响器，广泛应用于计算机、打印机、复印机、报警器、电子玩具、汽车电子设备、电话机、定时器等电子产品中做发声器件。

10.3.1　外形与符号

蜂鸣器实物外形和符号如图 10-11 所示，蜂鸣器在电路中用字母"H"或"HA"表示。

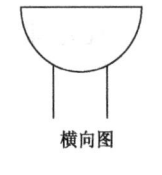

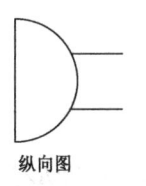

(a) 实物外形　　　　　　　　　　(b) 符号

图 10-11　蜂鸣器

10.3.2　种类及结构原理

蜂鸣器种类很多，根据发声材料不同，可分为压电式蜂鸣器和电磁式蜂鸣器；根据是否含有音源电路，可分为无源蜂鸣器和有源蜂鸣器。

1. 压电式蜂鸣器

有源压电式蜂鸣器主要由音源电路（多谐振荡器）、压电蜂鸣片、阻抗匹配器及共鸣腔、外壳等组成。有的压电式蜂鸣器外壳上还装有发光二极管。多谐振荡器由晶体管或集成电路构成，只要提供直流电源（约 1.5~15V），音源电路会产生 1.5~2.5kHz 的音频信号，经阻抗匹配器推动压电蜂鸣片发声。压电蜂鸣片由锆钛酸铅或铌镁酸铅压电陶瓷材料制成，在陶瓷片的两面镀上银电极，经极化和老化处理后，再与黄铜片或不锈钢片粘在一起。

无源压电式蜂鸣器内部不含音源电路，需要外部提供音频信号才能使之发声。

2. 电磁式蜂鸣器

有源电磁式蜂鸣器由音源电路、电磁线圈、磁铁、振动膜片及外壳等组成。接通电源后，音源电路产生的音频信号电流通过电磁线圈，使电磁线圈产生磁场。振动膜片在电磁线圈和磁铁的相互作用下，周期性地振动发声。

无源电磁式蜂鸣器的内部无音源电路，需要外部提供音频信号才能使之发声。

10.3.3　类型判别

有源蜂鸣器与无源蜂鸣器可从以下几个方面进行判别：

① 从外观上看，有源蜂鸣器引脚有正、负极性之分（引脚旁会标注极性或用不同颜色引线），无源蜂鸣器引脚则无极性，这是因为有源蜂鸣器内部音源电路的供电有极性要求。

② 给蜂鸣器两引脚加合适的电压（3~24V），能连续发音的为有源蜂鸣器，仅接通断开电源时发出"咔咔"声为无源电磁式蜂鸣器，不发声的为无源压电式蜂鸣器。

③ 用万用表合适的欧姆挡测量蜂鸣器两引脚间的正反电阻，正反向电阻相同且很小（一般 8Ω 或 16Ω 左右，用 R×1Ω 挡测量）的为无源电磁式蜂鸣器，正反向电阻均为无穷大（用 R×10kΩ 挡）的为无源压电式蜂鸣器，正反向电阻在几百欧以上且测量时可能会发出连续音的为有源蜂鸣器。

10.4 话筒

10.4.1 外形与符号

话筒又称麦克风、传声器，是一种声—电转换器件，其功能是将声音转换成电信号。话筒实物外形和图形符号如图 10-12 所示。

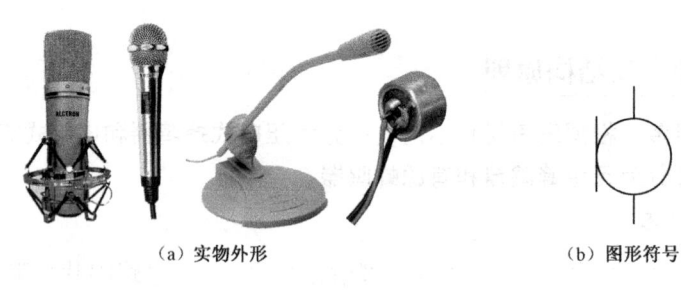

(a) 实物外形　　　　　　　(b) 图形符号

图 10-12　话筒

10.4.2 工作原理

话筒的种类很多，下面介绍最常用的动圈式话筒和驻极体式话筒的工作原理。

1. 动圈式话筒工作原理

动圈式话筒的结构如图 10-13 所示，它主要由振动膜、线圈和永久磁铁等组成。

当声音传递到振动膜时，振动膜产生振动，与振动膜连在一起的线圈会随振动膜一起运动。由于线圈处于磁铁的磁场中，当线圈在磁场中运动时，线圈会切割磁铁产生的磁力线而产生与运动相对应的电信号，从而实现声—电转换。

2. 驻极体式话筒工作原理

驻极体式话筒的结构如图 10-14 所示。

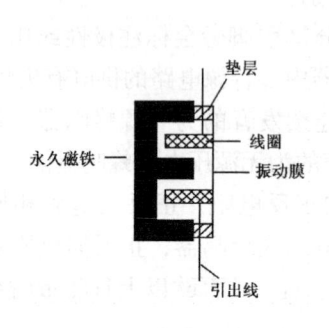

图 10-13　动圈式话筒的结构 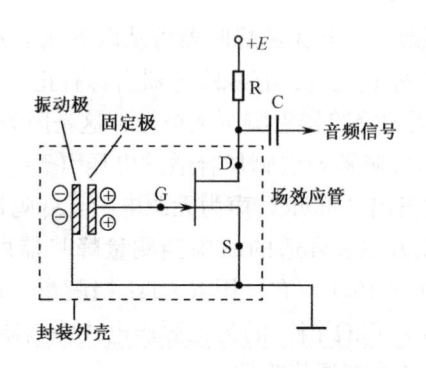　　　　　图 10-14　驻极体式话筒的结构

虚线框内的为驻极体式话筒的主要组件，有振动极、固定极和一个场效应管。振动极与固定极形成一个电容，由于两电极是经过特殊处理的，所以它本身具有静电场（即两电极上有电荷）。当声音传递到振动极时，振动极发生振动，振动极与固定极距离发生变化，引起容量发生变化，容量的变化导致固定电极上的电荷向场效应管栅极 G 移动，移动的电荷就形成电信号，电信号经场效应管放大后从 D 极输出，从而完成了声—电转换过程。

驻极体式话筒体积小、性能好，并且价格便宜，广泛用在一些小型具有录音功能的电子设备中。

10.4.3 主要参数

话筒的主要参数见表 10-3。

表 10-3 话筒的主要参数

主要参数	说　明
灵敏度	灵敏度是指话筒在一定的声压下能产生音频信号电压的大小。灵敏度越高，在相同大小的声音下输出的音频信号幅度越大
频率特性	频率特性是指话筒的灵敏度随频率变化的特性。如果话筒的高频特性好，那么还原出来的高频信号幅度大且失真小。大多数话筒频率特性范围为 100Hz～10kHz，优质话筒频率特性范围可达到 20Hz～20kHz
输出阻抗	输出阻抗是指话筒在 1kHz 的情况下输出端的交流阻抗。低阻抗话筒输出阻抗一般在 2kΩ 以下，高阻抗话筒输出阻抗 2kΩ 以上
固有噪声	固有噪声是指在没有外界声音时话筒输出的噪声信号电压。话筒的固有噪声越大，工作时输出信号中混有的噪声越多
指向性	指向性是指话筒灵敏度随声波入射方向变化而变化的特性。话筒的指向性有单向性、双向性和全向性三种。 单向性话筒对正面方向的声音灵敏度高于其他方向的声音。双向性话筒对正、背面方向的灵敏度高于其他方向的声音。全向性话筒对所有方向的声音灵敏度都高

10.4.4 种类与选用

1. 种类

话筒种类很多，常见的有动圈式话筒、驻极体式话筒、铝带式话筒、电容式话筒、压电式话筒和碳粒式话筒等。常见话筒的特点见表 10-4。

表 10-4 常见话筒的特点

种　类	特　点
动圈式话筒	动圈式话筒又称为电动式话筒，其优点是结构合理耐用、噪声低、工作稳定、经济实用且性能好
驻极体式话筒	驻极体式话筒质量轻、体积小、价格低、结构简单和电声性能好，但音质较差、噪声较大
铝带式话筒	铝带式话筒音质真实自然，高、低频音域宽广，过渡平滑自然，瞬间响应快速精确，但价格较贵
电容式话筒	电容式话筒的电声特性非常好，频率范围宽、灵敏度高、非线性失真小、瞬态响应好，但防潮性差、机械强度低、价格较贵、使用时需提供高压
压电式话筒	压电式话筒又称晶体式话筒，灵敏度高、结构简单、价格便宜，但频率特性不够宽
碳粒式话筒	碳粒式话筒结构简单、价格便宜、灵敏高、输出功率大，但频率特性差、噪声大、失真也很大

2. 选用

话筒的选用主要根据环境和声源特点来决定。在室内进行语言录音时，一般选用动圈式话筒。这是因为语言的频带较窄，使用动圈式话筒可避免产生不必要的杂音。在进行音乐录音时，一般要选择性能好的电容式话筒，以满足宽频带、大动态、高保真的需要。若环境噪声大，可选用超指向话筒，以增加选择性。

在使用话筒时，除近讲话筒外，普通话筒要注意与声源保持 0.3m 左右的距离，以防失真。在运动中录音时，要使用无线话筒。使用无线话筒，要注意防止干扰和"死区"，碰到这种情况时，可通过改变话筒无线电频率和调整收、发天线来解决。

10.4.5 检测

1. 动圈式话筒的检测

动圈式话筒外部接线端与内部线圈连接，根据线圈电阻大小可分为低阻抗话筒（约几十至几百欧左右）和高阻抗话筒（约几百至几千欧左右）。

在检测低阻抗话筒时，万用表选择 R×10Ω 挡，检测高阻抗话筒时，可选择 R×100Ω 或 R×1kΩ 挡，然后测量话筒两接线端之间的电阻。

若话筒正常，阻值应在几十至几千欧左右，同时话筒有轻微的"嚓嚓"声发出。

若阻值为 0，说明话筒线圈短路。

若阻值为无穷大，则为话筒线圈开路。

2. 驻极体式话筒的检测

驻极体式话筒检测包括电极检测、好坏检测和灵敏度检测。

（1）电极检测

驻极体式话筒外形和结构如图 10-15 所示。

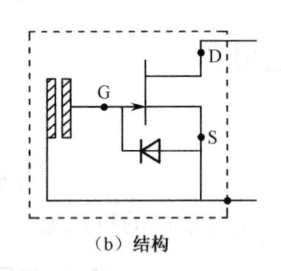

(a) 外形　　(b) 结构

图 10-15　驻极体式话筒外形和结构

从图 10-15 中可以看出，驻极体式话筒有两个接线端，分别与内部场效应管的 D、S 极连接，其中 S 极与 G 极之间接有一个二极管。在使用时，驻极体式话筒的 S 极与电路的地连接，D 极除了接电源外，还是话筒信号输出端，具体连接可见图 10-14。

驻极体式话筒电极判断可用直观法，也可以用万用表检测。在用直观法观察时，会发现有一个电极与话筒的金属外壳连接，如图 10-15（a）所示，该极为 S 极，另一个电极为 D 极。

在用万用表检测时，万用表选择 R×100Ω 挡或 R×1kΩ 挡，测量两电极之间的正、反向电阻，如图 10-16 所示，正常测得阻值一大一小，以阻值小的那次为准，如图 10-16（a）所示，黑表笔接的为 S 极，红表笔接的为 D 极。

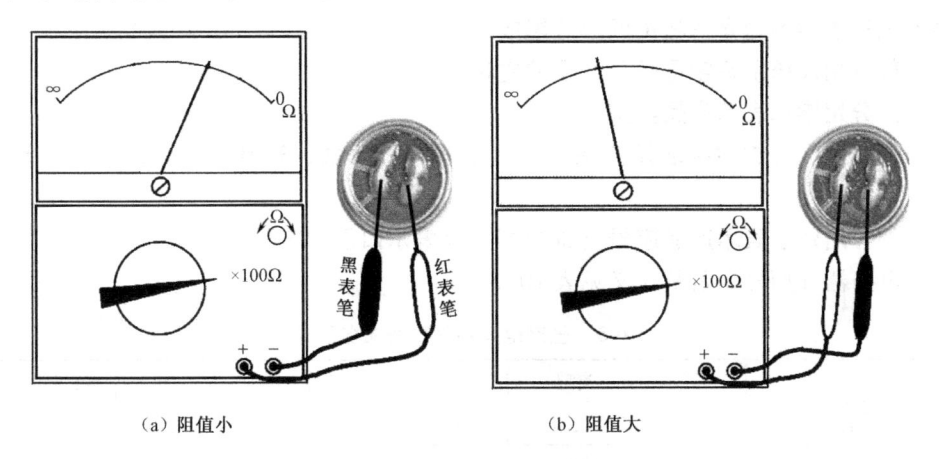

（a）阻值小　　　　　　　　　　　（b）阻值大

图 10-16　驻极体式话筒的检测

（2）好坏检测

在检测驻极体式话筒好坏时，万用表选择 R×100Ω 挡或 R×1kΩ 挡，测量两电极之间的正、反向电阻，正常测得阻值一大一小。

若正、反向电阻均为无穷大，则话筒内部的场效应管开路。

若正、反向电阻均为 0，则话筒内部的场效应管短路。

若正、反向电阻相等，则话筒内部场效应管 G、S 极之间的二极管开路。

（3）灵敏度检测

灵敏度检测可以判断话筒的声-电转换效果。在检测灵敏度时，万用表选择 R×100Ω 挡或 R×1kΩ 挡，黑表笔接话筒的 D 极，红表笔接话筒的 S 极，这样做是利用万用表内部电池为场效应管 D、S 极之间提供电压，然后对话筒正面吹气，如图 10-17 所示。

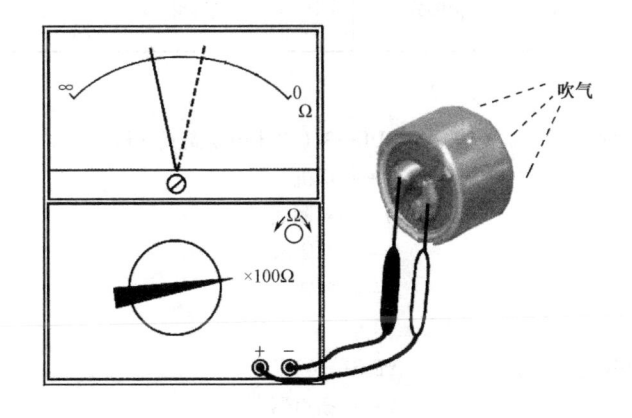

图 10-17　驻极体式话筒灵敏度的检测

若话筒正常，表针应发生摆动，话筒灵敏度越高，表针摆动幅度越大。

若表针不动，则话筒失效。

10.4.6 电声器件型号命名方法

国产电声器件的型号命名由四部分组成：
第一部分用汉语拼音字母表示产品的主称。
第二部分用字母表示产品类型。
第三部分用字母或数字表示产品特征（包括辐射形式、形状、结构、功率、等级、用途等）。
第四部分用数字表示产品序号（部分扬声器表示口径和序号）。
国产电声器件型号命名及含义见表10-5。

表10-5 国产电声器件型号命名及含义

第一部分：主称		第二部分：类型		第三部分：特征			第四部分：序号
字母	含义	字母	含义	字母	含义	数字	含义
Y	扬声器	C	电磁式	C	手持式；测试用	Ⅰ	1级
C	传声器	D	电动式（动圈式）	D	头戴式；低频	Ⅱ	2级
E	耳机			F	飞行用	Ⅲ	3级
O	送话器	A	带式	G	耳挂式；高频	025	0.25W
H	两用换能器	E	平膜音圈式	H	号筒式	04	0.4W
S	受话器	Y	压电式	I	气导式	05	0.5W
N、OS	送话器组	R	电容式、静电式	J	舰艇用；接触式	1	1W
EC	耳机传声器组			K	抗噪式	2	2W
HZ	号筒式组合扬声器	T	碳粒式	L	立体声	3	3W
		Q	气流式	P	炮兵用	5	5W
YX	扬声器箱	Z	驻极体式	Q	球顶式	10	10W
YZ	声柱扬声器	J	接触式	T	椭圆形	15	15W
						20	20W

第四部分：用数字表示产品序号

例如：

CDⅡ—1（2级动圈式传声器）　　EDL—3（立体声动圈式耳机）
C——传声器　　　　　　　　　　E——耳机
D——动圈式　　　　　　　　　　D——动圈式
Ⅱ——2级　　　　　　　　　　　L——立体声
1——序号　　　　　　　　　　　3——序号

YD 10—12B（10W 电动式扬声器）　YD 3—165
Y——扬声器　　　　　　　　　　Y——扬声器
D——电动式　　　　　　　　　　D——电动式
10——功率为10W　　　　　　　 3——功率为3W
12B——序号　　　　　　　　　　165——口径为165mm

第11章

显示器件

问: 老师,什么是显示器件呢?

答: 显示器件是一种能将电信号转换成字符图形的器件。

显示器件种类很多,常见的有 LED 数码管、LED 点阵显示器、真空荧光显示器和液晶显示屏等。

11.1 LED 数码管与 LED 点阵显示器

11.1.1 一位 LED 数码管

1. 外形、结构与类型

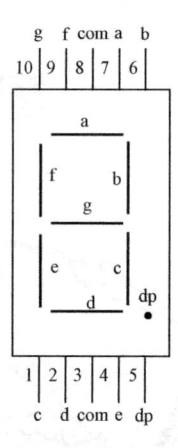

一位 LED 数码管如图 11-1 所示，它将 a、b、c、d、e、f、g、dp 共 8 个发光二极管排成图示的"B."字形，通过让 a、b、c、d、e、f、g 不同的段发光来显示数字 0~9。

(a) 外形　　　　　　　　　　(b) 段与引脚的排列

图 11-1　一位 LED 数码管

由于 8 个发光二极管共有 16 个引脚，为了减少数码管的引脚数，在数码管内部将 8 个发光二极管正极或负极引脚连接起来，接成一个公共端（COM 端），根据公共端是发光二极管正极还是负极，可分为共阳极接法（正极相连）和共阴极接法（负极相连），如图 11-2 所示。

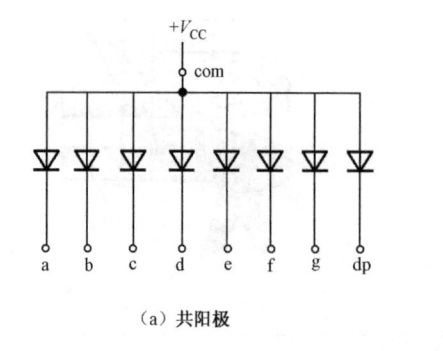

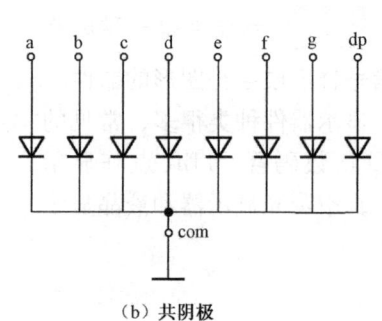

(a) 共阳极　　　　　　　　　　(b) 共阴极

图 11-2　一位 LED 数码管内部发光二极管的连接方式

对于共阳极接法的数码管，需要给发光二极管加低电平才能发光；而对于共阴极接法的数码管，需要给发光二极管加高电平才能发光。假设图 11-1 是一个共阴极接法的数码管，如果让它显示一个"5"字，那么需要给 a、c、d、f、g 引脚加高电平（这些引脚为 1），b、e 引脚加低电平（这些引脚为 0），这样 a、c、d、f、g 段的发光二极管有电流通过而发光，b、e 段的发光二极管不发光，数码管就会显示出数字"5"。

2. 类型与引脚检测

检测 LED 数码管使用万用表的 R×10kΩ 挡。从图 11-2 所示的数码管内部发光二极管的连接方式可以看出：对于共阳极数码管，黑表笔接公共极、红表笔依次接其他各极时，会出现 8 次阻值小；对于共阴极多位数码管，红表笔接公共极、黑表笔依次接其他各极时，也会出现 8 次阻值小。

（1）类型与公共极的判别

在判别 LED 数码管类型及公共极（com）时，万用表拨至 R×10kΩ 挡，测量任意两引脚之间的正反向电阻，当出现阻值小时，如图 11-3（a）所示，说明黑表笔接的是发光二极管的正极，红表笔接的是负极，然后黑表笔不动，红表笔依次接其他各引脚。若出现阻值小的次数大于 2 次时，则黑表笔接的引脚是公共极，被测数码管是共阳极类型；若出现阻值小的次数仅有 1 次，则该次测量时红表笔接的引脚是公共极，被测数码管是共阴极。

（2）各段极的判别

在检测 LED 数码管各引脚对应的段时，万用表选择 R×10kΩ 挡。对于共阳极数码管，黑表笔接公共引脚，红表笔接其他某个引脚，这时会发现数码管某段会有微弱的亮光，如 a 段有亮光，表明红表笔接的引脚与 a 段发光二极管负极连接；对于共阴极数码管，红表笔接公共引脚，黑表笔接其他某个引脚，会发现数码管某段会有微弱的亮光，则黑表笔接的引脚与该段发光二极管正极连接。

由于万用表的 R×10kΩ 挡提供的电流很小，因此测量时有可能无法让一些数码管内部的发光二极管正常发光，虽然万用表使用 R×1Ω～R×1kΩ 挡时提供的电流大，但内部使用 1.5V 电池，无法使发光二极管导通发光，解决这个问题的方法是将万用表拨至 R×10Ω 或 R×1Ω 挡，再给红表笔串接一个 1.5V 的电池，电池的正极连接红表笔，负极接被测数码管的引脚，如图 11-3（b）所示，具体的检测方法与万用表选择 R×10kΩ 挡时相同。

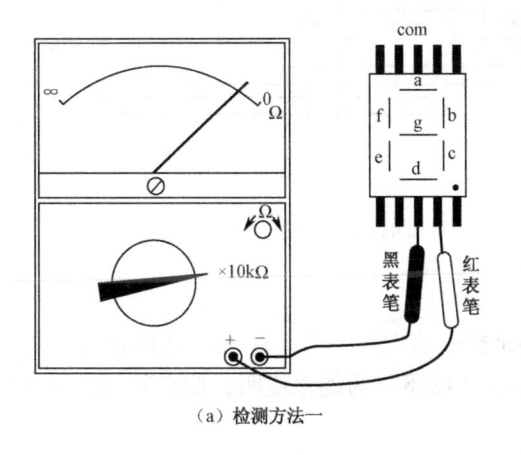

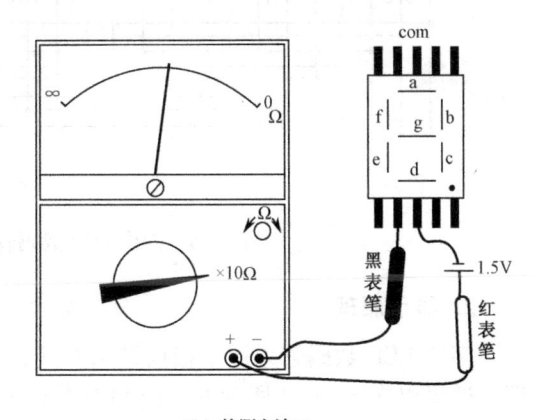

（a）检测方法一　　　　　　　　（b）检测方法二

图 11-3　LED 数码管的检测

11.1.2 多位 LED 数码管

1. 外形与类型

图 11-4 是四位 LED 数码管，它有两排共 12 个引脚，其内部发光二极管有共阳极和共阴极两种连接方式，如图 11-5 所示。12、9、8、6 脚分别为各位数码管的公共极，11、7、4、2、1、10、5、3 脚同时接各位数码管的相应段，称为段极。

图 11-4　四位 LED 数码管

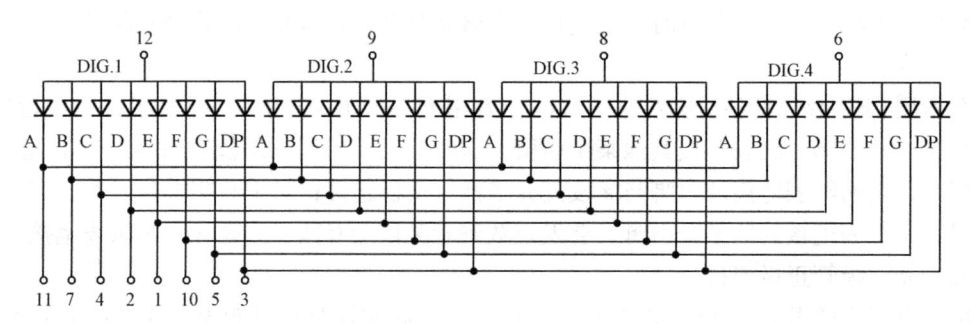

（a）共阳极

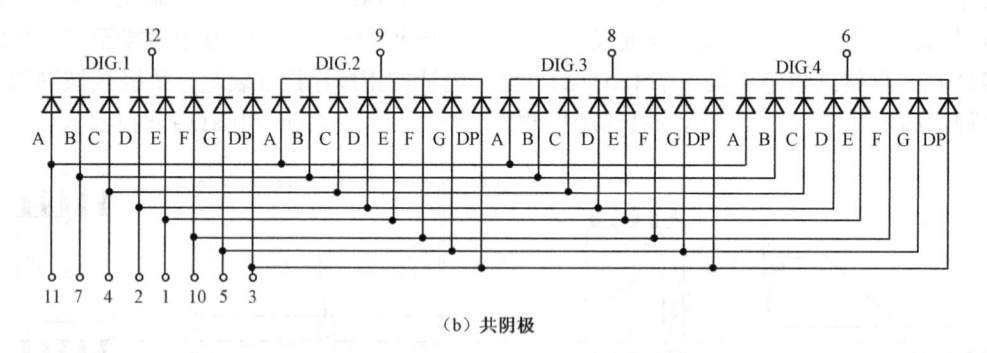

（b）共阴极

图 11-5　四位 LED 数码管内部发光二极管的连接方式

2. 显示原理

多位 LED 数码管采用了扫描显示方式，又称动态驱动方式。为了让大家理解该显示原理，这里以在图 11-4 所示的四位 LED 数码管上显示"1278"为例来说明，假设其内部发光二极管为图 11-5（b）所示的连接方式。

先给数码管的 12 脚加一个低电平（9、8、6 脚为高电平），再给 7、4 脚加高电平（11、2、1、10、5 脚均低电平），结果第一位的 B、C 段发光二极管点亮，第一位显示"1"，由于

9、8、6 脚均为高电平，故第二、三、四位中的所有发光二极管均无法导通而不显示；然后给 9 脚加一个低电平（12、8、6 脚为高电平），给 11、7、2、1、5 脚加高电平（4、10 脚为低电平），第二位的 A、B、D、E、G 段发光二极管点亮，第二位显示"2"，同样原理，在第三位和第四位分别显示数字"7"、"8"。

多位数码管的数字虽然是一位一位地显示出来的，但人眼具有视觉暂留特性（所谓视觉暂留特性是指当人眼看见一个物体后，如果物体消失，人眼还会觉得物体仍在原位置，这种感觉约保留 0.04s 的时间），当数码管显示到最后一位数字"8"时，人眼会感觉前面 3 位数字还在显示，故看起来好像显示"1278"四位数。

3. 检测

检测多位 LED 数码管使用万用表的 R×10kΩ 挡。从图 11-5 所示的多位数码管内部发光二极管的连接方式可以看出：对于共阳极多位数码管，黑表笔接某位的公共极、红表笔依次接其他各极时，会出现 8 次阻值小；对于共阴极多位数码管，红表笔接某位的公共极、黑表笔依次接其他各极时，也会出现 8 次阻值小。

（1）类型与某位的公共极的判别

在检测多位 LED 数码管类型时，万用表拨至 R×10kΩ 挡，测量任意两引脚之间的正反向电阻，当出现阻值小时，说明黑表笔接的为发光二极管的正极，红表笔接的为负极，然后黑表笔不动，红表笔依次接其他各引脚，若出现阻值小的次数等于 8 次，则黑表笔接的引脚为某位的公共极，被测多位数码管为共阳极，若出现阻值小的次数等于数码管的位数（四位数码管为 4 次）时，则黑表笔接的引脚为段极，被测多位数码管为共阴极，红表笔接的引脚为某位的公共极。

（2）各段极的判别

在检测多位 LED 数码管各引脚对应的段时，万用表选择 R×10kΩ 挡。对于共阳极数码管，黑表笔接某位的公共极，红表笔接其他引脚，若发现数码管某段有微弱的亮光，如 a 段有亮光，表明红表笔接的引脚与 a 段发光二极管负极连接；对于共阴极数码管，红表笔接某位的公共极，黑表笔接其他引脚，若发现数码管某段有微弱的亮光，则黑表笔接的引脚与该段发光二极管正极连接。

如果使用万用表 R×10kΩ 挡检测无法观察到数码管的亮光，可按图 11-3（b）所示的方法，将万用表拨至 R×10Ω 或 R×1Ω 挡，给红表笔串接一个 1.5V 的电池，电池的正极连接红表笔，负极接被测数码管的引脚，具体的检测方法与万用表选择 R×10kΩ 挡时相同。

11.1.3　LED 点阵显示器

1. 外形与结构

图 11-6（a）为 LED 点阵显示器的实物外形，图 11-6（b）为 8×8 LED 点阵显示器内部结构，它是由 8×8=64 个发光二极管组成，每个发光管相当于一个点，发光管为单色发光二极管可构成单色点阵显示器，发光管为双色发光二极管或三基色发光二极管则能构成彩色点阵显示器。

(a) 外形　　　　　　　　　　　　　　(b) 结构

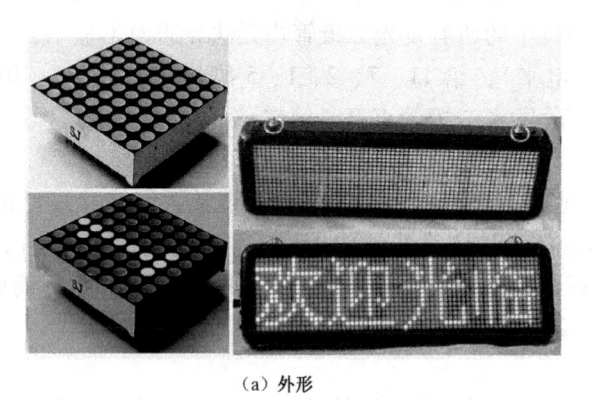

图 11-6　LED 点阵显示器

2. 类型与工作原理

(1) 类型

根据内部发光二极管连接方式不同，LED 点阵显示器可分为共阴型和共阳型，其结构如图 11-7 所示。对单色 LED 点阵来说，若第一个引脚（引脚旁通常标有 1）接发光二极管的阴极，该点阵叫做共阴型点阵（又称行共阴列共阳点阵），反之则叫共阳型点阵（又称行共阳列共阴点阵）。

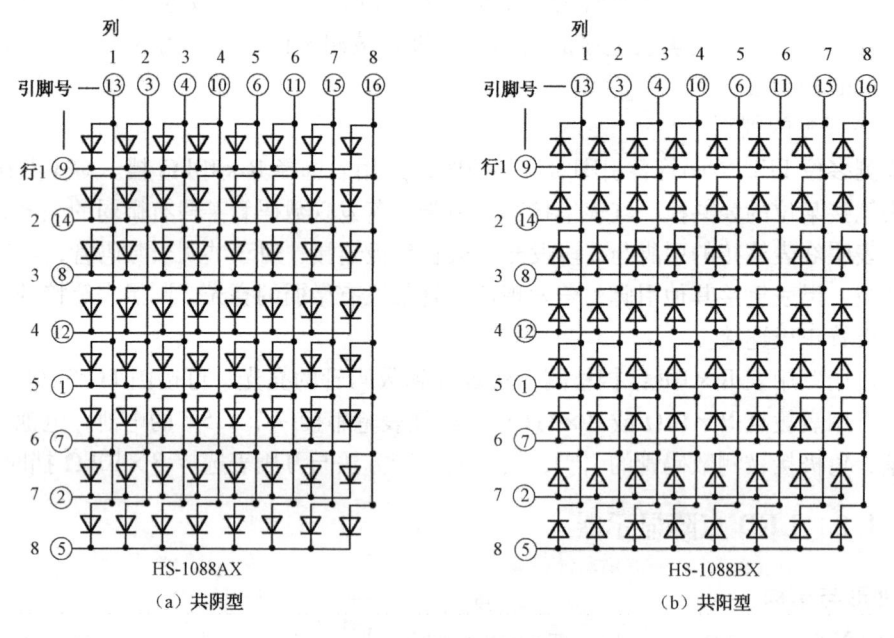

(a) 共阴型　HS-1088AX　　　　　　(b) 共阳型　HS-1088BX

图 11-7　单色 LED 点阵的结构类型

(2) 工作原理

下面以在图 11-8 所示的 5×5 点阵中显示"△"图形为例进行说明。

点阵显示采用扫描显示方式，具体又可分为三种方式：行扫描、列扫描和点扫描。

（a）点阵显示电路　　　　　　　　　　（b）行扫描信号

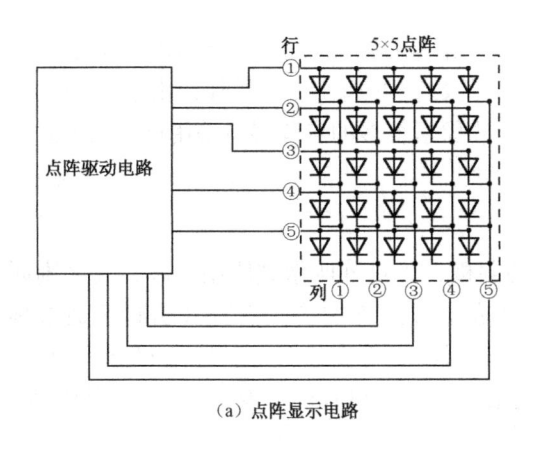

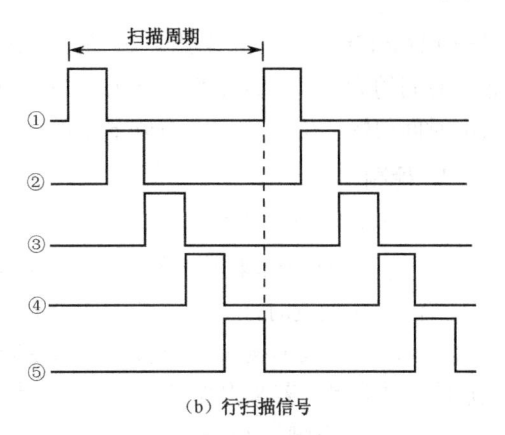

图 11-8　点阵显示原理说明

① 行扫描方式。

在显示前让点阵所有行线为低电平（0）、所有列线为高电平（1），点阵中的发光二极管均截止，不发光。在显示时，首先让行①线为1，如图 11-8（b）所示，列①~⑤线为 11111，第一行 LED 都不亮，然后让行②线为1，列①~⑤线为 11011，第二行中的第3个 LED 亮，再让行③线为1，列①~⑤线为 10101，第3行中的第2、4个 LED 亮，接着让行④线为1，列①~⑤线为 00000，第4行中的所有 LED 都亮，最后让行⑤线为1，列①~⑤为 11111，第5行中的所有 LED 都不亮。第5行显示后，由于人眼的视觉暂留特性，会觉得前面几行的 LED 还在亮，整个点阵显示一个"△"图形。

当点阵工作在行扫描方式时，为了让显示的图形有整体连续感，要求从第①行扫到最后一行的时间不应超过 0.04s（人眼视觉暂留时间），即行扫描信号的周期不要超过 0.04s，频率不要低于 25Hz，若行扫描信号周期为 0.04s，则每行的扫描时间为 0.008s，即每列数据持续时间为 0.008s，列数据切换频率为 125Hz。

② 列扫描方式。

列扫描与行扫描的工作原理大致相同，不同在于列扫描是从列线输入扫描信号，并且列扫描信号为低电平有效，而行线输入行数据。以图 11-8（a）所示电路为例，在列扫描时，首先让列①线为低电平（0），从行①~⑤线输入 00010，然后让列②线为0，从行①~⑤线输入 00110。

③ 点扫描方式。

点扫描方式的工作过程：首先让行①线为高电平，让列①~⑤线逐线依次输出1、1、1、1、1，然后让行②线为高电平，让列①~⑤线逐线依次输出1、1、0、1、1，再让行③线为高电平，让列①~⑤线逐线依次输出1、0、1、0、1，接着让行④线为高电平，让列①~⑤线逐线依次输出0、0、0、0、0，最后让行⑤线为高电平，让列①~⑤线逐线依次输出1、1、1、1、1，结果在点阵上显示出"△"图形。

从上述分析可知，点扫描是从前往后让点阵中的每个 LED 逐个显示，由于是逐点输送数据，这样就要求列数据的切换频率很高。以 5×5 点阵为例，如果整个点阵的扫描周期为 0.04s，那么每个 LED 显示时间为 0.04/25 = 0.0016s，即 1.6ms，列数据切换频率达 625Hz。

对于128×128点阵，若采用点扫描方式显示，其数据切换频率高达409 600Hz，每个LED通电时间约为2 μs，这不但要求点阵驱动电路很高的数据处理速度，另外，由于每个LED通电时间很短，会造成整个点阵显示的图形偏暗，故像素很多的点阵很少采用点扫描方式。

3. 检测

（1）共阳、共阴类型的检测

对单色LED点阵来说，若第一引脚接LED的阴极，该点阵叫做共阴型点阵，反之则叫共阳点阵。在检测时，万用表拨至R×10k挡，红表笔接点阵的第一引脚（引脚旁通常标有1）不动，黑表笔接其他引脚，若出现阻值小，表明红表笔接的第一引脚为LED的负极，该点阵为共阴型，若未出现阻值小，则红表笔接的第一引脚为LED的正极，该点阵为共阳型。

（2）点阵引脚与LED正、负极连接检测

从图11-9所示的点阵内部LED连接方式来看，共阴、共阳型点阵没有根本的区别，共阴型上下翻转过来就可变成共阳型，因此如果找不到第一脚，只要判断点阵哪些引脚接LED正极，哪些引脚接LED负极，驱动电路是采用正极扫描或是负极扫描，在使用时就不会出错。

点阵引脚与LED正、负极连接检测：万用表拨至R×10k挡，测量点阵任意两脚之间的电阻，当出现阻值小时，黑表笔接的引脚接LED的正极，红表笔接的为LED的负极，然后黑表笔不动，红表笔依次接其他各脚，所有出现阻值小时红表笔接的引脚都与LED负极连接，其余引脚都与LED正极连接。

（3）好坏判别

LED点阵由很多发光二极管组成，只要检测这些发光二极管是否正常，就能判断点阵是否正常。判别时，将3～6V直流电源与一只100Ω电阻串联，如图11-9所示，再用导线将行①～⑤引脚短接，并将电源正极（串有电阻）与行某引脚连接，然后将电源负极接列①引脚，列①五个LED应全亮，若某个LED不亮，则该LED损坏，用同样方法将电源负极依次接列②～⑤引脚，若点阵正常，则列①～⑤的每列LED会依次亮。

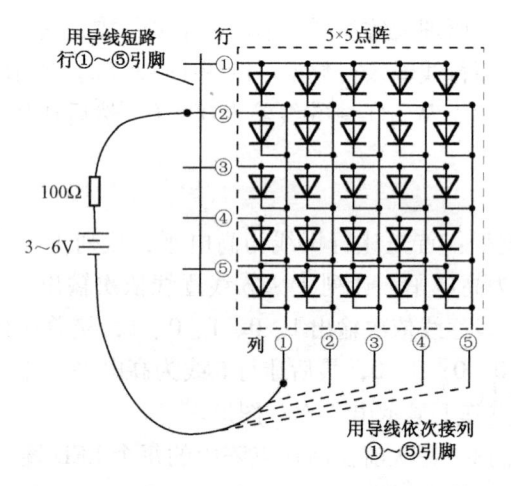

图11-9 LED点阵的好坏检测

11.2 真空荧光显示器

真空荧光显示器简称 VFD，是一种真空显示器件，常用在一些家用电器中（如影碟机、录像机和音响设备）、办公自动化设备、工业仪器仪表及汽车等各种领域中，用来显示机器的状态和时间等信息。

11.2.1 外形

真空荧光显示器外形如图 11-10 所示。

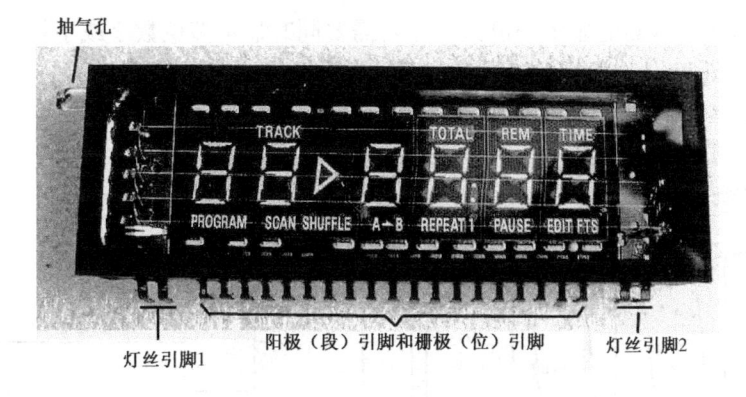

图 11-10 真空荧光显示器外形

11.2.2 结构与工作原理

真空荧光显示器有一位荧光显示器和多位荧光显示器。

1. 一位真空荧光显示器

图 11-11 为一位数字显示荧光显示器的结构示意图，它内部有灯丝、栅极（控制极）和 a、b、c、d、e、f、g 七个阳极，这七个阳极上都涂有荧光粉并排列成"日"字样，灯丝

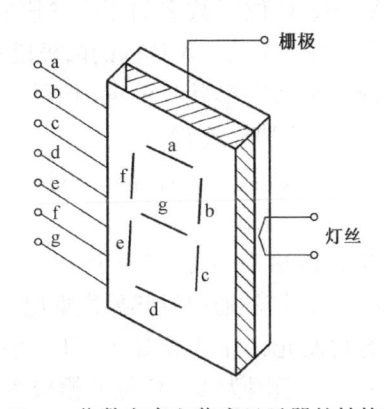

图 11-11 一位数字真空荧光显示器的结构示意图

的作用是发射电子，栅极（金属网格状）处于灯丝和阳极之间，灯丝发射出来的电子能否到达阳极受栅极的控制，阳极上涂有荧光粉，当电子轰击荧光粉时，阳极上的荧光粉发光。

在真空荧光显示器工作时，要给灯丝提供3V左右的交流电压，灯丝发热后才能发射电子，栅极加上较高的电压才能吸引电子，让它穿过栅极并往阳极方向运动。电子要轰击某个阳极，该阳极必须有高电压。

当要显示"3"字样时，由驱动电路给真空荧光显示器的a、b、c、d、e、f、g七个阳极分别送1、1、1、0、0、1，即给a、b、c、d、g五个阳极送高电压，另外给栅极也加上高电压，于是灯丝发射的电子穿过网格状的栅极后轰击加有高电压的a、b、c、d、g阳极，由于这些阳极上涂有荧光粉，在电子的轰击下，这些阳极发光，显示器显示"3"的字样。

2. 多位真空荧光显示器

一个真空荧光显示器能显示一位数字，若需要同时显示多位数字或字符，可使用多位真空荧光显示器。图11-12（a）为四位真空荧光显示器的结构示意图。

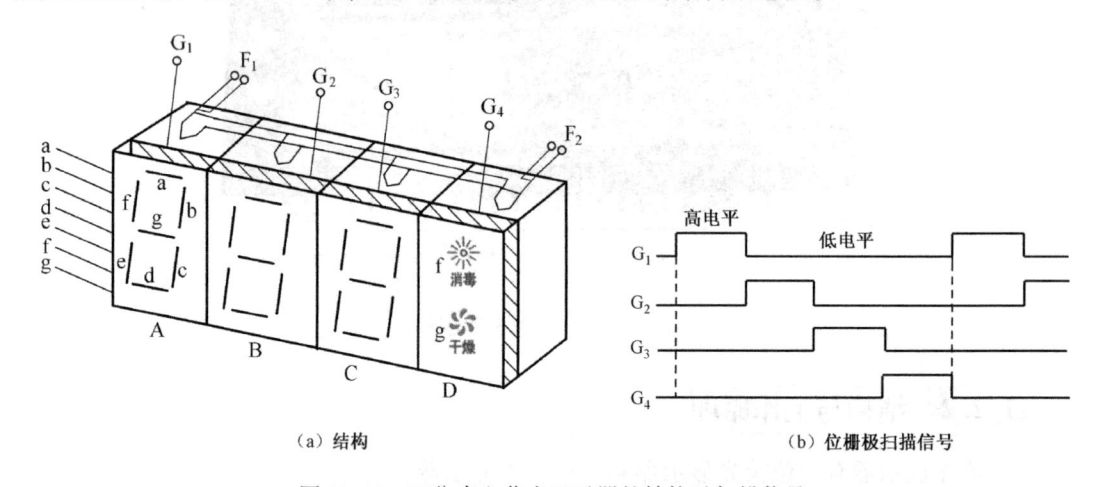

图11-12 四位真空荧光显示器的结构及扫描信号

图11-12中的真空荧光显示器有A、B、C、D四个位区，每个位区都有单独的栅极，四个位区的栅极引出脚分别为G_1、G_2、G_3、G_4；每个位区的灯丝在内部以并联的形式连接起来，对外只引出两个引脚；A、B、C位区数字的相应各段的阳极都连接在一起，再与外面的引脚相连，例如C位区的阳极段a与B、A位区的阳极段a都连接起来，再与显示器引脚a连接，D位区两个阳极为图形和文字形状，消毒图形与文字为一个阳极，与引脚f连接，干燥图形与文字为一个阳极，与引脚g连接。

多位真空荧光显示器与多位LED数码管一样，都采用扫描显示原理。下面以在图11-12所示的显示器上显示"127消毒"为例来说明。

首先给灯丝引脚F_1、F_2通电，再给G_1引脚加一个高电平，此时G_2、G_3、G_4均为低电平，然后分别给b、c引脚加高电平，灯丝通电发热后发射电子，电子穿过G_1栅极轰击A位的阳极b、c，这两个电极的荧光粉发光，在A位显示"1"字样，这时虽然b、c引脚的电压也会加到B、C位的阳极b、c上，但因为B、C位的栅极为低电平，B、C位的灯丝发射的电子无法穿过B、C位的栅极轰击阳极，故B、C位无显示；接着给G_2脚加高电平，此时

G_1、G_3、G_4引脚均为低电平，再给阳极a、b、d、e、g加高电平，灯丝发射的电子轰击B位阳极a、b、d、e、g，这些阳极发光，在B位显示"2"字样。同样原理，在C位和D位分别显示"7"、"消毒"字样，G_1、G_2、G_3、G_4极的电压变化关系如图11-12（b）所示。

显示器的数字虽然是一位一位地显示出来的，但由于人眼视觉暂留特性，当显示器显示最后"消毒"字样时，人眼仍会感觉前面3位数字还在显示，故看起来好像是一下子显示"127消毒"。

11.2.3 检测

真空荧光显示器VFD处于真空工作状态，如果发生显示器破裂漏气就会无法工作。在工作时，VFD的灯丝加有3V左右的交流电压，在暗处VFD内部灯丝有微弱的红光发出。

在检测VFD时，可用万用表R×1Ω或R×10Ω挡测量灯丝的阻值，正常阻值很小，如果阻值无穷大，则为灯丝开路或引脚开路。在检测各栅极和阳极时，用万用表R×1kΩ挡，测量各栅极之间、各阳极之间、栅阳极之间和栅阳极与灯丝间的阻值，正常应均为无穷大，若出现阻值为0或较小，则为所测极之间出现短路故障。

11.3 液晶显示屏

液晶显示屏简称LCD屏，其主要材料是液晶。液晶是一种有机材料，在特定的温度范围内，既有液体的流动性，又有某些光学特性，其透明度和颜色随电场、磁场、光及温度等外界条件的变化而变化。液晶显示器是一种被动式显示器件，液晶本身不会发光，它是通过反射或透射外部光线来显示，光线越强，其显示效果越好。液晶显示屏是利用液晶在电场作用下光学性能变化的特性制成的。

液晶显示屏可分为笔段式显示屏和点阵式显示屏。

11.3.1 笔段式液晶显示屏

1. 外形

笔段式液晶显示屏外形如图11-13所示。

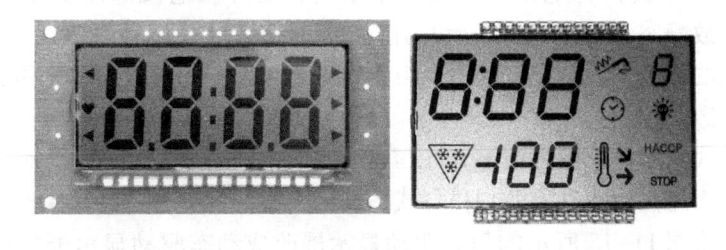

图11-13 笔段式液晶显示屏外形

2. 结构与工作原理

图11-14是一位笔段式液晶显示屏的结构。

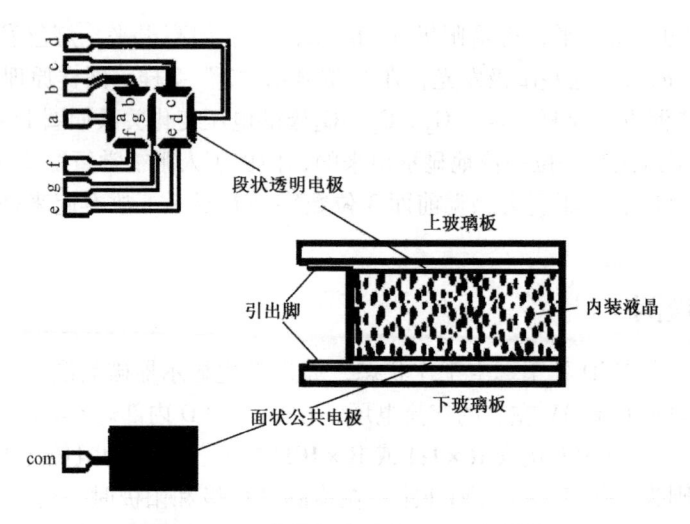

图 11-14 一位笔段式液晶显示屏的结构

一位笔段式液晶显示屏是将液晶材料封装在两块玻璃之间，在上玻璃内表面涂上"８"字形的七段透明电极，在下玻璃内表面整个涂上导电层做公共电极（或称背电极）。

当给液晶显示屏上玻璃板的某段透明电极与下玻璃的公共电极之间加上适当大小的电压时，该段极与下玻璃上的公共电极之间夹持的液晶会产生"散射效应"，夹持的液晶不透明，就会显示出该段形状。例如给下玻璃上的公共电极加一个低电压，而给上玻璃板内表面的a、b段透明电极加高电压，a、b段极与下玻璃上的公共电极存在电压差，它们中间夹持的液晶特性改变，a、b段下面的液晶变得不透明，呈现出"1"字样。

如果在上玻璃板内表面涂上某种形状的透明电极，只要给该电极与下面的公共电极之间加一定的电压，液晶屏就能显示该形状。笔段式液晶显示屏上玻璃板内表面可以涂上各种形状的透明电极，如图 11-13 所示符号、点状和雪花状图案等，由于这些形状的电极是透明的，且液晶未加电压时也是透明的，故未加电时显示屏无任何显示，只要给这些电极与公共极之间加电压，就可以将这些形状显示出来。

3. 多位笔段式 LCD 屏的驱动方式

多位笔段式液晶显示屏有静态和动态（扫描）两种驱动方式。在采用静态驱动方式时，整个显示屏使用一个公共背电极并接出一个引脚，而各段电极都需要独立接出引脚，如图 11-15 所示，故静态驱动方式的显示屏引脚数量较多。在采用动态驱动（扫描方式）时，各位都要有独立的背极，各位相应的段电极在内部连接在一起再接出一个引脚，动态驱动方式的显示屏引脚数量较少。

动态驱动方式的多位笔段式液晶显示屏的工作原理与多位 LED 数码管、多位真空荧光显示器一样，采用逐位快速显示的扫描方式，利用人眼的视觉暂留特性来产生屏幕整体显示的效果。如果要将图 11-15 所示的静态驱动显示屏改成动态驱动显示屏，只需将整个公共背极切分成五个独立的背极，并引出 5 个引脚，然后将五个位中相同的段极在内部连接起来并接出 1 个引脚，共接出 8 个引脚，这样整个显示屏只需 13 个引脚。在工作时，先给第 1 位背极加电压，同时给各段极传送相应电压，显示屏第 1 位会显示出需要的数字，然后给第

2位背极加电压，同时给各段极传送相应电压，显示屏第2位会显示出需要的数字，如此工作，直至第5位显示出需要的数字，然后重新从第1位开始显示。

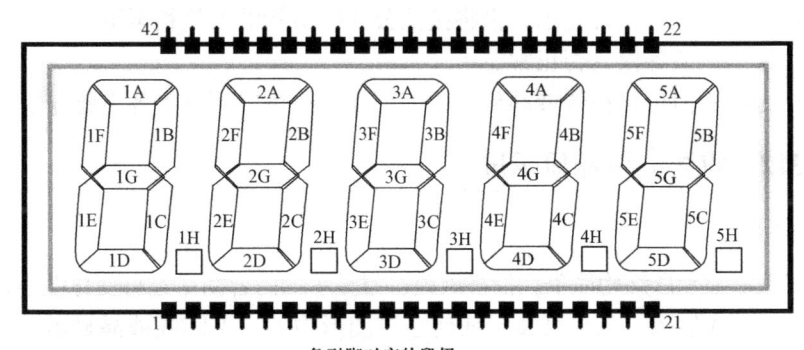

1	2	3	4	5	6	7	8	9	10	11	12	13	14	15	16	17	18	19	20	21
COM	1A	1B	1C	1D	1E	1F	1G	1H	2A	2B	2C	2D	2E	2F	2G	2H	3A	3B	3C	3D

22	23	24	25	26	27	28	29	30	31	32	33	34	35	36	37	38	39	40	41	42
3E	3F	3G	3H	4A	4B	4C	4D	4E	4F	4G	4H	5A	5B	5C	5D	5E	5F	5G	5H	/

（a）外形及各引脚对应的段极

（b）等效图

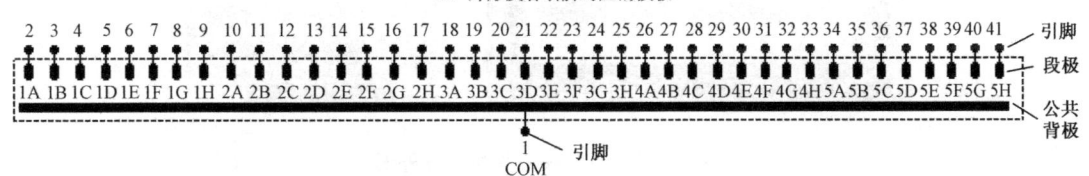

图 11-15　静态驱动方式的多位笔段式液晶显示屏

4. 检测

（1）公共极的判断

由液晶显示屏的工作原理可知，只有公共极与段极之间加有电压，段极形状才能显示出来，段极与段极之间加电压无显示，根据该原理可检测出公共极。检测时，万用表拨至 R×10kΩ 挡（也可使用数字万用表的二极管测量挡），红、黑表笔接显示屏任意两引脚，当显示屏有某段显示时，一只表笔不动，另一只表笔接其他引脚，如果有其他段显示，则不动的表笔所接为公共极。

（2）好坏检测

在检测静态驱动式笔段式液晶显示屏时，万用表拨至 R×10kΩ 挡，将一只表笔接显示屏的公共极引脚，另一只表笔依次接各段极引脚，当接到某段极引脚时，万用表就通过两表笔给公共极与段极之间加有电压，如果该段正常，则该段的形状将会显示出来。如果显示屏正常，则各段显示应清晰、无毛边；如果某段无显示或有断线，则该段极可能有开路或断极；如果所有段均不显示，可能是公共极开路或显示屏损坏。在检测时，有时测某段时邻近的段也会显示出来，这是正常的感应现象，可用导线将邻近段引脚与公共极引脚短路，即可消除感应现象。

在检测动态驱动式笔段式液晶显示屏时，万用表仍拨至 R×10kΩ 挡，由于动态驱动显示屏有多个公共极，检测时先将一只表笔接某位公共极引脚，将另一只表笔依次接各段引脚，正常情况下各段应正常显示，再将接位公共极引脚的表笔移至下一个位公共极引脚，用同样的方法检测该位各段是否正常。

用上述方法不但可以检测液晶显示屏的好坏，还可以判断出各引脚连接的段极。

11.3.2 点阵式液晶显示屏

1. 外形

笔段式液晶显示屏结构简单，价格低廉，但显示的内容简单且可变化性小，而点阵式液晶显示屏以点的形式显示，几乎可显示任何字符图形内容。点阵式液晶显示屏外形如图 11-16 所示。

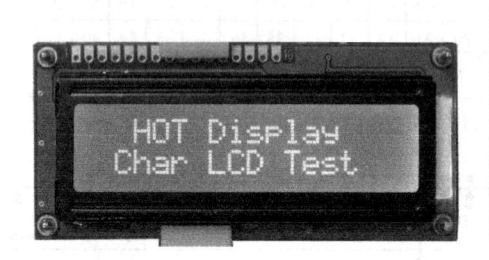

图 11-16 点阵式液晶显示屏外形

2. 结构与工作原理

图 11-17（a）为 5×5 点阵式液晶显示屏的结构示意图，它是在封装有液晶的下玻璃内表面涂有 5 条行电极，在上玻璃内表面涂有 5 条透明列电极，从上往下看，行电极与列电极有 25 个交点，每个交点相当于一个点（又称像素）。

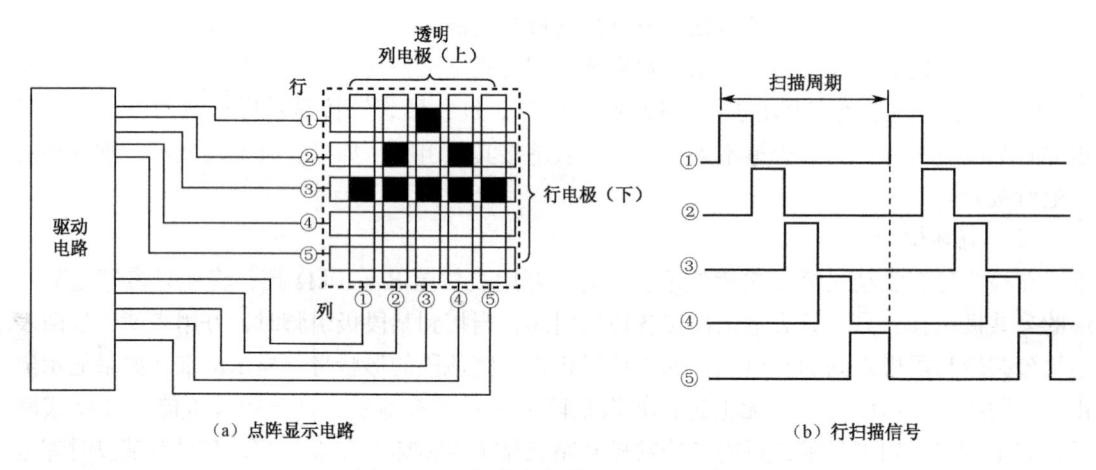

（a）点阵显示电路　　　　（b）行扫描信号

图 11-17 点阵式液晶显示屏原理说明

点阵式液晶屏与点阵 LED 显示屏相同，也采用扫描方式，也可分为三种方式：行扫描、列扫描和点扫描。下面以显示"△"图形为例来说明最为常用的行扫描方式。

在显示前，让点阵所有行、列线电压相同，这样下行线与上列线之间不存在电压差，中间的液晶处于透明。在显示时，首先让行①线为 1（高电平），如图 11-17（b）所示，列①～⑤线为 11011，第①行电极与第①③列电极之间存在电压差，其夹持的液晶不透明；然后让行②线为 1，列①～⑤线为 10101，第②行与第②、④列夹持的液晶不透明；再让行③线为 1，列①～⑤线为 00000，第③行与第①～⑤列夹持的液晶都不透明；接着让行④线为 1，列①～⑤线为 11111，第 4 行与第①～⑤列夹持的液晶全透明，最后让行⑤线为 1，列①～⑤为 11111，第 5 行与第①～⑤列夹持的液晶全透明。第 5 行显示后，由于人眼的视觉暂留特性，会觉得前面几行内容还在亮，整个点阵显示一个"△"图形。

点阵式液晶显示屏有反射型和透射型之分，如图 11-18 所示，反射型 LCD 屏依靠液晶不透明来反射光线显示图形，如电子表显示屏、数字万用表的显示屏等都是利用液晶不透明（通常为黑色）来显示数字，透射型 LCD 屏依靠光线透过透明的液晶来显示图像，如手机显示屏、液晶电视显示屏等都是采用透射方式显示图像。

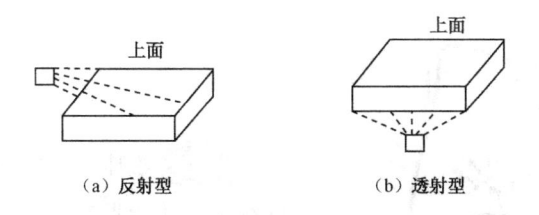

图 11-18 点阵式液晶显示屏的类型

图 11-18（a）所示的点阵为反射型 LCD 屏，如果将它改成透射型 LCD 屏，行、列电极均需为透明电极，另外还要用光源（背光源）从下往上照射 LCD 屏，显示屏的 25 个液晶点像 25 个小门，液晶点透明相当于门打开，光线可透过小门从上玻璃射出，该点看起来为白色（背光源为白色），液晶点不透明相当于门关闭，该点看起来为黑色。

第12章

继电器与干簧管

问： 老师，继电器和干簧管具有什么功能呢？

答： 继电器是一种利用电信号来控制触点开关接通和断开的元件。

干簧管是一种用磁场来控制触点开关接通和断开的元件。

12.1 继 电 器

12.1.1 基础知识

继电器是一种利用电磁原理来控制触点开关通断的元件。图 12-1（a）是一些常见继电器实物外形，图 12-1（b）为继电器的图形符号。

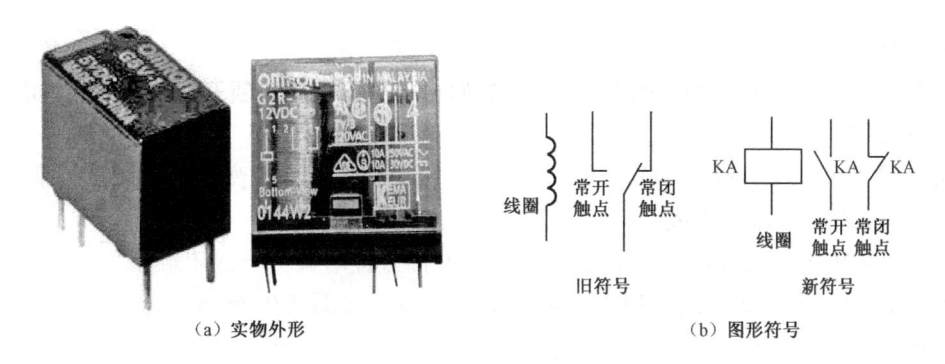

（a）实物外形　　　　　　　　　　　（b）图形符号

图 12-1　继电器

12.1.2 实验演示

在学习继电器更多知识前，先来看看表 12-1 中的两个实验。

表 12-1　继电器实验

实验编号	实 验 图	实验说明
实验一	图 12-2（a）	在左图实验中，将电源的负极接继电器常开触点一端，再将常开触点另一端与灯泡连接，发现灯泡不亮
实验二	图 12-2（b）	在左图实验中，继电器常开触点与电路连接保持不变，将另一个电源接到继电器线圈的两个引脚，按下开关，发现灯泡变亮

12.1.3 提出问题

看完表 12-1 中的实验,让我们带着如下几个问题,进入后续阶段的学习。

1. 画出图 12-2(a)、(b)实验电路的电路图。

2. 思考:①在图 12-2(a)中,电路与继电器常开触点连接时,灯泡为什么不亮?②在图 12-2(b)中,给继电器线圈端加上电压时,为什么灯泡会变亮?

12.1.4 结构与应用

1. 结构

继电器是利用线圈通过电流产生磁场,来吸合衔铁而使触点断开或接通的。 继电器内部结构如图 12-3 所示。

从图 12-3 中可以看出,继电器主要由线圈、铁芯、衔铁、弹簧、动触点、常闭触点、常开触点和一些接线端等组成。

当线圈接线端 1、2 脚未通电时,依靠弹簧的拉力将动触点与常闭触点接触,4、5 脚接通。当线圈接线端 1、2 脚通电时,有电流流过线圈,线圈产生磁场吸合衔铁,衔铁移动,将动触点与常开触点接触,3、4 脚接通。

2. 应用

继电器典型应用电路如图 12-4 所示。

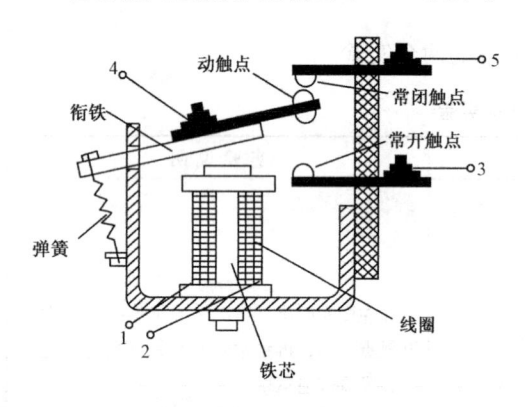

图 12-3 继电器内部结构

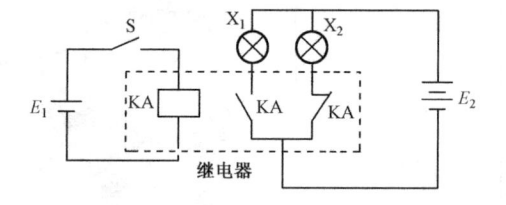

图 12-4 继电器典型应用电路

当开关 S 断开时,继电器线圈无电流流过,线圈没有磁场产生,继电器的常开触点、常闭触点分别处于断开和闭合状态,灯泡 X_1 不亮,灯泡 X_2 亮。

当开关 S 闭合时,继电器的线圈有电流流过,线圈产生磁场吸合内部衔铁,使常开触点闭合、常闭触点断开,结果灯泡 X_1 亮,灯泡 X_2 熄灭。

12.1.5 主要参数

继电器的主要参数见表 12-2。

表 12-2 继电器的主要参数

主要参数	说　明
额定工作电压	额定工作电压是指继电器正常工作时线圈所需要的电压。根据继电器的型号不同，可以是交流电压，也可以是直流电压。继电器线圈所加的工作电压，一般不要超过额定工作电压的 1.5 倍
吸合电流	吸合电流是指继电器能够产生吸合动作的最小电流。在正常使用时，通过线圈的电流必须略大于吸合电流，这样继电器才能稳定地工作
直流电阻	直流电阻是指继电器中线圈的直流电阻。直流电阻的大小可以用万用表来测量
释放电流	释放电流是指继电器产生释放动作的最大电流。当继电器线圈的电流减小到释放电流值时，继电器就会恢复到未通电的释放状态。释放电流远远小于吸合电流
触点电压和电流	触点电压和电流又称触点负荷，是指继电器触点允许承受的电压和电流。在使用时，不能超过此值，否则继电器的触点容易损坏

12.1.6 检测

继电器的检测包括触点、线圈的检测和吸合能力的检测。继电器的检测见表 12-3。

表 12-3 继电器的检测

目　的	测量说明	测量图
触点、线圈的检测	继电器内部主要有触点和线圈，在判断继电器好坏时这两部分都需要检测。 　　在检测继电器触点时，万用表选择 R×1Ω 挡，测量常闭触点的电阻，正常应为 0，如右图 12-5（a）所示，若常闭触点阻值大于 0 或为无穷大，说明常闭触点已氧化或开路	图 12-5（a）
	在测量常开触点间的电阻时，正常应无穷大，如右图 12-5（b）所示。若常开触点阻值为 0，说明常开触点短路	图 12-5（b）

续表

目 的	测 量 说 明	测 量 图
触点、线圈的检测	在检测继电器线圈时,万用表选择 R×10Ω 挡或 R×100Ω 挡,测量线圈两引脚之间的电阻,正常阻值应约为 25~2kΩ,如右图 12-5(c)所示。一般继电器线圈额定电压越高,线圈电阻越大。若线圈电阻为无穷大,则线圈开路;若线圈电阻小于正常值或为 0,则线圈存在短路故障	图 12-5(c)
吸合能力的检测	在检测继电器时,如果测量触点和线圈的电阻基本正常,还不能完全确定继电器就能正常工作,还需要通电检测线圈控制触点的吸合能力。 在检测继电器吸合能力时,给继电器线圈端加额定工作电压,如右图所示,将万用表置于 R×1Ω 挡,测量常闭触点的电阻,正常应为无穷大(线圈通电后常闭触点应断开),再测量常开触点的电阻,正常应为 0(线圈通电后常开触点应闭合)。 若测得常闭触点阻值为 0,常开触点阻值无穷大,则可能是线圈因局部短路而导致产生的吸合力不够,或者继电器内部触点切换部件损坏	图 12-5(d)

12.1.7 继电器型号命名方法

国产继电器的型号命名由四部分组成:
第一部分用字母表示继电器的主称类型。
第二部分用字母表示继电器的形状特征。
第三部分用数字表示产品序号。
第四部分用字母表示防护特征。
国产继电器的型号命名及含义见表 12-4。

表 12-4 国产继电器的型号命名及含义

第一部分：主称类型		第二部分：形状特征		第三部分：序号	第四部分：防护特征	
字母	含义	字母	含义		字母	含义
JR	小功率继电器	W	微型	用数字表示产品序号	F	封闭式
JZ	中功率继电器					
JQ	大功率继电器					
JC	磁电式继电器	X	小型			
JU	热继电器或温度继电器					
JT	特种继电器					
JM	脉冲继电器	C	超小型		M	密封式
JS	时间继电器					
JAG	干簧式继电器					

例如：

    JRX-13F（封闭式小功率小型继电器）

        JR——小功率继电器

        X——小型

        13——序号

        F——封闭式

12.2 干 簧 管

12.2.1 外形与符号

干簧管是一种利用磁场直接磁化触点而让触点开关产生接通或断开动作的元件。图 12-6（a）是一些常见干簧管的实物外形，图 12-6（b）为干簧管的图形符号。

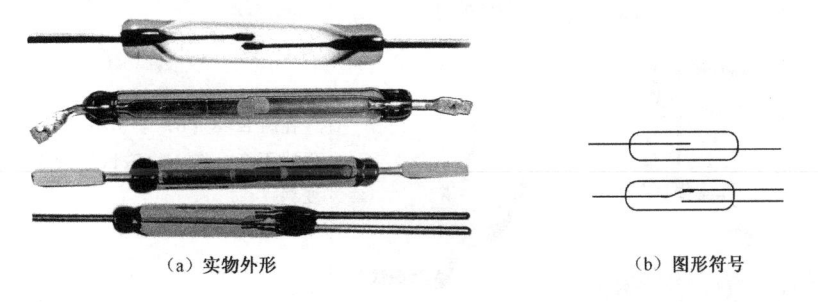

（a）实物外形　　（b）图形符号

图 12-6 干簧管

图 12-5 中的干簧管内部只有常开或常闭触点，还有一些干簧管不但有触点，还有线圈，这种干簧管称为干簧管继电器。图 12-7（a）列出一些常见的干簧管继电器，图 12-7

(b) 为干簧管继电器的图形符号。

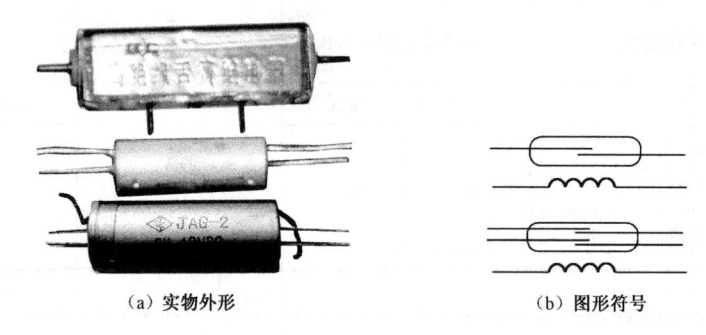

(a) 实物外形　　　　(b) 图形符号

图 12-7　干簧管继电器

12.2.2　实验演示

在学习干簧管更多知识前，先来看看表 12-5 中的两个实验。

表 12-5　干簧管实验

实验编号	实　验　图	实　验　说　明
实验一	图 12-8（a）	在图 12-8（a）实验中，将干簧管的一端接电源的负极，另一端与灯泡连接，发现灯泡不亮
实验二	图 12-8（b）	在图 12-8（b）实验中，干簧管与电路的连接保持不变，将一块磁铁靠近干簧管，发现灯泡变亮

12.2.3 提出问题

看完表 12-5 中的实验，让我们带着如下几个问题，进入后续阶段的学习。

1. 画出图 12-8（a）、（b）实验电路的电路图。
2. 思考：①在图 12-8（a）中，将干簧管接在电路中，灯泡为什么不亮？②在图 12-8（b）中，将磁铁靠近干簧管，灯泡为什么会变亮？

12.2.4 工作原理

1. 干簧管的工作原理

干簧管工作原理如图 12-9 所示。

当干簧管未加磁场时，内部两个簧片不带磁性，处于断开状态。若将磁铁靠近干簧管，内部两个簧片被磁化而带上磁性，一个簧片磁性为 N，另一个簧片磁性为 S，两个簧片磁性相异产生吸引，从而使两簧片的触点接触。

2. 干簧管继电器的工作原理

干簧管继电器工作原理如图 12-10 所示。

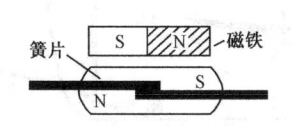

图 12-9　干簧管工作原理

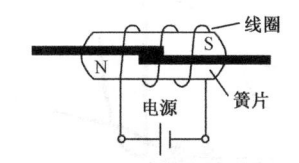

图 12-10　干簧管继电器的工作原理

当干簧管继电器线圈未加电压时，内部两个簧片不带磁性，处于断开状态。若给干簧管继电器线圈加电压，线圈产生磁场，线圈的磁场将内部两个簧片磁化而带上磁性，一个簧片磁性为 N，另一个簧片磁性为 S，两个簧片磁性相异产生吸引，从而使两簧片的触点接触。

12.2.5 应用

图 12-11 是一个光控开门控制电路，它可根据有无光线来启动电动机工作，让电动机驱动大门打开。图中的光控开门控制电路主要是由干簧管继电器 GHG、继电器 K_1 和安装在大门口的光敏电阻 R 及电动机组成。

在白天，将开关 S 断开，自动光控开门电路不工作。在夜晚，将 S 闭合，在没有光线照射大门时，光敏电阻 R 阻值很大，流过干簧管继电器线圈的电流很小，干簧管继电器不工作；若有光线照射大门（如汽车灯）时，光敏电阻阻值变小，流过干簧管继电器线圈的电流很大，线圈产生磁场将管内的两个簧片磁化，两簧片吸引而使触点接触，有电流流过继电器线圈 K_1，线圈产生磁场吸合常开触点 K_1，K_1 闭合，有电流流过电动机，电动机运转，通过传动机构将大门打开。

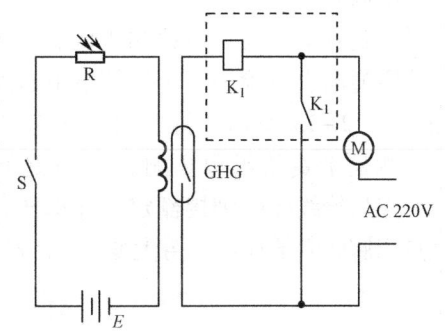

图 12-11　光控开门控制电路

12.2.6 检测

1. 干簧管的检测

干簧管的检测包括常态检测和施加磁场检测。

常态检测是指未施加磁场时对干簧管进行检测。在常态检测时，万用表选择 R×1Ω 挡，测量干簧管两引脚之间的电阻，如图 12-12（a）所示，正常阻值应为无穷大，若阻值为 0，说明干簧管簧片触点短路。

在施加磁场检测时，万用表选择 R×1Ω 挡，测量干簧管两引脚之间的电阻，同时用一块磁铁靠近干簧管，如图 12-12（b）所示，正常阻值应由无穷大变为 0，若阻值始终无穷大，说明干簧管触点开路。

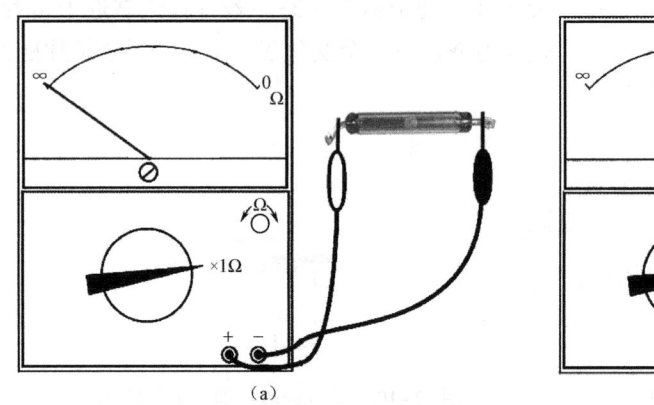

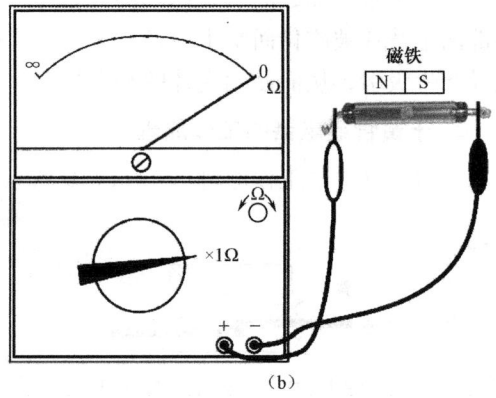

图 12-12 干簧管的检测

2. 干簧管继电器的检测

对于干簧管继电器，在常态检测时，除了要检测触点引脚间的电阻外，还要检测线圈引脚间的电阻，正常触点间的电阻为无穷大，线圈引脚间的电阻范围在十几欧姆至几十千欧姆之间。

干簧管继电器常态检测正常后，还需要给线圈通电进行检测。干簧管继电器通电检测如图 12-13 所示，将万用表拨至 R×1Ω 挡，测量干簧管继电器触点引脚之间的电阻，然后给线圈引脚接额定工作电压，正常触点引脚间阻值应由无穷大变为 0，若阻值始终无穷大，说明干簧管触点开路。

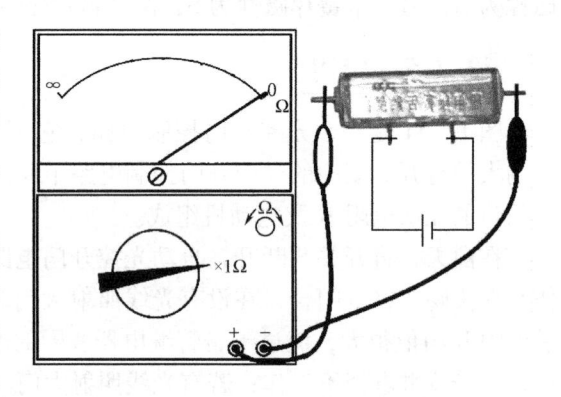

图 12-13 干簧管继电器通电检测

第13章

贴片器件与集成电路

问： 老师，贴片器件和集成电路与前面介绍的元件有什么不同吗？

答： 贴片器件是指以粘贴方式安装在电路板上的元件，常见的贴片器件有贴片电阻、贴片电容、贴片电感、贴片二极管和贴片三极管等。

贴片器件具有体积小、不良参数小和抗干扰性强等特点。

集成电路是指将大量的电子元件以电路的形式制作在硅片上并封装起来而构成的器件。

电子产品中广泛使用贴片器件和集成电路，使得产品体积越来越小、价格不断降价，而功能却不断增强。

13.1 贴片器件

13.1.1 贴片电阻器

1. 外形

贴片电阻器有矩形式和圆柱式，矩形式贴片电阻器的功率一般在 0.0315~0.125W，工作电压在 7.5~200V；圆柱式贴片电阻器的功率一般在 0.125~0.25W，工作电压在 75~100V。常见贴片电阻器如图 13-1 所示。

图 13-1 常见贴片电阻器

2. 阻值标注方法

贴片电阻器阻值表示有色环标注法，也有数字标注法。 色环标注的贴片电阻，其阻值识读方法同普通的电阻器。数字标注的贴片电阻器有三位和四位之分，对于三位数字标注的贴片电阻器，前两位表示有效数字，第三位表示 0 的个数；对于四位数字标注的贴片电阻器，前三位表示有效数字，第四位表示 0 的个数。

贴片电阻器的常见标注形式如图 13-2 所示。

在生产电子产品时，贴片元件一般采用贴片机安装，为了便于机器高效安装，贴片元件通常装载在连续条带的凹坑内，凹坑由塑料带盖住并卷成盘状，图 13-3 就是一盘贴片元件（约几千个）。卷成盘状的贴片电阻器通常会在盘体标签上标明元件型号和有关参数。

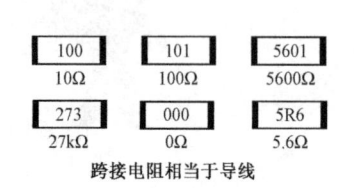

100	101	5601
10Ω	100Ω	5600Ω
273	000	5R6
27kΩ	0Ω	5.6Ω

跨接电阻相当于导线

图 13-2 贴片电阻器的常见标注形式　　图 13-3 盘状包装的贴片电阻器

贴片电阻器各项标注的含义见表 13-1。

表 13-1　贴片电阻器各项标注的含义

产品代号		型　号		电阻温度系数		阻　值		电阻值误差		包装方法	
代号	型号	代号	型号	代号	T.C.R	表示方式	阻　值	代号	误差值	代号	包装方式
RC	片状电阻器	02	0402	K	≤±100PPM/℃	E-24	前两位表示有效数字 第三位表示零的个数	F	±1%	T	编带包装
		03	0603	L	≤±250PPM/℃			G	±2%		
		05	0805	U	≤±400PPM/℃	E-96	前三位表示有效数字 第四位表示零的个数	J	±5%	B	塑料盒散包装
		06	1206	M	≤±500PPM/℃			0	跨接电阻		
示例	RC	05		K		103		J			
备注				小数点用 R 表示 如 E-24：1R0=1.0Ω 103=10kΩ E-96：1003=100KΩ；跨接电阻采用"000"表示							

3. 贴片电位器

贴片电位器是一种阻值可以调节的元件，**体积小巧不带手柄**，贴片电位器的功率一般在 0.1~0.25W，其阻值标注方法与贴片电阻器相同。常见的贴片电位器如图 13-4 所示。

图 13-4　常见的贴片电位器

13.1.2　贴片电容器

1. 外形

贴片电容器可分为无极性电容器和有极性电容器（电解电容器）。图 13-5 是一些常见的贴片电容器。

图 13-5　常见的贴片电容器

2. 容量标注方法

贴片电容器的体积较小，故有很多电容器不标注容量，对于这类电容器，可用电容表测量，或者查看包装上的标签来识别容量。也有些贴片电容器对容量进行标注，**贴片电容器常见的方法有数字标注法、字母与数字标注法、颜色与数字标注法。**

(1) 数字标注法

数字标注法的贴片电容器容量识别方法与贴片电阻器相同,无极性贴片电器的单位为 pF,有极性贴片电容器的单位为 μF。

(2) 字母与数字标注法

字母与数字标注法是采用英文字母与数字组合的方式来表示容量大小。这种标注法中的第一位用字母表示容量的有效数,第二位用数字表示有效数后面0的个数。字母与数字标注法的含义见表 13-2。

表 13-2 字母与数字标注法的含义

第一位:字母				第二位:数字	
标注	含义	标注	含义	标注	含义
A	1	N	3.3	0	10^0
B	1.1	P	3.6	1	10^1
C	1.2	Q	3.9	2	10^2
D	1.3	R	4.3	3	10^3
E	1.5	S	4.7	4	10^4
F	1.6	T	5.1	5	10^5
G	1.8	U	5.6	6	10^6
H	2.0	V	6.2	7	10^7
I	2.2	W	6.8	8	10^8
K	2.4	X	7.5	9	10^9
L	2.7	Y	9.0		
M	3.0	Z	9.1		

图 13-6 中的几个贴片电容器就采用了字母与数字混合标注法,标注 "B2" 表示容量为 110pF,标注 "S3" 表示容量为 4700pF。

图 13-6 采用字母与数字混合标注的贴片电容器

(3) 颜色与字母标注法

颜色与字母标注法是采用颜色和一位字母来标注容量大小,采用这种方法标注的容量单位为 pF。例如,蓝色与 J,表示容量为 220pF;红色与 S,表示容量为 9pF。颜色与字母标注法的颜色和字母组合代表的含义见表 13-3。

表 13-3 颜色与字母标注法的颜色和字母组合代表的含义

	A	C	E	G	J	L	N	Q	S	U	W	Y
黄色	0.1	—	—	—	—	—	—	—	—	—	—	—
绿色	0.01	—	0.015	—	0.022	—	0.033	—	0.047	0.056	0.068	0.082
白色	0.001	—	0.0015	—	0.0022	—	0.0033	—	0.0047	0.0056	0.0068	—
红色	1	2	3	4	5	6	7	8	9			
黑色	10	12	15	18	22	27	33	39	47	56	68	82
蓝色	100	120	150	180	220	270	330	390	470	560	680	820

13.1.3　贴片电感器

1. 外形

贴片电感器功能与普通电感器相同，图13-7是一些常见的贴片电容器。

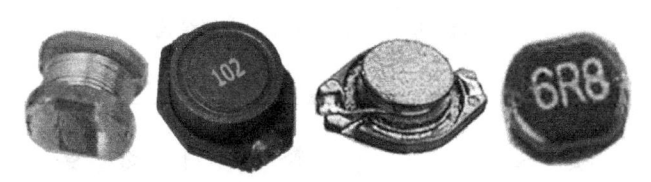

图13-7　常见的贴片电容器

2. 电感量的标注方法

贴片电感器的电感量一般会标注出来，其标注方法与贴片电阻器基本相同，单位为 μH。常见贴片电感器标注形式如图13-8所示。

图13-8　常见贴片电感器标注形式

13.1.4　贴片二极管

1. 外形

贴片二极管有矩形和圆柱形两种，矩形贴片二极管一般为黑色，其使用更为广泛，图13-9是一些常见的贴片二极管。

图13-9　常见的贴片二极管

2. 结构

贴片二极管有单管和对管之分，单管式贴片二极管内部只有一个二极管，而对管式贴片二极管内部有两个二极管。

单管式贴片二极管一般有两个端极，一端标有白色横条的为负极，另一端为正极，也有些单管式贴片二极管有三个端极，其中一个端极为空，其内部结构如图13-10所示。

对管式贴片二极管根据内部两个二极管的连接方式不同，可分为共阳极对管（两个二极管正极共用）、共阴极对管（两个二极管负极共用）和串联对管等，如图13-11所示。

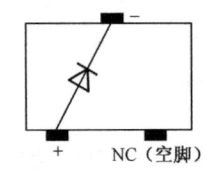

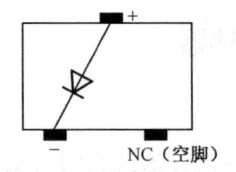

图 13-10 贴片二极管的内部结构

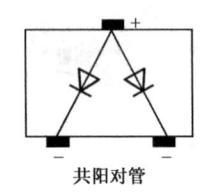

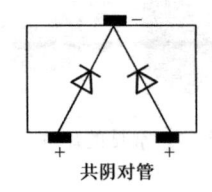

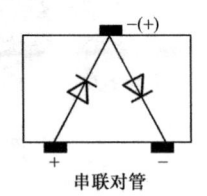

图 13-11 对管式贴片二极管的内部结构

13.1.5 贴片三极管

1. 外形

图 13-12 是一些常见的贴片三极管实物外形。

图 13-12 常见的贴片三极管实物外形

2. 结构

贴片三极管有 C、B、E 三个端极，对于图 13-13（a）所示单列贴片三极管，正面朝上，贴粘面朝下，从左到右依次为 B、C、E 极。对于图 13-13（b）所示双列贴片三极管，正面朝上，贴粘面朝下，单端极为 C 极，双端极左为 B 极，右为 E 极。

与普通三极管一样，贴片三极管也有 NPN 型和 PNP 型之分，这两种类型的贴片三极管内部结构如图 13-14 所示。

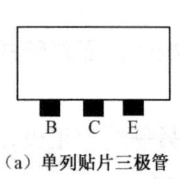

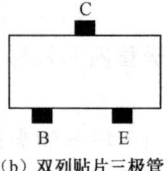

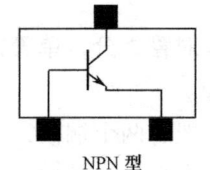

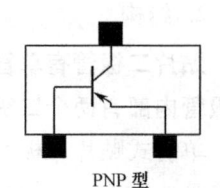

图 13-13 贴片三极管引脚排列规律　　图 13-14 贴片三极管内部结构

13.2 集成电路

13.2.1 简介

将许多电阻、二极管和三极管等元器件以电路的形式制作在半导体硅片上，然后接出引脚并封装起来，就构成了集成电路。集成电路简称为集成块，又称芯片 IC，图 13-15（a）所示的 LM380 就是一种常见的音频放大集成电路，其内部电路如图 13-15（b）。

（a）实物外形

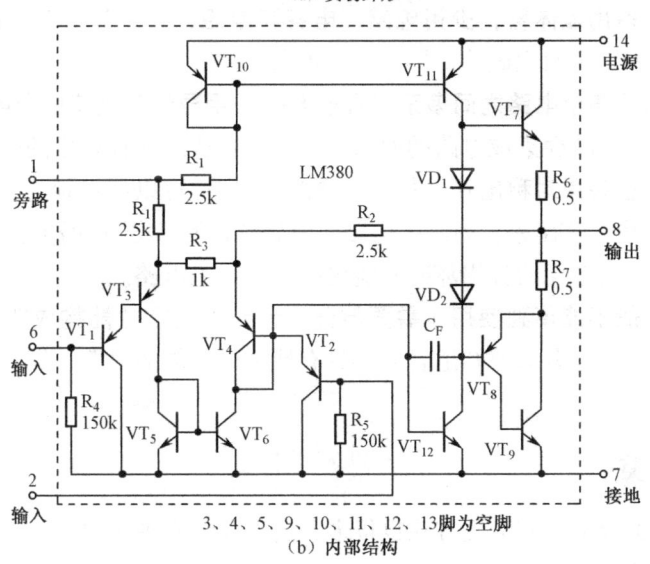

（b）内部结构

图 13-15 LM380 集成电路

由于集成电路内部结构复杂，对于大多数人来说，可以不了解内部电路工作原理，只需知道集成电路的用途和各引脚的功能。

单独集成电路是无法工作的，需要给它加接相应的外围元件并提供电源才能工作。图 13-16 中的集成电路 LM380 提供了电源并加接了外围元件，它就可以对 6 脚输入的音频信号进行放大，然后从 8 脚输出放大的音频信号，再送入扬声器使之发声。

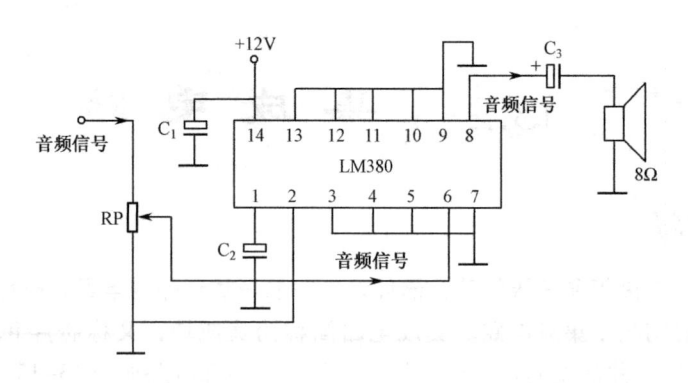

图 13-16　LM380 构成的实用电路

13.2.2　特点

有的集成电路内部只有十几个元器件，而有些集成电路内部则有上千万个元器件（如计算机中的微处理器 CPU）。集成电路内部电路很复杂，对于大多数电子爱好者来说，可不用理会内部电路原理，除非是从事电路设计工作的。**集成电路一般有以下特点：**

① **集成电路中多用晶体管，少用电感、电容和电阻**，特别是大容量的电容器，因为制作这些元器件需要占用大面积硅片，导致成本提高。

② **集成电路内的各个电路之间多采用直接连接**（用导线直接将两个电路连接起来），少用电容连接，这样可以减少集成电路的面积，又能使它适用各种频率的电路。

③ **集成电路内多采用对称电路**（如差动电路），这样可以纠正制造工艺上的偏差。

④ **集成电路一旦生产出来，内部的电路无法更改**，不像分立元器件电路可以随时改动，所以当集成电路内的某个元器件损坏时只能更换整个集成电路。

⑤ **集成电路一般不能单独使用，需要与分立元器件组合才能构成实用的电路**。对于集成电路，大多数电子爱好者只要知道它内部具有什么样功能的电路，即了解内部结构方框图和各脚功能就行了。

13.2.3　种类

集成电路的种类很多，其分类方式也很多，这里介绍几种主要分类方式：

① **按集成电路所体现的功能来分，可分为模拟集成电路、数字集成电路、接口电路和特殊电路四类。**

② **按有源器件类型不同，集成电路可分为双极型、单极型及双极—单极混合型三种。**

双极型集成电路内部主要采用二极管和三极管。它又可以分为 DTL（二极管–晶体管逻辑）、TTL（晶体管–晶体管逻辑）、ECL（发射极耦合逻辑、电流型逻辑）、HTL（高抗干扰逻辑）和 I^2L（集成注入逻辑）电路。双极型集成电路开关速度快，频率高，信号传输延迟时间短，但制造工艺较复杂。

单极型集成电路内部主要采用 MOS 场效应管。它又可分为为 PMOS、NMOS 和 CMOS 电路。单极性集成电路输入阻抗高，功耗小，工艺简单，集成密度高，易于大规模集成。

双极—单极混合型集成电路内部采用 MOS 和双极兼容工艺制成，因而兼有两者的优点。

③ 按集成电路的集成度来分，可分为小规模集成电路（SSI）、中规模集成电路（MSI）、大规模集成电路（LSI）和超大规模集成电路（VLSI）。

对于数字集成电路来说，小规模集成电路是指集成度为 1~12 门/片或 10~100 个元件/片的集成电路，它主要是逻辑单元电路，如各种逻辑门电路、集成触发器等。

中规模集成电路是指集成度为 13~99 门/片或 100~1000 个元件/片的集成电路，它是逻辑功能部件，例如，编码器、译码器、数据选择器、数据分配器、计数器、寄存器、算术逻辑运算部件、A/D 和 D/A 转换器等。

大规模集成电路是指集成度为 100~1000 门/片或 1000~100000 个元件/片的集成电路，它是数字逻辑系统，如微型计算机使用的中央处理器（CPU），存储器（ROM、RAM）和各种接口电路（PIO、CTC）等。

超大规模集成电路是指集成度大于 1000 门/片或 10^5 个元件/片的集成电路，它是高集成度的数字逻辑系统，如各种型号的单片机，就是在一处硅片上集成了一个完整的微型计算机。

对于模拟集成电路来说，由于工艺要求高，电路又复杂，故通常将集成 50 个以下元器件的集成电路称为小规模集成电路，集成 50~100 个元器件的集成电路称为中规模集成电路，集成 100 个以上的就称作大规模集成电路。

13.2.4 封装形式

封装就是指把硅片上的电路引脚用导线接引到外部引脚处，以便与其他器件连接。封装形式是指安装半导体集成电路芯片用的外壳。集成电路的常见封装形式见表 13-4。

表 13-4 集成电路的常见封装形式

名 称	外 形	说 明
SOP		SOP 是英文 Small Out-line Package 的缩写，即小外形封装。SOP 封装技术由 1968—1969 年飞利浦公司开发成功，以后逐渐派生出 SOJ（J 型引脚小外形封装）、TSOP（薄小外形封装）、VSOP（甚小外形封装）、SSOP（缩小型 SOP）、TSSOP（薄的缩小型 SOP）及 SOT（小外形晶体管）和 SOIC（小外形集成电路）等
SIP		SIP 是英文 Single In-line Package 的缩写，即单列直插式封装。引脚从封装一个侧面引出，排列成一条直线。当装配到印刷基板上时封装呈侧立状。引脚中心距通常为 2.54mm，引脚数从 2 至 23，多数为定制产品
DIP		DIP 是英文 Double In-line Package 的缩写，即双列直插式封装。插装型封装之一，引脚从封装两侧引出，封装材料有塑料和陶瓷两种。DIP 是最普及的插装型封装，应用范围包括标准逻辑 IC，存储器 LSI 和微机电路等

续表

名称	外形	说明
PLCC		PLCC 是英文 Plastic Leaded Chip Carrier 的缩写，即塑封 J 引线芯片封装。PLCC 封装方式，外形呈正方形，四周都有引脚，外形尺寸比 DIP 封装小得多。PLCC 封装适合用 SMT 表面安装技术在 PCB 上安装布线，具有外形尺寸小、可靠性高的优点
TQFP		TQFP 是英文 Thin Quad Flat Package 的缩写，即薄塑封四角扁平封装。四边扁平封装（TQFP）工艺能有效利用空间，从而降低对印制电路板空间大小的要求。由于缩小了高度和体积，这种封装工艺非常适合对空间要求较高的应用，如 PCMCIA 卡和网络器件。几乎所有 ALTERA 的 CPLD/FPGA 都有 TQFP 封装
PQFP		PQFP 是英文 Plastic Quad Flat Package 的缩写，即塑封四角扁平封装。PQFP 封装的芯片引脚之间距离很小，引脚很细，一般大规模或超大规模集成电路采用这种封装形式，其引脚数一般都在 100 以上
TSOP		TSOP 是英文 Thin Small Outline Package 的缩写，即薄型小尺寸封装。TSOP 封装技术的一个典型特征就是在封装芯片的周围做出引脚，TSOP 适合用 SMT 技术（表面安装技术）在 PCB（印制电路板）上安装布线。采用 TSOP 封装时，寄生参数减小，适合高频应用，可靠性比较高
BGA		BGA 是英文 Ball Grid Array Package 的缩写，即球栅阵列封装。在 20 世纪 90 年代，随着技术的进步，芯片集成度不断提高，I/O 引脚数急剧增加，功耗也随之增大，对集成电路封装的要求也更加严格。为了满足发展的需要，BGA 封装开始应用于生产

13.2.5 引脚识别

集成电路的引脚很多，少则几个，多则几百个，各个引脚功能也不相同，所以在使用时一定要对号入座，否则集成电路不工作甚至烧坏。因此一定要知道集成电路引脚的识别方法。

不管什么集成电路,它们都有一个标记指出第一脚,常见的标记有小圆点、小凸起、缺口、缺角,找到该脚后,逆时针依次数 2、3、4…,如图 13-17 所示。

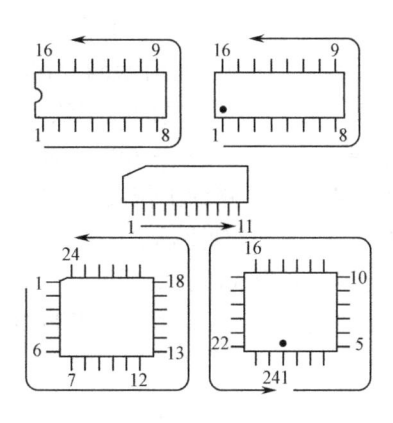

图 13-17 集成电路引脚识别

13.2.6 集成电路型号命名方法

我国国家标准(国标)规定的半导体集成电路型号命名法由五部分组成,具体见表 13-5。

表 13-5 国家标准集成电路型号命名方法及含义

第一部分		第二部分		第三部分	第四部分		第五部分	
用字母表示器件符合国家标准		用字母表示器件类型		用阿拉伯数字表示器件的系列和品种代号	用字母表示器件的工作温度范围		用字母表示器件的封装	
符号	含义	符号	含义		符号	含义	符号	含义
C	中国制造	T	TTL	TTL 分为: 54/74××× 54/74H××× 54/74L××× 54/74LS××× 54/74AS××× 54/74ALS××× 54/74F××× COMS 分为: 4000 系列 54/74HC××× 54/74HCT×××	C	0~70℃	W	陶瓷扁平
^	^	H	HTL	^	E	-40~85℃	B	塑料扁平
^	^	E	ECL	^	R	-55~85℃	F	全密封扁平
^	^	C	CMOS	^	M	-55~125℃	D	陶瓷直插
^	^	F	线性放大器	^	G	-25~70℃	P	塑料直插
^	^	D	音响、电视电路	^	L	-25~85℃	J	黑陶瓷直插
^	^	W	稳压器	^			L	金属菱形
^	^	J	接口电路	^			T	金属圆形
^	^	B	非线性电路	^			H	黑瓷低熔点玻璃
^	^	M	存储器	^				
^	^	S	特殊电路	^				
^	^	AD	模拟数字转换器	^				
^	^	DA	数字模拟转换器	^				

例如:

$$\underset{(1)}{C}\ \underset{(2)}{T}\ \underset{(3)}{4}\ \underset{(4)}{020}\ \underset{(5)}{M}\ \underset{(6)}{D}$$

第一部分（1）表示国家标准。

第二部分（2）表示 TTL 电路。

第三部分（3）表示系列品种代号。其中 1：标准系列，同国际 54/74 系列；2：高速系列，同国际 54H/74H 系列；3：肖特基系列，同国际 54S/74S 系列；4：低功耗肖特基系列，同国际 54LS/74LS 系列。（4）表示品种代号，同国际一致。

第四部分（5）表示工作温度范围。C：0～+70℃，同国际 74 系列电路的工作温度范围；M：–55～+125℃，同国际 54 系列电路的工作温度范围。

第五部分（6）表示封装形式为陶瓷双列直插。

国家标准型号的集成电路与国际通用或流行的系列品种相仿，其型号主干、功能、电特性及引脚排列等均与国外同类品种相同，因而品种代号相同的产品可以互相代用。